人工智能科学与技术丛书

MATHEMATICAL MODELING

Algorithm and Programming

数学建模

算法与编程实现

张敬信　罗志坤　周庆欣　等编著

本书定位于夯实数学建模基础，采用主流编程方法和简洁代码实现常用的数学建模算法，以案例为导向，围绕数学建模知识体系展开。全书分 5 篇，共 11 章。前两章是数学建模基础篇，包括数学建模介绍、数学建模的一般流程（初等模型）、如何从算法到编程实现（层次分析法与自定义函数）；接着按算法板块组织内容，包括微分方程模型篇（人口模型、传染病模型）、优化模型篇（规划模型、投资优化策略、优化模型进阶）、评价模型篇（经典评价模型、模糊理论）、预测模型篇（常规预测模型、时间序列分析）。本书有配套源码资源和电子课件。

本书可作为高等院校数学建模的入门教材，也可作为数学建模指导教师的参考资料，还可作为其他相关行业人员、科研人员使用数学模型解决实际问题的参考用书。

图书在版编目（CIP）数据

数学建模：算法与编程实现 / 张敬信等编著. —北京：机械工业出版社，2022.7（2023.1 重印）
（人工智能科学与技术丛书）
ISBN 978-7-111-70979-4

Ⅰ. ①数…　Ⅱ. ①张…　Ⅲ. ①数学模型-高等学校-教材　Ⅳ. ①O141.4

中国版本图书馆 CIP 数据核字（2022）第 099118 号

机械工业出版社（北京市百万庄大街 22 号　邮政编码　100037）
策划编辑：李晓波　　责任编辑：李晓波　陈崇昱
责任校对：张艳霞　　责任印制：郜　敏
三河市骏杰印刷有限公司印刷

2023 年 1 月第 1 版 • 第 3 次印刷
184mm×240mm • 19.25 印张 • 482 千字
标准书号：ISBN 978-7-111-70979-4
定价：99.00 元

电话服务
客服电话：010-88361066
010-88379833
010-68326294

网络服务
机　工　官　网：www.cmpbook.com
机　工　官　博：weibo.com/cmp1952
金　　书　　网：www.golden-book.com
机工教育服务网：www.cmpedu.com

前言

PREFACE

数据建模与本书特色

数学与计算机技术相结合，已经形成了一种普遍且可以实现的关键技术。数学的重要性已经得到业内广泛的认同，但是数学要走向应用，真正显示其在各个领域、各种层次应用中的关键性、决定性的作用，以及强大的生命力，就必须设法在实际问题和数学之间架设一座桥梁。首先要将实际问题化为一个相应的数学问题，然后进行相应的分析和计算，最后把所求得的结果和解答回归实际，看能不能有效地回到原先的实际问题，这个过程中的第一步就称为数学建模，即为所考察的实际问题构建数学模型。正是数学建模的这种桥梁作用，为应用数学知识解决实际问题提供了可能。所以说，数学建模非常重要，它能真正让数学学以致用。

正因数学建模具有如此重要的地位和作用，使得数学建模竞赛、数学建模课程等数学建模活动蓬勃开展。将数学建模的思想和方法融入数学类主干课程的教学改革，提倡问题驱动的应用数学研究等数学改革和教学实践，得到了社会各界和广大师生的广泛认可和大力支持。

数学建模所涵盖的知识面非常广，若停留在给学生灌输枯燥的算法理论和算法步骤，拿现成的数学建模资料照本宣科，对于学生和老师来说则价值不大。也有一些数学建模课程主打案例式教学，但是讲解不够细致、缺少建模案例实现的细节，学生学完仍然知其然不知其所以然。另外，现有的一些数学建模图书，普遍存在两方面的不足：对建模算法的理解和表述偏理论，所配案例和编程实现缺少细节，学生知识储备有限，阅读困难；代码要么调试不通，要么只能勉强套用，而且实现算法的代码都比较陈旧和繁冗，只考虑可实现性却不考虑可读性和易用性，没有写成更先进、更适宜学生学习的新的简洁代码。为此，我们数学建模教师团队想要编写一本真正适合学生学习和实践、真正通俗地讲解和表述算法的入门书。

本书真正将编程融入算法，并彻底贯彻这样的理念：真正以案例为导向，把算法讲通俗，把案例讲细致，把编程实现的技术细节讲明白，对于案例中体现的建模方法，既要深刻解析又要提炼出来加以应用。

现仅以第 2 章中“旅游地选择”为例简述本书是如何贯彻这一理念的。

首先，用通俗的语言解释层次分析法原理、优缺点及适用场景。然后，针对旅游地选择的案例，先以计算一个层次结构的权重为例，将 MATLAB 向量化编程技术融入其中，逐步按照层次分析法的算法步骤推演到最终结果。接着，融入编程语言中的自定义函数的技术，将上述层次分析法的推演过程封装为 MATLAB 自定义函数，既方便后续使用，又教会读者怎样实现从算法到代码的跨越。最后，借助自定义函数，计算其他层次结构权重再综合合成，完成整个旅游地选择案例，并对结果加以解读。

通过这样的设计再加上计算机操作演示代码，将编程知识、编程能力融入案例当中，让读者既学会了层次分析法的算法原理步骤及使用方法，又学会了通过编程实现算法的技术以及 MATLAB 语法知识，还能体会到用计算机代替笔算的神奇之处，从而极大地调动了读者学习数学建模知识的积极性。

内容安排及读者对象

本书采用主流编程技术和简洁代码实现常用的数学建模算法，以案例为导向，围绕数学建模知识体系展开。

前两章是数学建模基础篇：包括数学建模介绍、数学建模的一般流程（初等模型）、如何从算法到编程实现（层次分析法与自定义函数）。

接着按算法板块组织内容。

- 微分方程模型篇：人口模型、传染病模型。
- 优化模型篇：规划模型、投资优化策略、优化模型进阶。
- 评价模型篇：经典评价模型、模糊理论。
- 预测模型篇：常规预测模型、时间序列分析。

本书定位于夯实数学建模基础，围绕数学建模设计了从易到难、涵盖全面的知识板块，精选案例，用主流的编程技术借助案例实现算法。

本书可作为高等院校数学建模的入门教材，也可作为数学建模指导教师的参考资料，还可作为其他相关行业人员、科研人员使用数学模型解决实际问题的参考用书。

本书第 1 章由任中贵编写，第 2 章由吴玉东编写、第 3 章由苗秀凤编写，第 4、6 章由罗志坤编写，第 5 章由郭丽华编写，第 7、9、11 章由张敬信编写，第 8 章由徐志丹编写，第 10 章由周庆欣编写。全书由张敬信统稿。

本书所用软件

本书所用软件版本：MATLAB 2021a、Lingo18、R4.1.2。

本书的配套资源下载

本书中的 MATLAB、Lingo、R 程序均调试通过，所有示例的数据、程序代码、教学课件都可以通过扫描关注机械工业出版社计算机分社官方微信订阅号获取（具体方式见封底），也可以在 Github（https://github.com/zhjx19/）、码云（https://gitee.com/zhjx19/mathmodelbook）下载。

另外，我们计划开发一个专门用于数学建模的 R 包：mathmodels（https://github.com/zhjx19/mathmodels），以求代替 MATLAB、Lingo 等商业软件，欢迎关注。

致 谢

感谢哈尔滨商业大学数学建模团队的十余位同事，我们共同投身学校的数学建模事业，共同讨论和提高，收获很大。特别感谢罗志坤老师在书稿撰写之余，发现和指出若干错误。

感谢我的爱人及岳父、岳母，在家庭生活方面给予我诸多照顾，让我能安心写作；感谢我的父母和兄弟，特别是我远在河北老家的母亲和弟弟，在我因工作原因而无法全力尽孝的时候，照顾患病的父亲，免去了我的后顾之忧。

感谢知乎上的粉丝，感谢“数学建模：算法与编程实现”QQ 群的群主和群里的很多朋友，大家一起学习数学建模，一起解答问题，非常开心！也谢谢你们对我的支持以及对本书的期待，是你们给了我写这本书的动力！谢谢群友们帮忙指出书中的错误。

感谢在工作和生活中帮助过我的领导、同事、朋友。

关于勘误

虽然花了很多时间和精力去核对书中的文字、代码和图片，但因为水平有限，书中仍难免会有错漏之处，如果读者有疑问，恳请反馈给我，也非常欢迎读者与我探讨数学建模算法与编程实现的相关技术，上述信息可发送到我的邮箱 zhjx_19@hrbcu.edu.cn，也可在本书的读者群“数学建模：算法与编程实现”QQ 群（716320758）在线交流，或者在我的知乎专栏 https://www.zhihu.com/people/huc_zhangjingxin 相关文章下面评论或私信，我会努力回答疑问或者给出一个认为正确的方向。

张敬信

CONTENTS 目录

第11章 CHAPTER.11 时间序列分析 / 248

数学建模基础篇

数学建模基础篇旨在帮助读者完成数学建模的入门。

首先，认识数学建模。什么是数学建模？数学建模算法有哪些？适合用什么软件编程语言实现？数学建模完整的一般流程包括哪些步骤？数学建模论文如何写作？学习数学建模有什么用？如何备战和参加数学建模竞赛等问题，都能在第 1 章找到答案。

其次，数学建模编程的入门。数学建模编程的核心技能是，如何从算法到编程实现，这也是建模初学者普遍欠缺和感觉无从下手的地方。第 2 章将从编程思想谈起，再借助层次分析法选择最优旅游地的案例，一步一步详细推演和讲解怎么从算法到编程实现。

数学建模概述

1.1 什么是数学建模

数学建模，简单来说就是用计算机和数学知识来解决实际问题。大学期间我们往往是跟着课本学习了若干专业知识，也会涉及一些例题。但这些离实际问题还很远，结果就是感觉学了很多知识，但是不知道这些知识有什么用？怎么用？而数学建模恰好是这样一种很好的实践锻炼活动，不但需要调动所学的各种知识，还要锻炼迅速查阅文献、数据，快速学习并应用它们的能力。

平时，教师引导学生解一道数学题时，教学生怎么从定义出发，加上逻辑推理，完成最终结论。数学建模大体上也是一样的，只是由数学题变成更复杂的实际问题，首先需要读懂并明确它，然后分解成小问题，表达成数学问题，再用数学方法和计算机编程来解决问题，得到的结果还需要验证其合理性、稳定性、有效性、可推广性等。

数学建模这个过程对能力的锻炼是受益无穷的，可谓“一次参赛，终身受益”。

数学模型——为了定量地解决一个实际问题，从中抽象、归结出来的数学结构。具体可以描述为：对于现实世界的一个研究对象，为了一个特定目的，根据对象的内在规律做出必要的简化假设，运用适当的数学工具得到的一个数学结构。

数学建模——指的是建立数学模型、解决实际问题的全过程，包括模型的建立、求解、分析和检验。

数学建模没有最好，只有更好。模型评判不在于方法“高大上”“包医百病”，而在于思想精髓、对症下药[1]。

1．用数学帮助解决实际问题，离不开数学建模

数学是和数学建模一直是相伴而发展起来的。数学建模就是把要研究或要解决的问题用数学语言表达出来，主要是选择变量及确定变量间的关系。数学建模是在实际问题和数学之间架设

1.3.3 模型假设

关于数学建模的模型假设：

- 抓住主要因素，去掉无关或关系不大的因素，简化问题。
- 对问题相关的方面做限定，便于解决问题。
- 假设必须要合理、适度（带来的误差在实际问题可允许的误差范围内）。
- 假设是在解决问题的过程中根据需要做出的，而不是凭空假设。

对于双层玻璃问题，基于上述原则，做出如下模型假设：

假设 1　热量传递过程只有从室内到室外的单方向传导，没有对流辐射（即不考虑热量流失到墙体等）。

假设 2　室内温度与室外温度恒定不变，热传导处于稳定状态，即沿热传导方向，单位时间通过单位面积的热量是常数。

假设 3　玻璃材质均匀，即导热系数（也称热导率）是常数。

1.3.4 建立模型

若问题较复杂，往往需要分解问题：即将难以解决的复杂问题分解为若干可逐步解决的子问题，分别予以解决。利用变量、常量表示，根据内在机理、物理规律等，将经过假设和分解而简化的问题用数学表达式表示出来，就是建立数学模型。

关键点二：在明确问题和建立模型时，涉及的关键词，务必要查阅文献、资料，弄懂其含义。

一维热传导定律（也称傅里叶定律）：

$$\dot{Q}=-k\frac{\mathrm{d}T}{\mathrm{d}x}A$$

其中，$\dot{Q}=\frac{\mathrm{d}Q}{\mathrm{d}t}$ 为热流速度，即单位时间传递的热量；k 为材质的导热系数（热导率）；$\frac{\mathrm{d}T}{\mathrm{d}x}$ 为垂直于该截面方向上的温度变化率；A 为截面面积。该式表示单位时间内通过给定截面的热量，与垂直于该截面方向上的温度变化率和截面面积成正比，传导方向是从高温到低温。

热传导定律中的温度变化率，是用导数表示的连续变化，简化建模时，假设材质均匀，温度变化率可写成差分形式：

$$\frac{\Delta Q}{\Delta t}=-k\frac{\Delta T}{\Delta x}A$$

注意：关于连续到离散——根据连续变化建立的模型一般是微分方程模型，微分方程不容易求解，若将连续变化离散化，得到对应的差分方程，则容易求解。这是一种常用的建模手段。

本模型考虑的是双层与单层玻璃传热之比，取 $A=1$。传热方向是确定的从室内高温到室外低温，只考虑单位时间的热量大小即可，即取 $\Delta t=1$。于是，热传导规律进一步简化为

$$Q = k\frac{\Delta T}{\Delta x} \tag{1.1}$$

1. 先对双层玻璃建模

带空气层的双层玻璃示意图如图 1-3 所示。由假设 1，流失的热量只从室内往室外传递，中间过程没有任何热量流失，即每一层进多少，就出多少。记该热量为 Q_2，它经过这样 3 次传递：

- 从“室内与第 1 层玻璃接触面”到“第 1 层玻璃与中间空气层接触面”，介质是玻璃。
- 从“第 1 层玻璃与中间空气层接触面”到“中间空气层与第 2 层玻璃接触面”，介质是空气。
- 从“中间空气层与第 2 层玻璃接触面”到“第 2 层玻璃与室外空气接触面”，介质是玻璃。

记玻璃的导热系数为 k_g，空气的导热系数为 k_a。

根据简化的热传导规律式（1.1），以及热量没有损失，建立模型：

$$Q_2 = k_g\frac{T_1 - T_a}{d} = k_a\frac{T_a - T_b}{l} = k_g\frac{T_b - T_2}{d} \tag{1.2}$$

2. 再对单层玻璃建立模型

单层玻璃的示意图如图 1-4 所示。

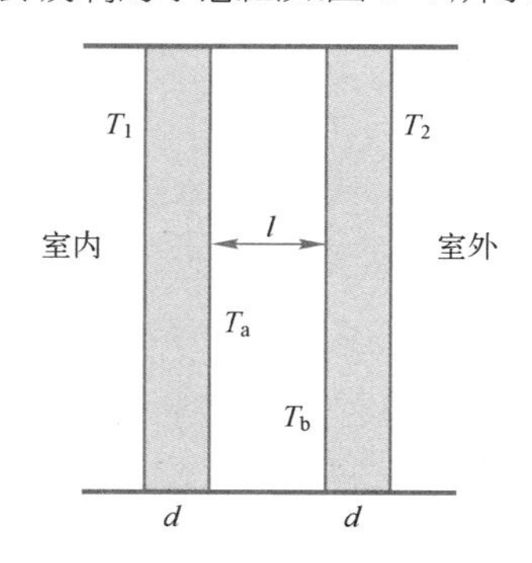

图 1-3 带空气层的双层玻璃示意图

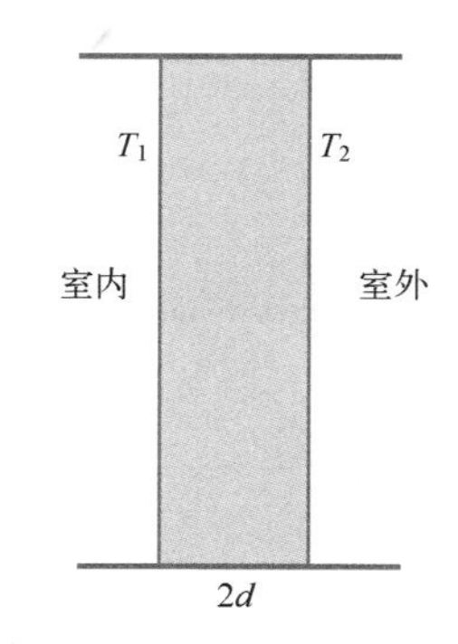

图 1-4 不带空气层的双层玻璃示意图

记单层玻璃流失的热量为 Q_1，根据简化的热传导规律式（1.1），建立模型：

$$Q_1 = k_g\frac{T_1 - T_2}{2d} \tag{1.3}$$

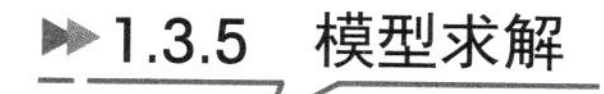

1.3.5 模型求解

关键点 3：区分（不变/可变）已知量和未知量（要求解/中间变量）

对于双层玻璃模型（1.2）：

- 不变已知量（通常是客观存在的量）：k_g, k_a, T_1, T_2。
- 可变已知量（有改变的实际意义，可对结果调参找最优）：l, d。
- 要求解的未知量：Q_2。
- 中间变量未知量：T_a, T_b。

模型非常简单，实际上是由 3 个方程构成的方程组：

$$\begin{cases} Q_2 = k_g \dfrac{T_1 - T_a}{d} \\ Q_2 = k_a \dfrac{T_a - T_b}{l} \\ Q_2 = k_g \dfrac{T_b - T_2}{d} \end{cases} \tag{1.4}$$

笔算也不难求解该方程组，但建议采用 MATLAB 编程（更多 MATLAB 简单编程语法见附录 A）求解，这属于符号变量、符号方程求解。

- 先将方程组涉及的所有变量都定义为符号变量。
- 再定义方程组，就是若干方程构成的向量，每个方程的“=”必须用“==”以区分赋值运算。
- 用“solve()”函数求解方程或方程组，实参需要提供方程组或方程，以及要求解的变量。
- “simplify()”函数用于化简符号表达式到最简形式。

MATLAB 代码：

```
% 定义符号变量
syms kg ka T1 T2 el d Q2 Ta Tb
% 定义方程组
eqns = [Q2 == kg*(T1-Ta)/d,
        Q2 == ka*(Ta-Tb)/el,
        Q2 == kg*(Tb-T2)/d];
% 求解方程组
S = solve(eqns, [Q2,Ta,Tb]);
S.Q2                                    % 解 Q2
simplify(S.Q2)                          % 化简表达式
```

运行结果：

```
ans = (kg*(T1*ka - T2*ka))/(2*d*ka + el*kg)
ans = (ka*kg*(T1 - T2))/(2*d*ka + el*kg)
```

于是，

$$Q_2=\frac{k_g k_a (T_1-T_2)}{2dk_a+lk_g} \tag{1.5}$$

对于单层玻璃模型（1.3），已经是解。

由于模型简单，可直接求出解析解。实际上，数学建模竞赛中的大多数数学模型都是只能求数值解。

关键点 **4**：模型求解，先要查阅文献资料将可以量化的变量量化[㊀]，即把某些变量代入具体数值，以简化求解。

1.3.6 结果分析

对比双层玻璃与单层玻璃流失的热量：

$$Q_2=\frac{k_g k_a (T_1-T_2)}{2dk_a+lk_g},\qquad Q_1=\frac{k_g (T_1-T_2)}{2d}$$

为了比较，将二者形式往一致变形：将 Q_2 分子、分母同除以 k_a，再分母提个因子 d，可得：

$$Q_2=\frac{k_g (T_1-T_2)}{d\left(2+\frac{l}{d}\frac{k_g}{k_a}\right)},\qquad Q_1=\frac{k_g (T_1-T_2)}{d(2+0)}$$

做绝对比较，用差；做相对比较，用商。双层玻璃流失热量与单层玻璃相比：

$$\frac{Q_2}{Q_1}=\frac{2}{2+s} \tag{1.6}$$

其中，$s=\frac{l}{d}\frac{k_g}{k_a}$。引入变量 s，能大大简化结果，那么 s 有没有实际意义呢？将同类归到一起，形式变为一致，往易于解释的方向变形：

$$s=\frac{l}{d}\frac{k_g}{k_a}=\frac{k_g/d}{k_a/l}$$

可见，s 是两种介质单位厚度的导热系数之比。

数学建模都必须要得到量化的结果，玻璃和空气的导热系数是不变的已知量，可查资料确定：

$$k_g=4\sim 8\times 10^{-3}\,\mathrm{W/(m\cdot K)},\qquad k_a=2.5\times 10^{-4}\,\mathrm{W/(m\cdot K)}$$

㊀ 一般是跟实际结合的变量，在固定场景下是常量。

则 $\frac{k_g}{k_a}=16 \sim 32$，取小值做保守估计，同时为了减少变量数，再引入 $h=\frac{l}{d}$（空气层与一层玻璃厚度之比），则双层玻璃与单层玻璃流失热量之比为

$$r=\frac{Q_2}{Q_1}=\frac{2}{2+16h}=\frac{1}{1+8h} \tag{1.7}$$

至此，已经得到相当完美的表达式结果，非常简洁。但仍需要做进一步的数值化、可视化展示：

1）数值化展示：取特殊的具体数值，看结果（用具体数据说话，有说服力）。

- 先将式（1.7）定义为函数，采用更简单的匿名函数写法，“./”是向量化运算，即向量中每个对应元素分别做除法。
- 再分别取 h=1,2,3,4,5，计算对应的 r 值。

MATLAB 代码：

```
r = @(h) 1 ./ (1 + 8 * h);          % 定义匿名函数
h = 1:5;
1- r(h)                             % 减少热量损失比例
```

运行结果：

```
ans = 0.8889  0.9412  0.9600  0.9697 0.9756
```

可见，空气层厚度与一层玻璃厚度之比，若取 1，则两层玻璃比一层玻璃可减少热量损失 88.9%，若取 3，则可减少热量损失 96%。

那么，比值 h 取多少最优呢？

r 是关于 h 的减函数，h 越大，r 越小（减少热量损失的比例越大）。但从实际来说，h 又不能无限增大。

2）可视化展示，并选择最优 h。

借助图形展示结果，将变量间的关系可视化，更加直观。

MATLAB 代码：

```
h = 0:0.01:8;
y = r(h);
plot(h, y, 'r-')                          % 绘图，红色实线
grid on                                   % 添加网格线
xlabel('h (l/d)'), ylabel('Q2/Q1')        % 设置坐标轴标签
title('热量损失比 Q2/Q1 与 h 的关系')      % 设置图形标题
```

运行结果如图 1-5 所示。

数学建模问题没有标准答案，只有合理答案，这个最优 h 的选择就体现了这一点。

选择 **1**：既然 h 越大越好，那么就在实际尺寸允许的范围内取最大的 h 值。

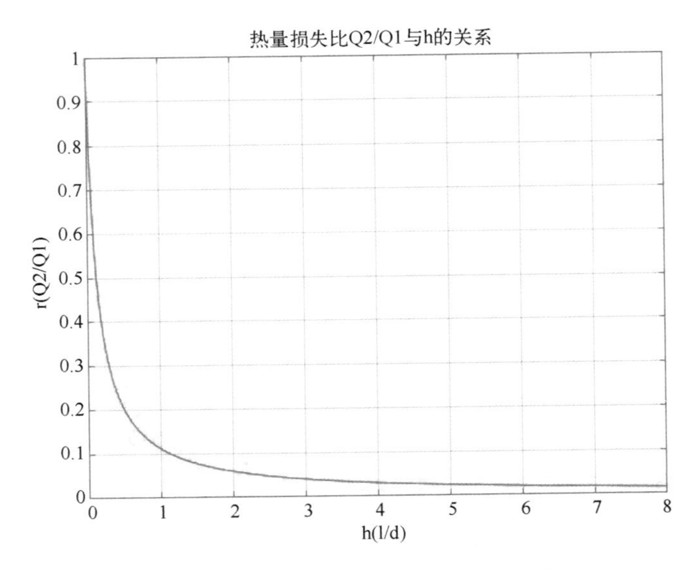

● 图 1-5　热量损失比与玻璃厚度关系

选择 2：根据效果基本不再改进选择 h，比如 $\left|\frac{\Delta r}{\Delta h}\right| < 10^{-2}$，表示 h 每增大 Δh，r 减小不超过 $10^{-2}\Delta h$。

取 $\Delta h = 0.01$ 来计算，MATLAB 代码：

```
df = gradient(y, 0.01);                 % 计算数值一阶导
n = sum(abs(df) > 0.01);                % 找到临界位置
h(n)                                    % 临界 h 值
r(h(n))                                 % r 值
```

运行结果：

```
ans =  3.4100
ans =  0.0354
```

即选取 $h = 3.41$，此时 $r = 0.0354$，即可减少热量损失 96.46%。

选择 3：找到曲线的“肘点”，相当于是从较陡转为平缓的节点。

对于连续函数，“肘点”就是曲率最大的点，可以计算式（1.7）的曲率最大点为 $h = 0.229$，此时 0.353，可减少热量损失 64.7%。

对于离散的数据点，形状为“凸”，肘点可以通过“将第 1 个点与最后 1 个点连线，找到与该线段距离最近的数据点”（Elbow Method）的方式获得，它对于数据点的范围敏感。

对于 $h \in [0.2, 8]$，$\Delta h = 0.01$，可计算离散数据的“肘点”为 $h = 1.5$，此时 $r = 0.077$，即可减少热量损失 92.3%。在图 1-5 基础上，进一步标记该肘点，得到图 1-6 所示结果。

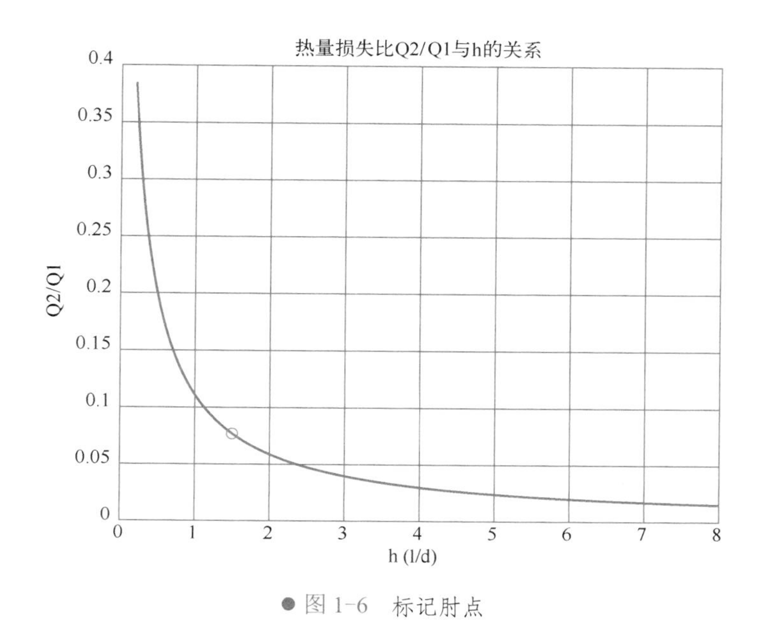

● 图 1-6　标记肘点

那么，以上三种选择哪种更好呢？应该选择第二种或第一种，这是因为适度增加空气层厚度基本不会增加成本，所以在权衡时就可以更倾向于增加空气层厚度，而不必过于折中考虑。

不难发现，两层玻璃之所以有如此高的功效，主要是由于空气层具有极低的导热系数，而这要求空气是干燥、不流通的，作为模型假设，该条件在实际环境下不可能完全满足。另外，房间热量还可以通过顶棚、墙壁、地面等流失。所以实际上双层玻璃的功效会比模型结果差一些[1]。

关键点 **5**：对数学建模的结果还需要做结果检验，通常包括误差分析、灵敏度分析等，以确定模型解决实际问题的效果和实际应用范围。

数学模型一般是忽略了很多实际因素建立的理想化模型。误差分析考虑若将忽略的某因素加入到模型中，会产生怎样的变化。模型的稳定性分析：如果算法的原始数据有误差，计算过程的舍入误差是否会增长。预测模型可以直接将预测结果与实际结果做比较，分析误差。

灵敏度分析是对模型的一些主要参变量做一些变动，分析模型结果会有怎样的变化。

1.3.7　论文写作

数学建模的目的是解决实际问题，在上述工作完成以后还要将解决问题的整个过程写成一篇科技论文（研究报告）。论文要力求结构完整、逻辑清晰、简明易懂，能让人明白用什么方法解决了什么问题，结果如何，有什么创新点。

1. 建模论文的评卷原则

建模论文是数学建模竞赛成果的最终（书面）形式；是评定参赛队的成绩好坏、获奖级别的唯一依据；另外，对建模论文的训练，也是科技论文写作的一种基本训练。

（1）摘要

1）研究的问题明确。

2）研究方法或模型适当以及结果较好。

3）语言规范，逻辑清晰。

4）内容完整。

（2）模型建立、求解及结果分析

1）问题重述不照搬原题，问题分析清晰合理。

2）模型假设合理，符号表示规范。

3）数学模型描述正确，模型求解方法适当可行，求解过程清晰，结果较好。

4）模型检验与误差（灵敏性）分析合理，有分析结果。

（3）总体印象

1）文字、格式的规范性。

2）图表、公式的规范性。

3）参考文献及引用的规范性。

4）页码标注正确。

5）论文总体工作量饱满情况。

2. 建模论文的结构与写法

一篇完整的数学建模论文应包括：标题、摘要、问题重述、问题分析、问题假设、符号说明、模型的建立、模型的求解、模型的检验、模型的评价和推广、参考文献、附录（可选），一般篇幅为 20 页左右。下面分别就每一部分应该如何写作做一个说明。

（1）题目

东北三省大学生数学建模联赛（省赛）和全国大学生数学建模竞赛都要求用问题题目作为论文标题。

美国（国际）大学生数学建模竞赛的标题要“概括全文、吸引读者、便于检索”，要“精准、简洁、清晰”；长度一般为 8～12 个单词；一般不用完整的句子，而是由名词性短语构成，如果出现动词，多为动名词或分词形式。若内容层次很多，可以采用主副标题。

注意：标题要具体，尽量避免空洞和笼统；标题一般不用加“Regarding…”“Studies on …”“Investigation on …”“Observation on …”“The Method of …”“Some thought on…”“A research on…”等冗余套语。

（2）摘要

叙述：针对问题，做了什么工作，用的什么方法，得到什么结果，有什么创新和特色。

第一段：介绍论文解决什么问题（2 句话不超过 3 行）。

- 切入问题：先由问题或问题的重点词开始，简单重述问题以及解决该问题的意义。
- 总的解决方法概述：通过什么方法解决什么问题；将实际问题转化为数学模型；将问题分阶段考虑。

第二、三段：针对具体问题分别采用什么模型，基于什么原理，通过如何处理，得到什么结论，阐述模型的正确性等。

最后一段：总的结论，结论的可行性、算法的广泛性、模型可用于其他领域等。

摘要叙述要精炼，逻辑要清晰，避免无意义的冗余叙述，尽量控制在半页到一页之间，不要超过一页。

关键词为论文中出现频率最高、方便别人检索到论文的若干专业名词，5 个左右为好。

（3）问题重述

通过对题意的理解，用自己的语言重新描述问题，可以结合问题的背景简明扼要地说明解决问题的意义。

切忌：直接复制建模原题目中的内容。建议对建模原题有一定的理解，在此基础上不看资料复述其中的内容，这种方式就是最好的问题重述。

（4）问题分析

需要抓住题目中的关键词和主要目的及要求，分析要中肯、确切。依据原理要明确，描述要简明扼要，可列出关键步骤，不要冗长、烦琐。可以借助流程图，使思路表述更清晰。

问题分析是模型建立的前奏，就是介绍怎么明确问题，怎么思考该问题的解决方案（适用的基本模型），叙述解决该问题的大体思路，中间需要叙述每步思路产生的主要来源、依据和合理性等。利用“常识”和“逻辑推理”去一步一步分解问题、梳理出解决各主要问题的思路，为接下来的模型建立奠定基础和基本方向。

（5）问题假设

- 去掉无关或关系不大的因素，使问题得到简化，切记必须保留主要因素。
- 对问题相关的方面做限定，便于解决问题。
- 假设必须合理、适度（带来的误差在实际问题所允许的误差范围内）。
- 假设是在解决问题的过程中根据需要做出的，而不是凭空假设。

（6）符号说明

对模型和论文中用到的主要变量符合加以说明（某些次要变量符号可以在论文中使用时加以说明），以简要的文字表述各字母变量的意义，注意符号表示必须与论文中一致。建议采用表格的形式展示。

（7）模型的建立

在问题分析的基础上，先简要叙述选用某模型解决该问题的原因（即明确解题的原理和思路，包括逻辑性、合理性、可行性的完整叙述），然后对该模型的基本原理和基本思想做简要介绍，再进行模型构建（可借助数学表达式、构建方案、构造图、算法流程图等）。

构建模型的过程，就是解决具体问题的过程，用清晰的逻辑将思路全部展现出来。建议采用“理论和数据处理、求解结果相结合，逐步推进解决问题”的思路来写。

要结合实际问题，对借鉴来的基本模型进行改进和完善，使其能有效、实用地解决问题。注意以下几点。

- 模型要有一定的创新性，不是从书本或者论文中直接抄来的。
- 必须有模型检验与灵敏度分析等过程。
- 模型必须有详细的求解过程及结果。
- 不能用已有的固定算法代替模型。
- 不能用流程图或者类似方式代替模型。
- 不能用计算机程序代替模型。

（8）模型的求解

数据建模——插值、拟合，数据统计分析。注意：多项式拟合时，多项式次数不要超过 3 次。

算法建模——软件求解、数值化解法等。

中间结果、必要步骤要适当呈现（使用的工具软件、编制写的程序和运行的结果等都要表述清楚），重复性的过程和结果没有必要一一列出；采用智能算法时，要简要写明使用理由。

给出理论结果，或设法计算出合理的数值结果。

（9）模型的检验

- 结果分析

利用模型得到的数值结果，回答题目中要求回答的所有问题。

数值结果、结论要一一列出，可以设计合理简洁的图表展示结果。

必要时对问题解答做定性或定量分析和讨论，最后结论要明确。

- 模型检验

数学模型一般是忽略了很多实际因素而建立的理想化模型，误差分析考虑若将忽略的某因素加入到模型中，会产生怎样的变化。

模型的稳定性分析：如果算法的原始数据有误差，则计算过程的舍入误差是否会增长。预测模型可以直接将预测结果与实际结果做比较，分析拟合优度和误差。

- 灵敏度分析

目标函数 y 对输入参数 x_i 的灵敏度 $s(y,x_i)$ 的定义为

$$S(y,x_i)=\frac{\partial y}{\partial x_i}\bigg/\frac{y}{x_i}$$

其中，$\frac{\partial y}{\partial x_i}$ 为边际函数（偏导数）；$\frac{y}{x_i}$ 为平均的投入产出效应。

计算机实现：固定其他的 x_j 为常数，让 x_i 按固定间隔从初始值到终止值变化，计算出灵敏度、导数（偏导数）、平均效应及目标函数的值，通过分析结果得到结论。

（10）模型的评价和推广

衡量一个模型的优劣完全在于它的实际应用效果，而不是采用了多么高深的数学模型。如果用初等模型也能得到与高级模型相差无几的应用效果，当然是初等模型更受欢迎。

评价自己模型的优缺点，结合自己的算法和结果叙述，尽量客观具体。

模型的推广：可以将原题要求进行扩展，进一步讨论模型的实用性和可行性，还可以提出问题的展望。

（11）参考文献

论文提及或是直接引用的文献、引用数据的出处等，都必须写入参考文献。参考文献按出现在正文中的顺序编号，写入参考文献的文献必须在论文中有引用。

参考文献的格式规范示例如下。

[1] 周融，任志国，杨尚雷．对新形势下毕业设计管理工作的思考与实践[J]．电气电子教学学报，2003，6(1)：107-109.

[2] DESMARAIS D J, STRAUSS H, SUMMONS R E, et al. Carbon isotope evidence for the stepwise oxidation of the Proterozoic environment[J]. Nature, 1992, 359: 605-609.

[3] 蒋有绪，郭泉水，马娟．中国森林群落分类及其群落学特征[M]．北京：科学出版社，1998：56-68.

[4] CRAWFPRD W, CORMAN M. Future libraries dreams madness reality [M]. Chicago: American Library Association, 1995: 105-116.

[5] 谌颖．空间最优交会控制理论与方法研究[D]．哈尔滨：哈尔滨工业大学，1992：8-13.

[6] 吴葳，洪炳熔．自由浮游空间机器人捕捉目标的运动规划研究[C]//中国第五届机器人学术会议论文集．哈尔滨：哈尔滨工业大学出版社，1997：75-80.

（12）附录

附录不属于论文的正文内容，是否计入论文实际页数看竞赛要求，附录中只需要列出对论文真正需要并且对论文有支撑作用的内容，是对评审读懂论文正文起辅助作用的资料。

注意：附录中的程序代码，如果不是自己编写的就不要列入附录，否则有抄袭的嫌疑，有可能被认定为雷同试卷。

1.4 数学建模的应用领域

学习和参与数学建模的过程，能够培养很多方面的能力，这些能力将为进入各个应用领域提供巨大助力。同时，从数学建模所涵盖的内容来说，也与许多应用领域（如运筹优化、机器学习（数据挖掘）、进入投资、科学研究等）有交叉和奠基的作用。

1.4.1 能力培养

学习数学建模和经过这方面的训练，有助于扩大知识面，培养和提高学生综合运用所学知识解决实际问题的能力，即数学建模的能力。具体来讲，数学建模有助于培养以下几个方面的能力。更多内容可参阅参考文献[3]。

（1）丰富灵活的想象力

数学建模要解决的问题往往都需要多学科的知识和多种不同的方法，因此，需要具备丰富的想象力，有人说："想象力是最高的天赋——是一种把原始经历组合成具体形象的能力，一种把握层次的能力，一种把感觉、梦幻和理想等对立因素融合成一个统一整体的能力。"

（2）抽象思维的简化能力

实际中的问题往往都是很复杂的，数学建模就是对问题进行抽象、简化，将其转化为数学问题的过程。因此，这种抽象思维的简化能力是必不可少的，数学建模的学习和训练有利于培养这种能力。

（3）一眼看穿的洞察能力

洞察能力是一种直觉的领悟，是把握事物内在的或隐藏的本质的能力，简言之就是"一眼看穿"能力。这种能力对于数学建模是非常重要的，但需要经过艰苦的、长期的经验积累和有针对性的训练。

（4）发散思维的联想能力

发散思维就是发明创造的一个有力武器，在数学建模的过程中，可以对某些关键信息展开联想，这是一种"由此及彼，由彼及此"的能力。

（5）与时俱进的开拓能力

随着社会的进步和发展，科学技术也在快速发展，实际中的问题复杂多变，数学建模也必须与时俱进，发扬开拓精神，培养创新能力，这也是新型创新人才素质的一部分。

（6）学以致用的应用能力

学以致用是 21 世纪高素质应用型人才所具备的一种素质，因为一个人所掌握的知识总是有限的，但解决实际问题所需要的知识是相对无限的。因此，必须具备这种学以致用的应用能力，数学建模正是培养这样能力的一种有效途径。

（7）会抓重点的判断能力

数学建模的问题中所给的条件和数据往往不是恰到好处的，有时也可能是杂乱无章的，这就要求我们具备一种特有的会抓重点的判断能力，充分利用已知信息，寻找突破口来解决问题。

（8）高度灵活的综合能力

因为数学建模的问题是综合性的，所以解决问题所需要的知识和方法也是综合性的。因此，我们的能力也必须是综合性的。否则，将会“只见树木，不见森林”，不可能完整地解决问题。

（9）使用计算机的动手能力

数学建模时必须熟练掌握计算机的操作以及工具软件的使用和计算机编程，这是因为对实际问题进行分享和建立数学模型以后的求解都有大量的推理计算、数值计算和作图等工作，这些都需要通过计算机和软件计算来实现。

（10）信息资料、数据的查阅能力

信息资料、数据的查阅能力是科技人才所必备、数学建模所必需的能力。

（11）科技论文的写作能力

科技论文的写作能力是数学建模的基本技能之一，也是科技人才的基本技能之一，是我们表达自己所做工作的唯一方式。通过论文可以让读者清楚地知道用什么方法解决了什么问题，结果如何，效果怎样，等等。

（12）团结协作的攻关能力

数学建模都是以小组为单位开展工作的，体现的是团队精神，培养的是团结协作能力，也是未来科研工作所必备的能力，不具备这种能力的人将一事无成。

1.4.2 运筹优化

运筹学是与数学建模最接近、重合最多的学科，运筹学可以看作是数学建模的子集。因为运筹学解决的问题、用到的模型，都可称为是数学建模问题和数学模型；运筹学从建立模型、模型求解到应用以及生产实践，就是数学建模的一般过程。更多内容可参阅参考文献[4]。

运筹学是一门应用科学，它起源于军事研究，之后扩展到工业、农业、经济和社会问题等各个领域。P. M. Morse 和 G. E. Kimball 曾将运筹学定义为：决策机构在对其所控制下的业务活动进行决策时，提供以数量化为基础的科学方法。它广泛应用现有的科学技术知识和数学方法，解决实际中提出的专门问题，为决策者选择最优决策提供定量依据[2]。

运筹学主要是做运筹优化，包括数学规划（线性规划、非线性规划、整数规划、目标规划、动态规划、随机规划等）、图论与网络、排队论、存储论、对策论、决策论、维修更新理论、搜索论、可靠性和质量管理等[2]。

运筹学中用到最多的就是数学模型，其建立模型的方法和思路与数学建模是一致的。

1）直接分析法。按研究者对问题内在机理的认识直接构造模型，这也是数学建模中机理建模的方法。

2）类比法。有些问题可以用不同方法构造出模型，而这些模型的结构性质是类似的，这样就可以互相类比。

3）数据分析法。对有些问题的机理尚未了解清楚时，若能搜集到与此问题密切相关的大量数据，或通过某些试验获得大量数据，就可以运用统计分析法建模。

4）实验分析法。当有些问题的机理不清，又不能做大量试验来获取数据，这时只能通过局部试验的数据加上分析来构造模型。

5）构想法。以上方法都行不通时，比如一些社会、经济、军事问题，人们只能在已有的知识、经验和某些研究的基础上，对于未来可能发生的情况给出合乎逻辑的设想和描述。然后运用已有的方法构造模型，并不断地修正完善，直到比较满意为止。

运筹学模型的一般数学形式可描述如下。

目标的评价准则： $U = f(x_i, y_j, \xi_k)$

约束条件： $g(x_i, y_j, \xi_k) \leqslant 0$

其中，x_i 为决策变量；y_j 为已知参数；ξ_k 为随机因素。

目标的评价准则可以是一个或多个，一般要求达到最佳（最大或最小）、适中、满意等。约束条件可以有 0 个、1 个或多个。

当模型中无随机因素时，称为确定性模型，否则称为随机模型。随机模型的评价准则可以用期望、方差或某种概率分布来表示。当决策变量只取离散值时，称为离散模型，否则称为连续模型。也可按使用的数学工具将模型分为代数方程模型、微分方程模型、概率统计模型、逻辑模型等。按求解方法，可分为最优化模型、数值模拟模型、启发式模型；按用途，可分为分配模型、运输模型、更新模型、排队模型、存储模型等；若按研究对象，则可分为能源模型、教育模型、军事对策模型、宏观经济模型等。

以上也可作为数学模型的常用分类。

1.4.3 机器学习

数学建模的学习和实践，可以很自然地过渡到当前热门的机器学习、数据挖掘。它们本质上就是数学建模，就是在用模型和计算机来解决实际问题。更多内容可参阅参考文献[5]。

人工智能，是通过机器展现的人类智能，可以说目前人工智能只是停留在畅想阶段，所能实现的有限的人工智能就是机器学习；机器学习，是让计算机利用已有的数据（经验）得出某种模型，并利用此模型预测未来的一种方法，机器学习的涵盖范围主要包括：模式识别、数据挖掘、统计学习、计算机视觉、语音识别、自然语言处理；深度学习，是机器学习的一个热门分支，是用深度神经网络技术来实现的机器学习。

机器学习与数据挖掘等热门领域的相互关系，如图 1-7 所示。

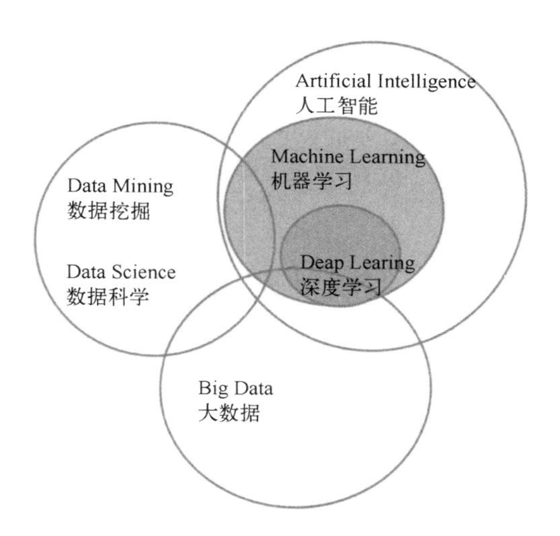

● 图 1-7　机器学习与数据挖掘等热门领域的相互关系

1. 机器学习本身就是构建数学模型和求解数学模型

机器学习算法分为有监督学习（有因变量）和无监督学习（无因变量），有监督学习包括回归、分类，无监督学习包括聚类、降维。

有监督学习都是先定义损失函数（优化目标）描述真实值与预测值相差多少，然后利用梯度下降法训练模型，寻找最优模型参数（求解优化模型）。以回归为例，损失函数采用最常用的均方误差损失：

$$J(\boldsymbol{\theta})=\frac{1}{2n}\sum_{i=1}^{n}(y_i-\hat{y}_i)^2$$

其中，$\boldsymbol{\theta}$ 是模型参数向量。寻找最优模型参数，就是求解优化问题：

$$\boldsymbol{\theta}^*=\arg\min_{\boldsymbol{\theta}} J(\boldsymbol{\theta})$$

即求损失函数达到最小值时所对应的参数值。机器学习中一般是先随机生成一组参数值，然后用梯度下降法及其变种、牛顿法及其变种等优化算法进行求解。

分类也是类似的，只是损失函数一般采用对数似然损失。无监督学习中的聚类、降维算法，也都是转化成带模型参数的优化问题。

2. 数学建模与机器学习解决问题的思考过程是一致的

要解决一个数学建模问题，往往需要考虑以下因素。

- 要做什么？明确问题。
- 怎么做？分解问题，逐个解决。
- 这样做合理吗？合理假设。

- 这样做需要用到哪些模型？如何选择最优模型？选择模型。
- 模型确立了，怎么求解？模型求解。
- 模型结果，是否符合实际？结果分析。
- 模型有哪些优缺点？如何改进？提升模型。
- 展示给别人，论文写作。

在数学建模中学到的解决问题的上述过程方法，完全可以平移到解决机器学习问题当中。经过数学建模的训练，将来做机器学习会得心应手。

另外，机器学习中的算法都可以用于解决数学建模问题，比如预测问题就是想要找到自变量与因变量之间的影响关系，完全可以直接使用各种机器学习中的回归、分类算法；聚类算法可以用于客户分类、等级划分、异常识别；降维算法可以用于特征指标合成、图像压缩等。

1.4.4 金融投资

量化金融主要是涉及量化投资的一门新兴金融学科，目标是培养金融工程师，负责衍生品定价模型的建立和应用、模型验证、模型研究、程序开发和风险管理。更多内容可参阅参考文献[6]。

投资者想要从事量化交易，必须是精通金融和计算机语言的复合型人才，金融、建模、编程缺一不可。量化金融领域的内容涉及基础数据抓取及处理、量化交易策略编写及回测、实盘程序化交易、衍生品定价、机器学习、高频交易等模块的内容。

传统的投资方法主要有基本面分析法和技术分析法，而量化投资主要依靠数据和模型来寻找投资标的和投资策略，具体来说就是利用数学、统计学、信息学等领域的技术，对投资对象进行量化分析和优化，从而进行精确的投资行为。量化投资的关键是对宏观数据、市场行为、企业财务数据、交易数据等进行分析，利用数据挖掘技术、统计技术、优化技术等科学计算方法对数据进行处理，以得到最优的投资组合和投资机会。

量化投资以先进的数学模型替代人为的主观判断，并借助计算机强大的信息处理能力，可以避免在市场极端狂热或悲观的情况下做出非理性的投资决策。

量化投资的核心内容是量化模型，通过搜集分析大量的数据，利用计算机筛选投资机会，并判断买卖时机，将投资思想通过具体指标和参数的设计体现在模型中，并据此对市场进行不带任何主观情绪的跟踪分析。

量化投资最典型的两类模型是多因子选股模型和发现交易时机的择时模型。

1）多因子选股模型：其核心就是选取和构建对收益率最相关的因子，以及如何用多因子综合得到一个最终的判断。这实际上就是数学建模中综合评价模型的一般思路。这些因子当中也可以包含过去股票的收益率，用它对多因子进行回归建模及预测，这是数学建模中的回归预测模型。

2）发现交易时机的择时模型：就是判断大盘的涨跌，并根据判断结果进行交易操作。笼统地说，这也是数学建模中的预测模型，属于数据挖掘/机器学习分类问题。很多机器学习算法（如支持向量机、神经网络、XGBoost）等都能将市场前期走势、货币环境、经济指标、外围环境作为预测变量，股票涨跌作为结果变量，根据历史数据训练机器学习模型，再用于预测未来的涨跌。

另外，经典的马科维茨均值-方差模型可以说是投资组合理论的鼻祖，深刻改变了理论和实务两界。马科维茨也因此获得了 1990 年的诺贝尔经济学奖。该模型就是兼顾收益最大、风险最小的两目标优化模型。本书的第 6 章将围绕马科维茨均值-方差模型展开，并深入探讨多目标规划模型。

1.4.5 科学研究

科学研究是一种基于已有知识探索未知世界的过程。对于志在走上科研之路的学生，需要尽早培养自己以下几方面的科研能力。

（1）发现问题能力

培养发现问题的能力，更多的是培养一种发现问题的路径、思维和习惯，科研工作特别需要发现问题的能力，包括对事物的敏感性、判断力和感知力，只有发现问题才能完善现有理论、现有方案、现有技术、现有模式，形成科研成果。

（2）查阅文献、数据能力

做科研离不开去搜索、查阅文献和数据资料，在互联网时代，获取文献和数据的途径和手段丰富多样，除了中国知网、万方等中文数据库，NCBI、EMBL、web of science 等外文数据库，还有统计年鉴数据、行业数据等，还可以从国内外政府部门、协会组织网站，甚至是爬取互联网的舆论数据等。这其中最重要的是长期搜索实践所获得的搜索能力，特别是根据搜索结果调整搜索方向的直觉。

（3）总结归纳能力

查阅到的文献庞杂无序，有价值的信息分散在未知的各处，如何有效地利用它们，就需要分门别类地管理不同主题或关键词的文献，需要总结归纳能力。因此，要对阅读过的文献及时做笔记、综述研究进展，总结共性、分析并发现问题。同样，各种数据也需要统一管理和处理。

（4）实验设计能力

对于发现的问题如何去解决？这就需要设计实验来比较、筛选、摸索、验证、解析等。在总结前人的研究现状、研究方法等基础上，可以自己设计实验：考虑实验技术路线、方法、实验条件等的可行性。

（5）组织实施能力

自然科学通常会采用实验的方式进行，社会科学大多会采用调查问卷、随机采访等社会科学方法，而农业研究则需要在野外实施。很多事情是需要多方配合才能完成的，这就需要组织实施能力，涉及协调关系、申请部署等。

（6）科研表达能力

科研工作需要口头表达，比如学术报告、成果推广等，对外行要用通俗易懂的话语简单告知结果，对于内行要注重科研选题的意义、实验设计、研究结果以及结果的理论和实践意义；科研工作也需要书面表达，包括撰写科研论文、科技报告、项目申请等，这些材料的撰写都有专门的表达规范和格式规范。

同时，科研是一条“光荣的荆棘路”，需要具有肯吃苦、善思考、勤动手、能反思等素质的人来担当。

数学建模学习到的其实是一种综合技能，一种可以伴随人一生的思维能力，包括逻辑思维能力（分解思维、发散思维、归纳思维、逆向思维等）、创新能力、快速自学能力、论文撰写能力、团队协作能力等。数学建模的学习和参赛过程，培养了学生“学数学、用数学”的意识和能力，包括查阅资料的能力、文献综述的能力、模型建立的能力、问题分解的能力、问题分析的能力、编程能力、科研写作能力以及超强的自学能力。

可以发现，科研中需要的能力与数学建模培养的能力大部分是重合的。有了这些能力，学生就有了创新能力和动手能力，就有了较高的科研潜能和科研素质。事实证明，很多数学建模获奖的学生都走上了科研之路，而且走得非常成功。

1.4.6 数学建模竞赛

2021 年，中国高等教育学会《高校竞赛评估与管理体系研究》专家工作组发布了《中国高校创新人才培养暨学科竞赛评估结果》，如图 1-8 所示，全国大学生数学建模竞赛高居第五位：

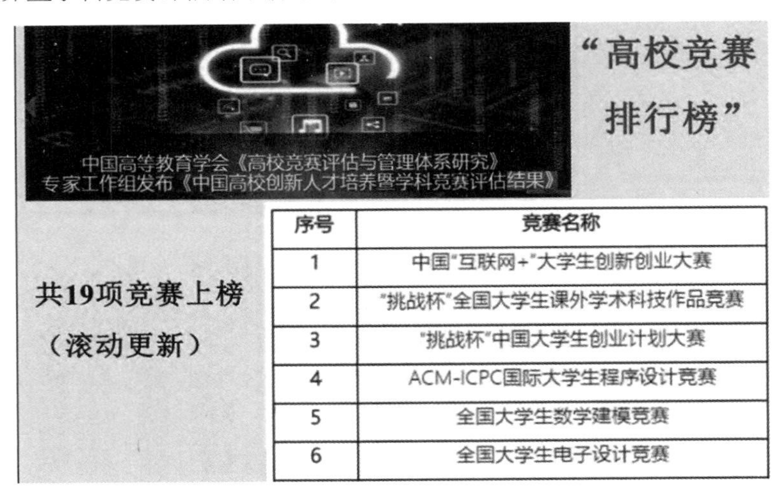

序号	竞赛名称
1	中国“互联网+”大学生创新创业大赛
2	“挑战杯”全国大学生课外学术科技作品竞赛
3	“挑战杯”中国大学生创业计划大赛
4	ACM-ICPC国际大学生程序设计竞赛
5	全国大学生数学建模竞赛
6	全国大学生电子设计竞赛

● 图 1-8 高校竞赛排行榜

1. 数学建模竞赛介绍

（1）全国大学生数学建模竞赛（http://www.mcm.edu.cn/）

全国大学生数学建模竞赛，简称“国赛”，是由教育部高等教育司和中国工业与应用数学学会共同主办，面向全国高等院校所有专业、所有学生的一项大规模竞赛活动。国赛始于 1992 年，每年 9 月中旬周末举行（三天三夜）。目前已经成为全国高等院校中规模最大的课外科技活动之一。2020 年，来自国内外的 45680 个队（本科 41826 队、专科 3854 队）、近 14 万名大学生报名参加该项竞赛。国赛是全国统一出题（分本科组和专科组），在“全国大学生数学建模竞赛”官网（http://www.mcm.edu.cn/）公布，采取通信方式，由各赛区负责组织实施。大学生以队为单位参赛，每队 3 人，专业不限。每队可设一名指导教师（或指导组），从事赛前辅导和参赛的组织工作。竞赛采取开卷形式，学生可以查阅和利用各种图书资料、期刊、互联网资料等。竞赛题目一般来源于工程技术和管理科学等方面经过适当简化加工的实际问题（尤其是当前热点问题）。题目有较大的灵活性和开放性供参赛者发挥其创造能力。本科组竞赛题目分 A、B、C 三题任选一题。2020 年，黑龙江省本科组参赛 1196 队，获一等奖 3 项（0.25%）、二等奖 36 项（3.01%）。

2020 年，国赛本科组与专科组的选题与获奖情况[7]如表 1-1、表 1-2 所示。

表 1-1　2020 年建模国赛本科组选题与获奖情况

题号	选题	提交论文	报送国一	国一获奖	报送国二	国二获奖
A	8722	8344	249	97	359	401
B	8888	8398	258	96	378	400
C	19619	18500	324	99	497	400
合计	37229	35242		292		1201

表 1-2　2020 年建模国赛专科组选题与获奖情况

题号	选题	提交论文	报送国一	国一获奖	报送国二	国二获奖
D	1104	1047	38	18	49	60
E	2446	2307	54	28	84	92
合计	3550	3354		46		152

注意：获奖比例是获奖数除以提交论文数。

可见，按国赛的评奖规则，获奖总数基本相当，选题队数少的题目，获奖比例会更高。

（2）美国（国际）大学生数学建模竞赛（https://www.comap.com/）

美国大学生数学建模竞赛（MCM/ICM），简称“美赛”，由美国数学及其应用联合会（COMAP）主办，是唯一的国际性数学建模竞赛，也是世界范围内最具影响力的数学建模竞赛，为现今各类数学建模竞赛之鼻祖。MCM/ICM 分别代表“数学建模竞赛”和“交叉学科建模竞赛”。MCM 始于 1985 年，ICM 始于 2000 年，由美国数学及其应用联合会（COMAP）主办，得到了 SIAM、NSA、INFORMS 等多个组织的赞助。MCM/ICM 着重强调研究问题、解决方案的原创性、团队合作、交流以及结果的合理性。竞赛时间为每年 1 月底或 2 月初（四天四夜），要求提交英文论文。建议参加完省赛和国赛后再参加美赛。

竞赛题目：

MCM 题（数学建模）分为 A（连续型）、B（离散型）、C（大数据）。

ICM 题（交叉学科建模）分为 D（运筹学/网络科学）、E（环境科学）、F（政策）。

奖项设置及 2020 年获奖比例：

特等奖（Outstanding, 0.18%）、特等奖提名奖（Finalist, 1.98%）、国际一等奖（Meritorious, 6.70%）、国际二等奖（Honorable, 24.30%）。

美赛更注重思维和模型的创新性，对结果的要求并不是很严格。

注意：国赛二等奖与美赛一等奖获奖难度基本相当；美赛的一等奖、二等奖评奖规则是，获奖比例基本一致，跟选题队数的多少无关。

（3）“华为杯”中国研究生数学建模竞赛（https://cpipc.chinadegrees.cn）

“华为杯”中国研究生数学建模竞赛始于 2003 年，2013 年被纳入教育部学位中心主办的中国研究生创新实践系列大赛。它是一项专门面向在校研究生进行数学建模应用研究的学术竞赛活动，是广大在校研究生提高建立数学模型和运用互联网信息技术解决实际问题能力，培养科研创新精神和团队合作意识的大平台。因其综合性、创新性和实践性等特性吸引了众多优秀的人才加入，参赛队伍规模不断壮大。2020 年，共 17219 支队伍、51657 名研究生报名参赛。

（4）其他建模竞赛

- 其他全国性数学建模竞赛：“深圳杯”数学建模挑战赛（7 月）、全国大学生电工数学建模竞赛（5 月中下旬）、“泰迪杯”数据挖掘挑战赛等。
- 地区性数学建模竞赛：对于东北三省的大学生来说，还有东北三省大学生数学建模联赛（省赛），它是由黑龙江、吉林、辽宁三省有关高校联合主办，旨在便于普及数学建模教育，培养学生应用数学知识解决实际问题的能力，同时为各校培养和选拔参加全国竞赛的队员。近年来，题目都采用“深圳杯”数学建模挑战赛的赛题。近年竞赛时间改为 7 月，周期为半个月左右，所以这也是学生学习和提高建模水平的绝佳的锻炼机会。其他地区性数学建模竞赛还有：五一数学建模竞赛（5 月初）、“华东杯”大学生数学建模邀请赛（4 月）、华中地区大学生数学建模邀请赛等。
- 数学建模网络赛：MathorCup、认证杯、中青杯、亚太赛、数维杯、华数杯、科创杯等，报名时请注意分辨，以增加经验为主可以参加。
- 高中生数学建模竞赛：美国高中数学建模竞赛（HiMCM）。

2．参加数学建模竞赛的益处[8]

（1）自身能力的提高

大学数学学习大多停留在单纯的数学知识层面。数学建模能够引导学生发现实际生活中的数学规律，学会应用数学知识去解决实际问题。数学建模让学生学到的其实是一种技能，一种可以伴随人一生的思维能力，包括逻辑思维能力、逆向思维能力、创新能力、快速自学能力、文字表达能力、团队协作能力等。数学建模的学习过程，培养了学生“学数学、用数学”的意识和能力，包括查阅资料、文献综述、问题分析、模型建立、计算机编程、科研能力、自学能力等。从而具备创新能力和动手能力，也就有了较高的科研潜能和素质，具备了较强的工作能力。

（2）考研加分与优先录取

国家奖或国际奖有考研加分，或同等条件下优先录取；导师更愿意招收有过数学建模经历的学生，因为数学建模过程中需要分析问题、建立模型解决问题、撰写成科技论文，这些本身就是很好的科研训练过程。

（3）出国资质

美赛获奖证书，国际上比较有分量，对出国大有帮助；有过建模经历也更容易受到认可和优先考虑。

（4）就业优势

获奖证书在找工作时，是很好的敲门砖。前面所说的很多能力，恰恰也是企业所看重和工作所需要的，很多工作中的具体的实际问题就是数学建模问题。

3．数学建模竞赛的正确流程

（1）读懂并明确问题

通过搜索关键词、查阅文献，做到读懂问题（包括数据）、分解问题（将难以解决的大问题分解为若干容易解决的小问题）、明确要解决的问题（确切知道每个小问题都要做什么，得到什么结果），该过程做得越详细越好，形成解决整个题目的完整思路框架、思维导图。

在读题的时候，一定要思考题目想让做什么？这非常关键，避免跑题和建立空模型（没有实际意义），这一步不需要思考怎么解决问题，只是把要解决的问题明确出来。另外，要从整体把握脉络，如果串不起来，肯定理解上是有偏差的，再一个就是设身处地从出题方考虑，他们的问题（困难）是什么，想要读者帮助解决什么难题。

思考的时候，最关键的就是合理。从实际问题、题目中的信息、出题方想要解决什么等方面入手，把这些因素都能串起来，那么理解上基本就不会有偏差，答题时也就不会跑题了。

（2）查数据、查文献

针对明确出来的具体子问题，全面查阅文献、数据，寻找相同或类似问题的解决方案，归纳梳理模型算法和主要参考文献，同时通过查文献进一步修正思路。搜集并整理数据，做好数据预处理，对“脏”数据进行清洗，非结构化数据结构化，处理缺失值、异常值。

（3）分析、建模、求解

针对每个子问题，利用“常识+逻辑推理”，通过合理假设简化问题；结合相关文献以及数学原理、物理规律等，将实际问题用数学语言转化为数学模型，注意将查阅到的算法等切实结合进实际问题；模型求解可能涉及解方程、公式证明、统计分析、算法实现等，利用MATLAB、R、Python、Lingo、SPSS 等软件或编辑语言，查阅类似代码并修改调试，注意保存计算过程中的数据、图、表。

注意：文字叙述、流程图不是模型。

（4）结果检验

根据问题的实际情况和意义对所求的结果进行分析，通过误差分析、灵敏度分析来检验模型解决实际问题的效果和实际应用范围。

（5）撰写论文

将以上整个解决问题的过程撰写为逻辑清晰、叙述准确、格式规范的科技论文。

学生普遍存在的弱项：

1）搜索相关资料、数据的能力弱，过于依赖老师，缺乏自主搜索的锻炼。

2）不会分解问题、明确问题、思考问题，往往只会“高屋建瓴”，建立的只是脱离具体问题的“空中楼阁”。应该是切实进入问题，“地毯式推进”“将大化小”，“明确每一步要做什么”，利用“常识+基本逻辑推理”去思考如何逐个解决每个具体问题。

3）编程能力弱，潜意识里能用手算就不用计算机算，能用 Excel 就不用 MATLAB、SPSS、R。“磨刀不误砍柴工”，要是能反过来想就对了。

4）不会撰写论文，只会简单的罗列堆砌，缺少衔接性叙述、通篇几乎没有逻辑性、论文格式极不规范。

5）缺乏创新，只会套路化

- 论文模板化，方法套路化。套路与创新是格格不入的，关键是要逻辑清楚，思路清晰。
- “n 板斧”；盲目追求“高大上”。不从实际问题出发，乱套自己都不懂的算法。
  见到评价类问题就盲目使用 AHP、模糊综合评估、熵权法。
  见到数据类问题就盲目使用回归、主成分、聚类等。
  见到优化类问题就盲目使用遗传算法、神经网络，甚至深度学习。
- 一知半解（甚至不知不解），牵强附会。到处抄袭（甚至还不注明出处）。

4. 如何备战数学建模竞赛

学习建模分两个大的方面：

1）学会读懂问题、分解问题，用“常识+逻辑推理”去思考和解决问题，学会建立数学模型。

2）逐步学会一些常用的数学建模算法以及编程实现，以便求解数学模型。

必须要具备一定的编程能力，不然建模往往做不下去，建立了模型也无法求解。

备战数学建模竞赛，具体要学些什么?

- 分解问题，分析并建立数学模型的能力。
- 基本编程能力（MATLAB、R、Python、Lingo、SPSS）。
- 至少会基本的数据处理，掌握各类数学建模算法（优化、评价、预测）中的两至三个。
- 研读若干篇优秀建模论文，学会其中的算法，了解从问题分析到建模求解的整个思考和实现的过程，掌握论文写作的常用技巧。

建议学习与参赛流程：

- 大一至大二上学期：学好基本的前期课程，包括高等数学、线性代数、概率论与数理统计、C 语言或 Python 编程等，有条件的再学习数据结构。
- 大二上学期包括寒假：学会 MATLAB、SPSS 或 R 语言的基础语法。
- 大二下学期至暑假：以参加省赛为契机，在建模培训老师的引导下，学习如何做数学建模，陆续学习一些建模算法，提升建模水平。
- 大三上学期：参加国赛，继续巩固和提高建模水平，有兴趣和动力的，可以再参加一轮国赛、美赛。

给读者的建议如下。

1）正确地认识数学建模：真正完成一次数学建模是件很困难的事情，需要一定量的知识储备（数学知识和论文写作知识）、快速学习能力、团队协作能力，以及吃苦耐劳的心态、持之以恒的坚持。所以，“对建模基本不了解、又没有付出大努力的觉悟，只想轻松得奖的”最好现在就退出；知识储备不够很正常，参加建模竞赛是学习提高的过程，但是真的需要付出努力才行。

2）组队原则：尽量找志同道合、不容易遇到困难就半途而废的人；尽量找学习能力强的人，这要比基础好坏更重要；抛弃依赖别人的思想，凡事靠自己。

最佳组队方案（仅供参考）。

- 一人侧重建模：查到合适的文献资料，迅速读懂和套用到具体问题上。
- 一人侧重编程求解：计算机编程能力强（处理数据、实现算法、得到数值结果）。
- 一人侧重论文写作：具备基础的科技论文写作能力，结果和过程一般，但能叙述得头头是道、细致严谨、逻辑清晰。

3）过程大于结果：学习建模绝不仅限于竞赛那几天，是一个坚持学习、不断提高的过程，收益最多的也是来自这个过程，将来会发现这比获奖更加有意义。与其憧憬建模得奖，不如马上付诸行动，不要妄想参加数学建模竞赛能不劳而获。

思考题 1

若将双层玻璃改为三层玻璃，结果又怎样？建立类似的数学模型并量化分析，解释为什么三层玻璃窗未被广泛采用？

从算法到编程实现

2.1 如何从算法到代码

编程语言和数学语言很像，数学语言是最适合表达科学理论的形式语言，用数学符号、数学定义和逻辑推理来规范、严格地表达科学理论。

很多人认为，学数学就是靠大量刷题，而学编程就是照着别人的代码敲代码。

笔者并不认可这种观点，这样的学习方法事倍功半，关键是这样做学不会真正的数学，也学不会真正的编程。

那么应该怎么学习编程语言呢?

就好比要成为一个好的厨师，首先得熟悉各种常见食材的特点属性，掌握各种基本的烹饪方法，然后就能根据客人需要组合食材和烹饪方法制作出各种可口的大餐。

数学的食材就是定义，烹饪方法就是逻辑推理，一旦真正掌握了“定义+逻辑推理”，各种基本的数学题都不在话下，而且还学会了数学知识。

同理，编程的食材和烹饪方法分别就是编程元素和语法规则，比如数据结构（容器）、分支/循环结构、自定义函数等，一旦掌握了这些编程元素和语法规则，根据问题的需要，就能信手拈来优化组合它们，从而自己写出代码解决实际问题。

所以，学习任何一门编程语言，根据笔者的经验，有以下几点建议（步骤）:

- 理解该编程语言的核心思想，比如 Python 是面向对象，R 语言是面向函数也面向对象，另外，高级编程语言还都倡导向量化编程。在核心思想的引领下去学习和思考并写代码。
- 学习该编程语言的基础知识，这些基础知识本质上是相通的，只是在不同编程语言下披上了其特有的外衣（编程语法），基础知识包括数据类型及数据结构（容器）、分支/循环结构、自定义函数、文件读写、可视化等。

- 前两步完成之后，就算基本入门了，可以根据需要或遇到的问题，借助网络搜索或向他人请教，遇到问题解决问题，逐步提升，用得越多会得越多，也越熟练。

以上是学习编程语言的正确、快速、有效的方法，切忌不学基础语法，现学现用，照别人的代码一顿不知其所以然的修改，这样始终无法入门，更谈不上提高。

再来谈一个学习编程过程中普遍存在的问题：如何跨越从“能看懂别人的代码”到“自己写代码”的鸿沟。

绝大多数人在学习编程过程中，都要经历以下这样一个过程：

1）学习基本语法。

2）能看懂和调试别人的代码。

3）自己写代码。

前两步没有任何难度，谁都可以做到。从第 2）步到第 3）步是一个“坎”，很多人困惑于此而无法真正进入编程之门。网上也有很多讨论如何跨越这步的文章，但基本都是脱离实际操作的空谈，比如多敲书上的代码之类，治标不治本（只能提升编程基本知识）。

笔者的建议是：分解问题 + 实例梳理 + 翻译及调试，具体如下。

- 将难以入手的大问题分解为可以逐步解决的小问题。
- 用计算机的思维去思考和解决每步小问题。
- 借助类比的简单实例和代码片段，梳理出详细算法步骤。
- 逐片段地用编程语法将详细算法步骤翻译成代码并调试通过。

关于调试补充一点，可以说高级编程语言的程序代码就是逐片段调试出来的。借助简单实例，按照算法步骤从上一步的结果调试得到下一步的结果，依次向前推进直到取得最终的结果。

还有一点经验之谈：写代码时，要随时跟踪关注每一步执行，观察变量、数据的值是否到达所期望的值，这一点非常有必要！实际上，这也是笔者用数学建模的思维得出的科学的操作步骤。为什么大家会普遍感觉自己在写代码解决具体问题时无从下手呢？这是因为总想一步就从问题到代码，没有中间的过程，即使编程高手也做不到。当然，编程高手可能会缩短这个过程，但不能省略这个过程。

所以，改变从问题直接到代码的思维定式，按上面说的步骤去操作，自然就会从无从下手逐步变为得心应手。

刚开始可能只能自己写代码解决比较简单的问题，但是这种成就感再加上日积月累的锻炼，自己写代码的能力会变得越来越强，能解决的问题也会越来越复杂。当然，前提是已经真正掌握了基本编程语法，可以随意取用。当然二者也是相辅相成、共同促进和提高的关系。

2.2 以层次分析法为例

本节以层次分析法为例，讲解如何从算法到代码。具体来说，借助旅游地选择的案例，讲解层次分析法的实现过程，按照层次分析法的算法步骤逐步推演到最终结果。主要涉及编程技术如下。

向量化编程：同时对向量或矩阵中的所有元素，做同一种运算，如四则运算、应用函数、汇总计算等，使得代码更加简洁、高效。

自定义函数：是对代码段的一种封装，小到一个功能，大到一个算法，一旦调试通过，就可以封装为自定义函数，就好比创造了该功能或算法的“模具”，后续便于简单、批量地生成“产品”。

层次分析法（Analytic Hierarchy Process，AHP）是美国运筹学家 Saaty 于 20 世纪 70 年代，应用网络系统理论和多目标综合评价方法提出的一种层次权重决策分析方法。层次分析法是将与决策有关的元素分解成目标、准则、方案等层次，在此基础之上进行定性和定量分析的决策方法。

层次分析法的特点是在对复杂的决策问题的本质、影响因素及其内在关系等进行深入分析的基础上，利用较少的定量信息使决策的思维过程数学化，从而为多目标、多准则或无结构特性的复杂决策问题提供简便的决策方法。尤其适合对决策结果难以直接准确量化的情形。

层次分析法合理地将定性与定量决策结合起来，按照思维、心理的规律把决策过程细致化（层次化、数量化），经常被用来处理复杂的决策问题，而决策是基于该方法计算出的权重，所以也常被用来确定指标的权重。

- AHP 的优点

（1）系统性

层次分析法是一种系统分析工具，它把研究对象作为一个系统，按照分解、比较判断、综合的思维方式进行决策，可用于对无结构特性的系统评价以及多目标、多准则、多时期等的系统评价。

（2）简洁实用

把定性方法与定量方法有机地结合起来，使复杂的系统分解，能将人们的思维过程数学化、系统化，把多目标、多准则又难以全部量化处理的决策问题化为多层次单目标问题，通过两两比较确定同一层次元素相对上一层次元素的数量关系，最后进行简单的数学运算。

（3）所需定量数据信息较少

层次分析法主要是从评价者对评价问题的本质和要素的理解出发，可以不需要量化数据，根据定性的分析和判断即可完成。

- AHP 的缺点

（1）不能为决策提供新方案

层次分析法的作用是只能从主观的原有方案中进行选取，而不能为决策者提供解决问题的新方案。

（2）定量数据较少，定性和主观判断成分多，不易令人信服

层次分析法是模拟人脑的决策方式，带有较强的定性和主观色彩，不如严格数学论证和定量方法更让人信服。

（3）指标过多时，权重难以确定

指标的增加就意味着要构造层次更深、数量更多、规模更庞大的判断矩阵，判断的一致性可能会有问题。

实际使用层次分析法，需要通过问卷的方式，找若干专家进行两两比较或对因素重要性进行打分，据此得到成对比较矩阵。层次分析法常被用作确定综合评价模型中指标的权重的方法，不需要定量数据，根据指标做定性比较再做 AHP 合成就能得到权重。但建模竞赛时只能依赖于队员主观比较，使得结果主观性太强而不被评审所认可。所以，建模竞赛时应当避免将层次分析法作为决策的主模型或赋权的唯一方法。

2.2.1 AHP 算法步骤

1. 建立层次结构

在深入分析实际问题的基础上，将有关的各个因素按照不同属性自上而下地分解成若干层次，同一层的诸因素从属于上一层的因素或对上层因素有影响，同时又支配下一层的因素或受到下层因素的作用。

最上层为目标层，通常只有一个因素，最下层通常为方案层或对象层，中间可以有一个或多个层次，通常为准则层或指标层。一般层次结构模型的示意图如图 2-1 所示。

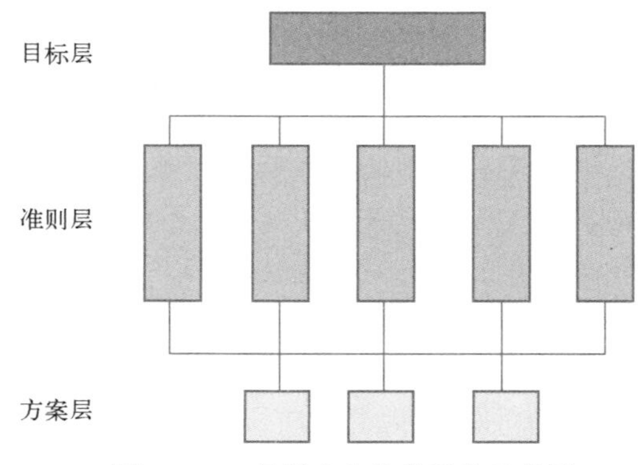

图 2-1 一般层次结构模型的示意图

注意：准则层一般取 5～7 个因素为宜，当准则过多时（譬如多于 9 个）应进一步分解出子准则层。

2．构造判断矩阵

这一步是要比较层次结构模型的第二层各个因素对上一层因素的影响，从而确定它们对上层因素的影响作用中所占的权重。有时需要理解为下层因素对上层因素的贡献。

设有 n 个因素 $x_1, x_2, \cdots, x_n$ 对上一层目标有影响，直接确定它们对目标的影响程度不是很容易，所以每次取两个因素 x_i 与 x_j 比较，用 a_{ij} 表示 x_i 和 x_j 对上层目标的影响比，则称 $\boldsymbol{A} = (a_{ij})_{n \times n}$ 为判断矩阵或成对比较矩阵。

$$\begin{bmatrix} \frac{x_1}{x_1} & \frac{x_1}{x_2} & \cdots & \frac{x_1}{x_n} \\ \frac{x_2}{x_1} & \frac{x_2}{x_2} & \cdots & \frac{x_2}{x_n} \\ \vdots & \vdots & & \vdots \\ \frac{x_n}{x_1} & \frac{x_n}{x_2} & \cdots & \frac{x_n}{x_n} \end{bmatrix} \tag{2.1}$$

矩阵 $\boldsymbol{A}$ 中的元素满足：

$$a_{ij} > 0,\ a_{ii} = 1,\ a_{ij} = \frac{1}{a_{ji}} \qquad (i, j = 1, 2, \cdots, n)$$

判断矩阵主对角线上的元素都为 1，关于主对角线对称的元素互为倒数，所以是正互反矩阵。

Saaty 根据绝大多数人认知事物的心理习惯，建议用 1～9 及其倒数作为标度来确定 a_{ij} 的值，具体对应关系如表 2-1 所示。

表 2-1 Saaty 发明的 1～9 标度含义

i 比 j 强的重要程度	相等	稍强	强	很强	绝对强
a_{ij}	1	3	5	7	9

其中，2, 4, 6, 8 分别介于 1, 3, 5, 7, 9 对应的重要程度之间。

3．计算权向量及一致性检验

对于每一个判断矩阵，计算其最大特征值 $\lambda_{\max}$ 及对应特征向量。

再进行一致性检验：利用一致性指标、平均随机一致性指标计算一致性比率。若检验通过，那么归一化特征向量即为权向量；若不通过，需重新构造判断矩阵 $\boldsymbol{A}$。

判断矩阵涉及的一个关键问题：一致性，这涉及两两比较的传递性。比如 a 的重要性是 b 的 2 倍，b 的重要性是 c 的 3 倍，则传递过来的 a 的重要性是 c 的 6 倍，而对 a 和 c 两两比较的重要性不是 6 倍，这就是不一致。

由于判断矩阵构造过程只是在做两两比较，看不到这些传递过来的关系，故不可能做到完全的一致性，所以需要对判断矩阵进行一致性检验，即保证一致性的偏差不能太大。

定义 2.1　若正互反矩阵 $\boldsymbol{A}$ 满足：

$$a_{ij}a_{jk} = a_{ik} \qquad (i,j,k = 1,2,\cdots,n)$$

则称 $\boldsymbol{A}$ 为一致矩阵。n 阶一致矩阵具有如下性质：

i）一致矩阵的秩为 1，它的唯一非零特征值为 n。

ii）一致矩阵的任一列（行）向量都是对应于特征值的特征向量。

因此，判别一个 n 阶矩阵 $\boldsymbol{A}$ 是否为一致矩阵，只要计算 $\boldsymbol{A}$ 的最大特征值 $\lambda_{\max}$ 即可。如果 $\boldsymbol{A}$ 不是一致矩阵，则可以证明 $\lambda_{\max} > n$，而且 $\lambda_{\max}$ 越大，不一致程度越严重。

定义 2.2　设 $\boldsymbol{a} = (a_1,\cdots,a_n)^{\mathrm{T}}$ 为正向量，称 $\boldsymbol{a}'$ 为 $\boldsymbol{a}$ 的归一化向量，即

$$\boldsymbol{a}' = \left(\frac{a_1}{\sum_{i=1}^{n} a_i}, \cdots, \frac{a_n}{\sum_{i=1}^{n} a_i} \right)^{\mathrm{T}}$$

定义 2.3　设 $\boldsymbol{A}$ 为 n 阶判断矩阵，定义一致性指标为

$$CI = \frac{\lambda_{\max} - n}{n-1} \tag{2.2}$$

当 $CI = 0$ 时，$\boldsymbol{A}$ 为一致矩阵；CI 越大，$\boldsymbol{A}$ 的不一致程度越严重。

前面说了要保证判断矩阵一致性的偏差不能太大，那就需要有个基准。为此，Saaty 采用随机模拟取平均的方法，得到了各阶判断矩阵的一致性的基准：随机一致性指标(RI)，如表 2-2 所示。

表 2-2　不同阶数矩阵的随机一致性指标

矩阵阶数	3	4	5	6	7	8	9	10	11	12	13
RI	0.58	0.90	1.12	1.24	1.32	1.41	1.45	1.49	1.51	1.54	1.56

有了 RI，只要一致性指标偏离它的相对偏差不超过一定程度，就可以认为是满足一致性要求。于是，便有了一致性比率的概念。

定义 2.4　一致性比率为

$$CR = \frac{CI}{RI} \tag{2.3}$$

规定当 $CR < 0.1$ 时，$\boldsymbol{A}$ 的不一致程度在容许范围内，可用其归一化的特征向量 $\boldsymbol{a}'$ 作为权向量，否则需要重新调整判断矩阵 $\boldsymbol{A}$。

4．计算组合权向量并做组合一致性检验

为了实现层次分析法的最终目的，需要从上而下逐层进行各层元素对目标层合成权重的

计算。

对应单个层次结构的单个判断矩阵必须要满足一致性要求。同样地，各层元素对目标层的合成权重向量是否可以接受，就需要进行综合一致性检验。

注意：实际应用中，通常不做整体一致性检验，只保证每个层次结构单独满足一致性检验即可。

2.2.2 案例：旅游地选择

问题描述

某人要出去旅游，有 3 个备选旅游地供参考，他准备从景色、费用、居住条件、饮食、交通便利这 5 个因素来考量，选择最优的旅游地[9]。

下面将详细阐述利用层次分析法求解该问题的整个过程，实际上学习一个算法也是这样一个过程，希望读者能仔细体会、举一反三。

- 在理解算法原理和步骤的基础上，选择一个具体算例，按照算法步骤逐步推演一遍，直到到达最终结果。
- 这里的推演，指的是借助编程演算，其实就是一个翻译过程，如果用笔算知道怎么算，那就按编程语法翻译成代码，让计算机计算。
- 一旦完成了这个计算机推演过程，就可以把它打包封装成自定义函数，下次想使用该算法解决问题时，只需要简单地调用一个函数即可。

1. 建立层次结构

根据本问题的描述，可以构建出如图 2-2 所示的层次结构。

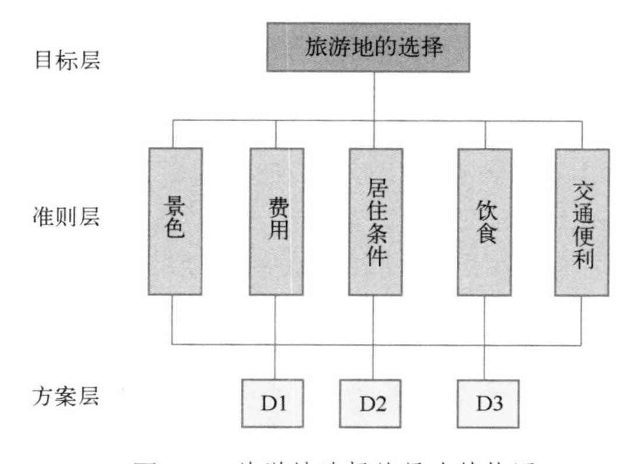

● 图 2-2　旅游地选择的层次结构图

2．构造判断矩阵

将 5 个因素景色、费用、居住条件、饮食、交通便利分别记为 x_1、x_2、x_3、x_4、x_5。某人根据自己的考量，给出了如下的判断矩阵。

	x_1景色	x_2费用	x_3居住条件	x_4饮食	x_5交通便利
x_1景色	1	1/2	4	3	3
x_2费用	2	1	7	5	5
x_3居住条件	1/4	1/7	1	1/2	1/3
x_4饮食	1/3	1/5	2	1	1
x_5交通便利	1/3	1/5	3	1	1

其中，a_{ij} 表示 x_i 与 x_j 对选择旅游地的相对重要性之比。比如，$a_{21}=2$ 表示在该人看来，费用 x_2 是景色 x_1 的 2 倍重要。

先在 MATLAB 中输入判断矩阵，矩阵是存放同类型数据的二维容器，用 [ ] 括起来，逗号或空格用来换列，分号用来换行：

```
A = [ 1  1/2 4  3    3;
       2   1   7  5    5;
     1/4 1/7 1 1/2 1/3;
     1/3 1/5 2  1    1;
     1/3 1/5 3  1    1]
% 行尾若不加分号，会输出该对象，若不想输出就加分号
```

运行结果：

```
A = 1.0000    0.5000    4.0000    3.0000    3.0000
    2.0000    1.0000    7.0000    5.0000    5.0000
    0.2500    0.1429    1.0000    0.5000    0.3333
    0.3333    0.2000    2.0000    1.0000    1.0000
    0.3333    0.2000    3.0000    1.0000    1.0000
```

3．计算权向量及一致性检验

根据判断矩阵 $\boldsymbol{A}$ 计算最大特征值及其对应的特征向量，还要计算一致性指标，做一致性检验。

计算最大特征值及其对应的特征向量，可以使用 MATLAB 自带函数，更简单。但为了给读者阐述：怎么将算例的算法步骤翻译成代码，通过逐步推演达到最终结果，以及讲授一些 MATLAB 的基础编程知识，我们采用方根法来近似计算最大特征值及其对应的特征向量。

建议读者先阅读一下附录 C：向量化编程。

第一步：计算判断矩阵每一行元素的乘积。

$$W_i=\prod_{j=1}^{n}A_{ij}\qquad(i=1,2,\cdots,n)$$

MATLAB 的自带函数 prod()用来计算连乘，有参数可以控制按行或列连乘。

```
W = prod(A, 2)                  % 计算每一行乘积
W = 18.0000
    350.0000
    0.0060
    0.1333
    0.2000
```

第二步：计算 $\boldsymbol{W}$ 中各元素的 n 次方根。

```
n = size(A, 1);                 % 矩阵行数
W = nthroot(W, n)               % 计算 n 次方根
W = 1.7826
    3.2271
    0.3589
    0.6683
    0.7248
```

第三步：对 $\boldsymbol{W}$ 做归一化，得到权向量。

```
W = W / sum(W)                  % 归一化得到权向量
W = 0.2636
    0.4773
    0.0531
    0.0988
    0.1072
```

归一化后的向量，其各个元素的和为 1，适合作为权重。

第四步：计算最大特征值。

$$\lambda_{\max} = \frac{1}{n}\sum_{i=1}^{n}\frac{(\boldsymbol{AW})_i}{W_i}$$

要将一个数学表达式翻译成代码，首先得看懂它：等号右端分子是矩阵 $\boldsymbol{A}_{n\times n}$ 乘向量 $\boldsymbol{W}_{n\times 1}$，结果是 $n\times 1$ 向量，然后逐元素除以 $\boldsymbol{W}$ 中的对应元素，最后求和再除以 n，即取平均。

```
Lmax = mean((A * W) ./ W)            % 计算最大特征值
Lmax =  5.0717
```

第五步：计算一致性指标。

$$CI = \frac{\lambda_{\max} - n}{n-1}$$

```
CI = (Lmax - n) / (n - 1)            % 计算一致性指标
CI = 0.0179
```

第六步：与 Saaty 给出的随机一致性指标对比，计算一致性比率

$$CR = \frac{CI}{RI}$$

```
RI = [0 0 0.58 0.90 1.12 1.24 1.32 1.41 1.45 1.49 1.51];
CR = CI / RI(n)                              % 计算一致性比率
CR = 0.0160
```

一致性比率 $CR = 0.016 < 0.1$，满足一致性要求，故第三步得到的权向量

$$\boldsymbol{W} = [0.2636, 0.4773, 0.0531, 0.0988, 0.1072]^{\mathrm{T}}$$

可以使用。这 5 个权重就对应 5 个因素：景色、费用、居住条件、饮食、交通便利的重要程度。可见，在该人看来，费用最重要占 47.73%，其次是景色占 26.36%。

有了这几个权重，一种可行的做法是：再对方案层 3 个备选旅游地，就景色、费用、居住条件、饮食、交通便利分别打分，将分数根据该权重合成，这样就能计算出每个备选旅游地的总得分，据此就可以做出决策，优先选择得分最高的旅游地。

4．整个层次结构的组合权向量

本案例采用了与上述不同的做法，不是对 3 个旅游地的各因素分别打分，而是根据 3 个旅游地与 5 个因素构成的层次结构，继续用层次分析法计算权向量，最终合成总的 3 个旅游地对该人选择旅游地（目标层）的组合权向量。

方案层（3 个旅游地）对准则层（5 个因素）构成了 5 个单独的层次结构，此时，可以理解为 3 个旅游地分别对每个因素的贡献度（重要度），如图 2-3 所示。

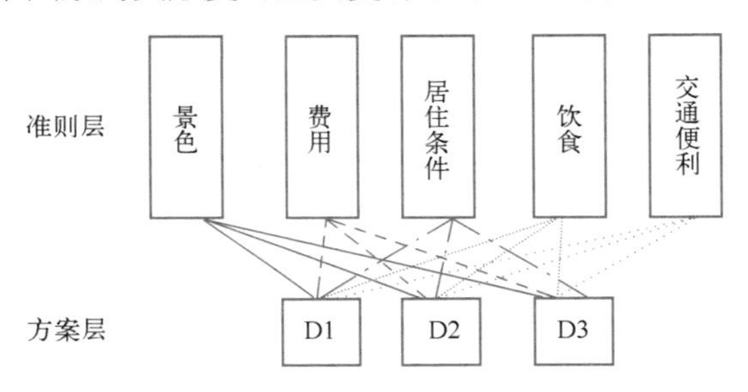

图 2-3　方案层对准则层的各因素的贡献度结构图

这 5 个层次结构分别对应 5 个判断矩阵：

$$\boldsymbol{B}_1 = \begin{bmatrix} 1 & 2 & 5 \\ 1/2 & 1 & 2 \\ 1/5 & 1/2 & 1 \end{bmatrix}, \quad \boldsymbol{B}_2 = \begin{bmatrix} 1 & 1/3 & 1/8 \\ 3 & 1 & 1/3 \\ 8 & 3 & 1 \end{bmatrix}$$

$$\boldsymbol{B}_3 = \begin{bmatrix} 1 & 1 & 3 \\ 1 & 1 & 3 \\ 1/3 & 1/3 & 1 \end{bmatrix}, \quad \boldsymbol{B}_4 = \begin{bmatrix} 1 & 3 & 4 \\ 1/3 & 1 & 1 \\ 1/4 & 1 & 1 \end{bmatrix}, \quad \boldsymbol{B}_5 = \begin{bmatrix} 1 & 1 & 1/4 \\ 1 & 1 & 1/4 \\ 4 & 4 & 1 \end{bmatrix}$$

要用同前面一样的层次分析法步骤计算 5 遍。需要重复做多次同一种计算过程，一个好办法是，将该计算过程封装成函数，这样就能方便多次使用了。

（1）自定义函数

这里，我们需要自定义一个函数，能够实现“一个层次结构的层次分析法的计算”的功能。基于对编程中函数的理解，步骤如下。

第一步：分析输入和输出，设计函数外形。

- 输入有几个，分别是什么，适合用什么数据类型存放。
- 输出有几个，分别是什么，适合用什么数据类型存放。

本问题，输入有 1 个：判断矩阵（用矩阵存放）；输出有 4 个：权重向量（用向量存放）、最大特征值（浮点数存放）、一致性指标（浮点数存放）、一致性比率（浮点数存放）。

然后就可以基于 MATLAB 自定义函数的语法，设计自定义函数的外形：

```
function [W, Lmax, CI, CR] = aAHP(A)
% 实现单层次结构的层次分析法
% 输入：A 为成对比较矩阵
% 输出：W 为权重向量，Lmax 为最大特征值，CI 为一致性指标，CR 为一致性比率
```

注：函数名和变量可以随便命名，但是建议用有含义的单词。另外，为函数增加注释是一个好习惯。这些都是为了提高代码的可读性，以及便于让别人使用。

第二步：借助简单实例，梳理功能的实现过程。

我们在前文所做的全部工作就是这个过程：通过一组具体的输入（这里是判断矩阵），分析如何得到想要的那 4 个返回值结果。

对于越复杂的功能，就越需要耐心的梳理和思考，甚至借助一些算法，当然也离不开逐代码片段的调试。

注意：把一个具体的输入，调试通过，并得到正确的返回值结果，这一步骤很有必要。

第三步：将第二步的代码封装到函数体。

```
function [W, Lmax, CI, CR] = aAHP(A)
% 实现用方根法近似求解单层次结构的层次分析法
% 输入：A 为成对比较矩阵
% 输出：W 为权重向量，Lmax 为最大特征值，CI 为一致性指标，CR 为一致性比率
W = prod(A, 2);                     % 计算每一行乘积
n = size(A, 1);                     % 矩阵行数
W = nthroot(W, n);                  % 计算 n 次方根
W = W / sum(W);                     % 标准化处理，计算特征向量
Lmax = mean((A * W) ./ W);          % 计算最大特征值
CI = (Lmax - n) / (n - 1);          % 计算一致性指标
% Saaty 随机一致性指标值
RI = [0 0 0.58 0.90 1.12 1.24 1.32 1.41 1.45 1.49 1.51];
CR = CI / RI(n);                    % 计算一致性比率
```

以上代码就是将前面梳理过程中的代码原样复制过来的。原来的变量赋值语句不需要了，只需要形参。另外，为行尾没有分号的行添加了分号，使得函数不必输出中间结果。

这样就完成了自定义函数，实现“一个层次结构的层次分析法的计算”的功能。

（2）调用自定义函数

MATLAB 自定义函数可以保存为与函数名同名的 .m 文件，这里是 aAHP.m。

只有确保该 aAHP.m 文件在当前路径下，即确保在 MATLAB 界面左侧的“当前文件夹”窗口中能看到它（见图 2-4），才可以使用该函数。

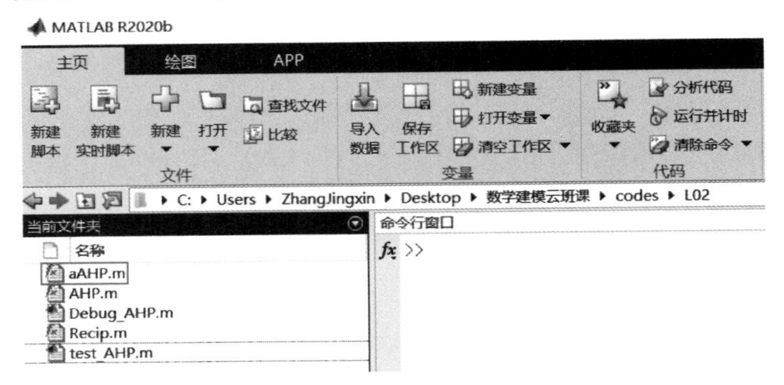

● 图 2-4　在 MATLAB 中调用自定义函数

以前文的矩阵为例，测试自定义的 aAHP 函数：

```
A = [ 1  1/2 4  3   3;
      2   1   7  5   5;
     1/4 1/7  1 1/2 1/3;
     1/3 1/5  2  1   1;
     1/3 1/5  3  1   1];
[W, Lmax, CI, CR] = aAHP(A)
```

运行结果：

```
W = 0.2636
    0.4758
    0.0538
    0.0981
    0.1087
Lmax =   5.0721
CI =  0.0180
CR =  0.0161
```

有了该函数，我们就有了可以实现“一个层次结构的层次分析法的计算”的“模具”，只要提供判断矩阵给该“模具”，它就能返回权向量、最大特征值、一致性指标、一致性比率。

今后如果要使用层次分析法求权向量、一致性比率等，只需要准备判断矩阵即可，甚至不用关心函数内部是如何实现的，就能使用该函数完成想要的计算功能。编程中使用函数的好处是，可以避免编写大量重复代码，可以批量地完成操作。

所以，实现那 5 个层次结构的计算就简单了：

```
B1 = [ 1  2   5;
      1/2 1   2;
      1/5 1/2 1];
B2 = [1 1/3 1/8;
      3  1  1/3;
      8  3   1];
B3 = [ 1   1  3;
       1   1  3;
      1/3 1/3 1];
B4 = [ 1  3 4;
      1/3 1 1;
      1/4 1 1];
B5 = [1 1 1/4;
      1 1 1/4;
      4 4  1 ];
[W1, Lmax1, CI1, CR1] = aAHP(B1);
[W2, Lmax2, CI2, CR2] = aAHP(B2);
[W3, Lmax3, CI3, CR3] = aAHP(B3);
[W4, Lmax4, CI4, CR4] = aAHP(B4);
[W5, Lmax5, CI5, CR5] = aAHP(B5);
```

返回结果太长了，添加分号不让它们直接输出，而是整理到一起再输出，这里用到向量按行或列拼接：

```
rlts3 = [W1 W2 W3 W4 W5; Lmax1 Lmax2 Lmax3 Lmax4 Lmax5;
        CI1 CI2 CI3 CI4 CI5; CR1 CR2 CR3 CR4 CR5];   % 合并结果
round(rlts3, 3)                              % 保留小数点后 3 位
```

运行结果：

```
ans = 0.5950    0.0820    0.4290    0.6340    0.1670
      0.2760    0.2360    0.4290    0.1920    0.1670
      0.1280    0.6820    0.1430    0.1740    0.6670
      3.0060    3.0020    3.0000    3.0090    3.0000
      0.0030    0.0010       0      0.0050       0
      0.0050    0.0010       0      0.0080       0
```

整理上述结果得到表 2-3。

表 2-3　方案层对目标层各因素的贡献度表

k	1	2	3	4	5
$\boldsymbol{w}_k^{(3)}$	0.595 0.276 0.128	0.082 0.236 0.682	0.429 0.429 0.143	0.634 0.192 0.174	0.167 0.167 0.667
λ_k	3.006	3.002	3	3.009	3
CI_k	0.003	0.001	0	0.005	0
CR_k	0.005	0.001	0	0.008	0

其中，$w_k^{(3)}$ 为方案层（3 个旅游地）对准则层（5 个因素）的权向量，需要向上做合成（矩阵乘法），得到方案层（3 个旅游地）对目标层（选择旅游地）的组合权重：

$$\boldsymbol{w}^{(3)} = \boldsymbol{w}_k^{(3)} \times \boldsymbol{w}^{(2)}$$

其中，$\boldsymbol{w}^{(2)}$ 为前文得到的 5 个因素的权向量。

```
w = rlts3(1:3,:) * W
w = 0.2993
    0.2453
    0.4554
```

该权向量就是方案层（3 个旅游地）对目标层（选择旅游地）的权重。其中，第 3 个权重最大为 0.4554，所以应该选择第 3 个旅游地作为最佳旅游地。

以上就演示了怎么从算法步骤到代码实现的一般过程：举一个具体算例，用代码片段按部就班地推算，直到得到最后结果，再打包成函数，可以无限复用。按这种方法去锻炼编程能力，就能正确入门编程，然后慢慢提高。

注意：利用 MATLAB 自带的 eig()函数，可直接计算矩阵的所有特征值与特征向量，其使用方法如下。

```
[V,D] = eig(A)
```

其中，返回值 D 的主对角线元素为矩阵 A 的特征值，V 的各列分别为对应的特征向量。

对于正互反矩阵，其最大特征值必为实数，且位于第 1 个位置，因此可使用取最大值函数 max()找出最大特征值，并记录其索引：

```
 [Lmax,ind] = max(diag(D));          % 求最大特征值及其位置
Lmax                                 % 最大特征值
```

再用该索引求出对应的特征向量，并做归一化得到权向量：

```
W = V(:,ind) / sum(V(:,ind))         % 对最大特征值对应的特征向量做归一化，得到权向量
```

用上述内容替换自定义的 aAHP()函数的相应部分，就可以得到精确版本的层次分析法，可将以上步骤保存为 AHP()函数（请读者自行练习）。

思考题 2

找一个小算法，尝试自己编程实现。

微分方程模型篇

包含连续变化的自变量、未知函数及其变化率（未知函数的导数或微分）的方程式，称为微分方程。当研究对象涉及某个过程或数量随时间（或空间）连续变化的规律时，通常需要建立微分方程模型。

微分方程中关键的量是导数（或微分），导数通常起着两种不同的作用[10]：

- 在连续问题中表示瞬时变化率，这在许多建模的应用问题中很有用；导数作为切线的斜率，对于构造数值逼近微分方程的解很有用。
- 在离散问题中逼近平均变化率，从而能用微积分来揭示所求变量之间的函数关系。

若未知函数是关于自变量的一元函数，则称为常微分方程，比如研究人口数量关于时间的变化规律；若未知函数是包括自变量在内的多元函数，则称为偏微分方程，比如热传导问题中研究温度随时间和坐标位置的变化规律。

有时候需要研究由多个量（未知函数及其变化率）构成的系统内相互之间的作用，可以建立由多个微分方程构成的微分方程组模型。

微分方程（组）求解就是求出未知函数的解析表达式，如果解不出解析表达式，可以转为求数值解，现在很多软件都支持这两种求解。实际上，有解析解的微分方程（组）并不多，求数值解更为普遍。

差分方程相当于微分方程的离散形式，而微分方程则相当于差分方程的连续形式，建立模型和模型求解时，二者可以根据需要相互转化。比如研究人口随时间的变化，建立的是离散的差分方程模型，但由于人口数量非常庞大，人的生死随时都在发生，也为了便于使用微积分计算工具，可以转化为微分方程；再比如偏微分方程求解往往很困难，利用差分法近似成差分方程再迭代求解，不失为一种很有效的解决办法。

建立微分方程模型是根据函数及其变化率之间的关系确定方程关系，通常采用机理分析的方法，如果研究对象来自工程技术、科学研究，大多归属于力、热、光、声、电等物理领域，那么牛顿定律、热传导定律、电路原理等物理规律可能是必不可少的理论依据。而如果研究对象属于人口、经济、医药、生态等非物理领域，则要具体分析该领域特有的机理，找出研究对象所遵循的规律[1]。此外，根据建模目的和问题分析做出简化假设，使用类比法和微积分中的微元法也是重要的建立微分方程模型的手段和工具。

虽然动态过程的变化规律一般要通过微分方程建立动态模型来描述，但是对于某些实际问题，建模的主要目的并不是要寻求动态过程每个瞬时的性态，而是研究某种意义下稳定状态的特征，特别是当时间充分长以后动态过程的变化趋势。这时常常不需要求解微分方程，而可以利用微分方程稳定性理论直接研究平衡状态的稳定性。

人口模型和传染病模型是最经典和流行的微分方程（组）模型，本篇将围绕它们展开。作为数学建模的基础篇，本书不涉及偏微分方程模型。

人口模型

人口模型是描述一个国家或地区人口总量和结构变动规律的系统动力学模型。最早提出人口增长模型的是英国经济学家 Malthus，该模型最早发布于他的著作《人口原理》中。Malthus 在书中指出，人口按几何级数增长。这本著作出版于 1798 年，虽然 Malthus 人口论在特定的历史背景下产生，并具有一定历史局限性，但其仍然为人口模型的发展起到了奠基性的作用，对后续人口模型的发展产生了不可估量的影响。本章部分内容参阅参考文献[11]。

本章将主要通过 Malthus 人口模型、Logistic 人口模型、Leslie 模型等，继续引领读者体会数学建模的整个思维过程。

本章要点：

- 用微分方程模型对总体人口增长规律建模。
- 用基于矩阵变换的代数方程模型对具体人口增长规律建模。
- 编程技术方面，融入了微分方程求解析解以及曲线拟合技术。

3.1 Malthus 人口模型

Malthus 人口模型指出，人口按几何级数增长，而生活资源只能按算术级数增长，二者之间的矛盾导致饥荒、战争和疾病的周期性爆发。Malthus 人口论的提出有其一定的历史背景和历史局限性，现在用 Malthus 模型通常指人口的指数增长。

3.1.1 指数增长模型

人口可以表示为一组数对 $(t, P(t))$ ，其中 t 表示时间， $P(t)$ 表示 t 时刻的人口规模。还要用

到两个量 b 和 d 分别表示出生率和死亡率。比如说，2002 年年初人口总数是 p，则 2002 年出生的人数和死亡的人数就分别是 bp 和 dp。所以，2003 年年初的人口总数是

$$p+bp-dp=(1+b-d)p=(1+r)p \tag{3.1}$$

这里的 r 就是自然增长率，这个模型是离散的。但是人口数量很大，人口变化（人的生死）是在短时间内随时发生的，故可以看成是连续模型。

类似于瞬时速度，t 时刻的人口增长率为人口平均增长率在所用时间趋于 0 时的极限：

$$r(t)=\lim_{\Delta t\to 0}\frac{P(t+\Delta t)-P(t)}{\Delta t}$$

首先，给出如下假设：

假设 1　人口发展过程比较平稳。

假设 2　人口数量为时间的连续可微函数。

假设 3　人口增长率是与时间 t 无关的常数 r。

关于假设 1，这是可建模的基本要求；关于假设 2，人口的取值为整数集上的离散变量，而不是连续量，但是由于通常人口数量很庞大，为了运用微积分工具，可将离散问题做连续化处理；关于假设 3，是 Malthus 对欧洲百余年人口数据做统计研究而得出的，显然是一种近似。

由前面的分析可得

$$P(t+\Delta t)-P(t)=rP(t)\Delta t \quad \text{（离散形式）}$$

$$P(t+\mathrm{d}t)-P(t)=rP(t)\mathrm{d}t \quad \text{（连续形式）}$$

进一步得到 Malthus 人口模型[12]（微分方程初值问题）

$$\begin{cases}\dfrac{\mathrm{d}P(t)}{\mathrm{d}t}=rP(t)\\ P(t_0)=P_0\end{cases} \tag{3.2}$$

用分离变量法即可解出：

$$P(t)=P_0\mathrm{e}^{r(t-t_0)} \tag{3.3}$$

但更建议用编程求解。

MATLAB 代码：

```
syms r P(t) t0 P0
eqn=diff(P,t)==r*P;
cond=P(t0)==P0;
PSol(t)=dsolve(eqn, cond);         % 返回符号函数 symfun
simplify(PSol(t))
```

运行结果：

```
ans=P0*exp(r*(t - t0))
```

图 3-1 所示为人口指数增长的趋势，以初始人口为 1 亿，年自然增长率为 1% 为例，500 年后，人口将增长到 150 亿！1000 年后，人口将增长到 22000 亿。

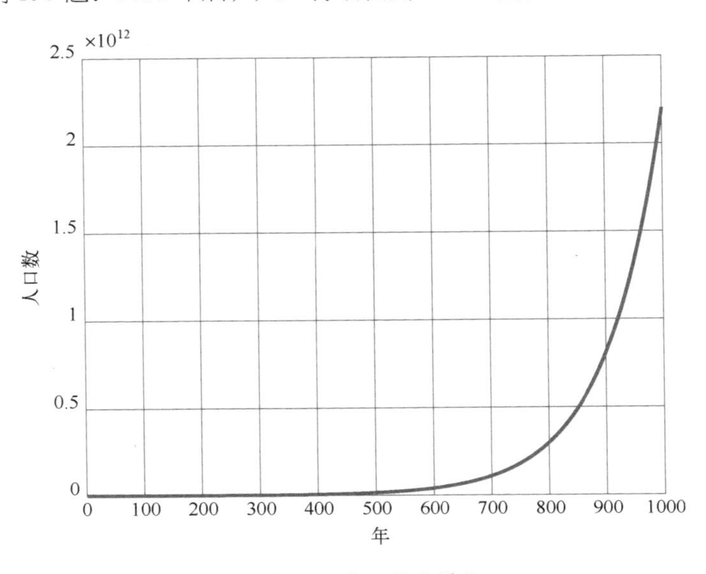

● 图 3-1 人口指数增长

可见，人口将会越来越快地趋于 $+\infty$，这显然是不合理的（下面将对此做出改进）。

不过在当时，Malthus 就是用真实的欧洲人口数据对该模型做了验证，并通过了验证。Malthus 人口模型简单，可以解决当时的问题，但不能解决今天的问题。该模型的产生及发展过程体现了数学模型均来自实际问题，并需要最终回到实际问题中进行验证，并在不断验证的过程中不断发展、完善。

3.1.2 案例：预测美国人口

应用该模型的逻辑：根据 Malthus 人口模型理论，指数增长的数据满足模型关系：

$$P(t) = P_0 e^{r(t-t_0)}$$

注意，$t-t_0$ 只是表示相对时间，取 $t_0 = 0$ 也是一样的：

$$P(t) = P_0 e^{rt} \tag{3.4}$$

通过数据拟合出唯一参数 r 的最优估计（基于最小二乘法：让残差的总平方和最小，更多细节见 10.1 节），则得到可适用于数据的具体模型，从而可以用于预测和决策。

以美国人口数据为例，以 10 年为间隔，可获得表 3-1。

表 3-1　美国 1790 年—1930 年人口数据

年份	实际人口数（百万）
1790	3.9
1800	5.3
1810	7.2
1820	9.6
1830	12.9
1840	17.1
1850	23.2
1860	31.4
1870	38.6
1880	50.2
1890	62.9
1900	76.0
1910	92.0
1920	106.5
1930	123.2

首先，根据数据给出散点图。

MATLAB 代码：

```
P = [3.9, 5.3, 7.2, 9.6, 12.9, 17.1, 23.2, 31.4, 38.6, 50.2, 62.9, 76.0, 92.0, 106.5, 123.2];
year = 1790:10:1930;
plot(year, P, 'bo')
```

运行结果如图 3-2 所示。

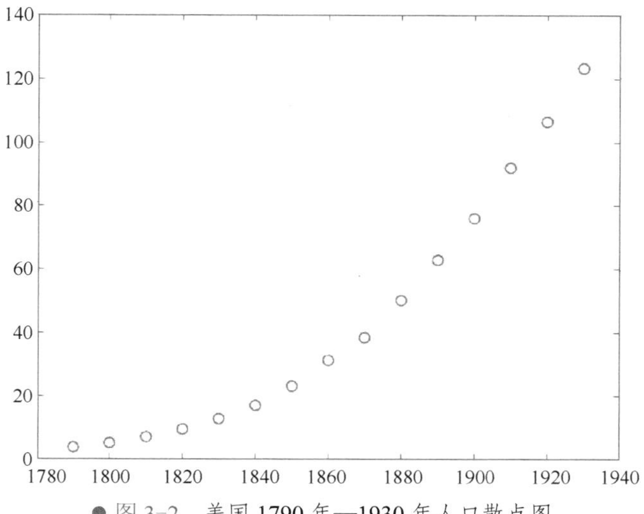

● 图 3-2　美国 1790 年—1930 年人口散点图

这里所运用的处理技巧是对数据做变换，以简化函数关系。对于指数增长的数据，可以通过取对数法，转化为线性函数关系。

做一次对数变换，看下效果如何，MATLAB 代码如下。

```
figure
plot(year, log(P), 'bo')
```

运行结果如图 3-3 所示。

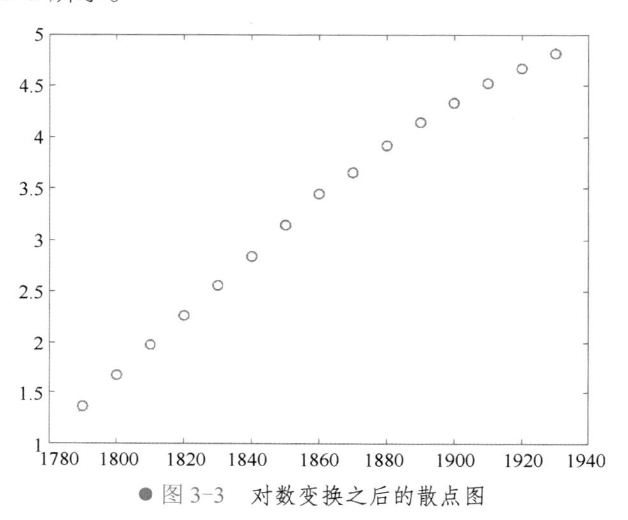

图 3-3　对数变换之后的散点图

可见，取对数后大致是“直线”关系。下面对数据做如下变换：

$$\begin{cases} X = year - 1789 \\ y = \ln P \end{cases} \tag{3.5}$$

注：将年份转化为第几年，可避免回归系数过小。

利用 MATLAB 按式（3.5）对数据做变换，再用自带函数 fitlm() 拟合线性关系（该函数更多细节见 10.1 节），MATLAB 代码如下。

```
% 对数据做变换，拟合线性关系
X = year - 1789;
y = log(P);
mdl = fitlm(X, y)    % 线性回归
```

运行结果如下。

```
ymdl = Linear regression model:        y ~ 1 + x1
Estimated Coefficients:
Estimate   SE         tStat       pValue
                    ________     ____      _____       _____
(Intercept)         1.4962     0.06096    24.544     2.8302e-12
       x1           0.025215   0.0007334  34.378     3.7738e-14
```

```
Number of observations: 15, Error degrees of freedom: 13
      Root Mean Squared Error: 0.123
      R-squared: 0.989,  Adjusted R-Squared 0.988
      F-statistic vs. constant model: 1.18e+03, p-value = 3.77e-14
```

发现拟合效果非常好（拟合优度 $R^2=0.988$），就得到线性模型：

$$y = 0.025215 * X + 1.4962 \tag{3.6}$$

代换回原来的变量：

$$\ln P = 0.025215 * (year - 1789) + 1.4962$$

再变形得到想要的具体模型：

$$P = \mathrm{e}^{0.025215*(year-1789)+1.4962} \tag{3.7}$$

下面来看预测效果：

```
f = @(t) exp(0.025215*(t-1789)+1.4962);          % 用匿名函数方式来定义预测函数
Pm = f(year);                                    % 计算预测值
errs =100*abs(Pm-P)./P;
result = array2table([year; P; Pm; errs]', 'VariableNames', {'Year', 'P','Pm', 'Error'})
```

运行结果如下。

```
result =  15×4 table
   Year        P          Pm        Error
   ____      _____      ______     ______
   1790        3.9      4.5787     17.403
   1800        5.3      5.8918     11.166
   1810        7.2      7.5815      5.299
   1820        9.6      9.7558     1.6232
   1830       12.9      12.554     2.6845
   1840       17.1      16.154     5.5324
   1850       23.2      20.787     10.402
   1860       31.4      26.748     14.815
   1870       38.6      34.419     10.831
   1880       50.2       44.29     11.772
   1890       62.9      56.992     9.3923
   1900         76      73.337      3.504
   1910         92      94.369     2.5752
   1920      106.5      121.43     14.022
   1930      123.2      156.26     26.834
```

接下来考察预测结果如何。利用如下代码可以直观看到真实值与预测值的接近程度。

```
figure
plot(year, P, 'bo', year, Pm, 'r*')
legend('真实值', '预测值')
```

运行结果如图 3-4 所示。

可见，指数增长模型在早期的预测效果还是挺好的，后期开始展现爆炸式增长趋势。

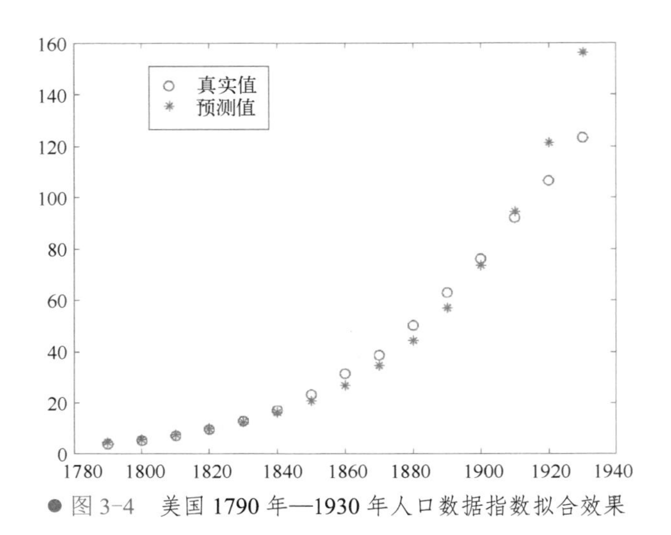

图 3-4　美国 1790 年—1930 年人口数据指数拟合效果

3.2 Logistic 人口模型

3.2.1　阻滞增长模型

Malthus 人口模型假设人口增长率 r 为常数，导致了人口指数增长到无穷，这是不合理的。因为没有考虑到有限的资源对种群的增长会产生遏制作用。

假设 3′　人口增长率是人口数量的递减函数。

假设 4　确定的环境内的资源供给为常数，且对每个个体的分配是均等的。这表明：当人口规模（密度）增大时，每个人食物的平均分配量必然减少，从而导致人口增长率降低。

假设 5 （对人口增长率做修正）：让它不再是常数 r ，而是时间 t 的函数 $r(t)$ ，让它通过 t 时刻的人口数量来起作用，假设是这样作用：

$$r(t)=r(P(t))=r\left[1-\frac{P(t)}{K}\right] \tag{3.8}$$

这里 K 为新引入的参数，表示地球所能容纳的最大人口数量。

Malthus 所处的时代，$P(t)$ 相对于 K 来说很小，括号项很接近 1，所以也就合理了。若取 $K=+\infty$ ，就退化为 Malthus 人口模型。

用 $N(t)$ 表示 t 时刻的人口数量，类似 Malthus 人口模型，可得到 Logistic 人口模型（Verhulst）：

$$\begin{cases}\dfrac{\mathrm{d}N(t)}{\mathrm{d}t}=r\left(1-\dfrac{N(t)}{K}\right)N(t)\\ N(t_0)=N_0\end{cases} \tag{3.9}$$

仍用分离变量法就能求解：

$$N(t) = \frac{K}{1 + C\mathrm{e}^{-r(t-t_0)}} \tag{3.10}$$

其中，$C = \dfrac{K - N_0}{N_0}$。

MATLAB 代码如下。

```
syms r K N(t) t0 N0
eqn = diff(N,t) == r * (1 - N/K) * N;
cond = N(t0) == N0;
NSol(t) = dsolve(eqn, cond)      % 返回符号函数 symfun
simplify(NSol(t))
```

运行结果如下。

```
Nsol(t) = K/(exp(K*((log(K/N0-1) + r*t0)/K - (r*t)/K)) + 1)
ans =(K*N0*exp(r*(t - t0)))/(K - N0 + N0*exp(r*(t - t0)))
```

考察时间 t 趋近于无穷大时的极限，从图 3-5 中可以发现结果与 Malthus 模型完全不同。MATLAB 代码如下。

```
N1 = subs(NSol(t), [t0, K, r, N0], [0 100 0.9, 150])
x = 0:0.1:20;
plot(x, double(subs(N1, t, x)), 'Linewidth', 1.5)
hold on
N2 = subs(NSol(t), [t0, K, r, N0], [0 100 0.9, 20])
x = 0:0.1:20;
plot(x, double(subs(N2, t, x)), 'Linewidth', 1.5)
fplot(100, [0,20], '--g', 'Linewidth', 1.5)
xm = double(solve(N2 == 50))
plot(xm,50,'b*')
```

运行结果如图 3-5 所示。

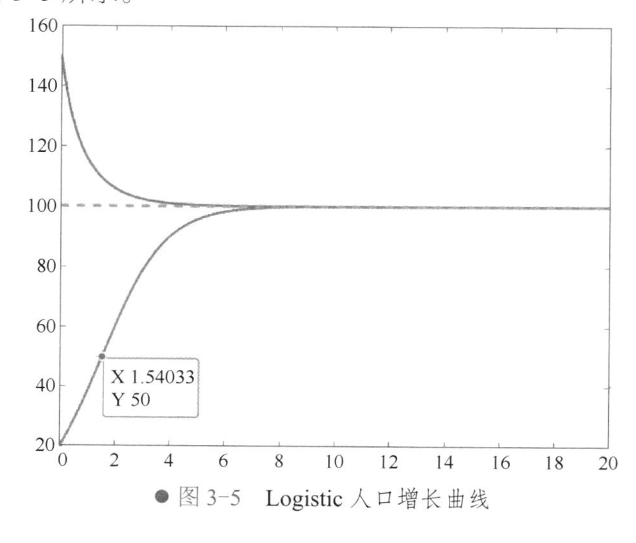

● 图 3-5 Logistic 人口增长曲线

图 3-5 是取 $K=100$，$r=0.9$，$t_0=0$，分别令 $N_0=150$ 和 $N_0=20$ 绘制而成。

- $y=K$ 是渐近线。
- 若初值 $N_0<K$，则人口数将递增，且以 K 为极限。
- 若初值 $N_0>K$，则人口数将下降，且快速地趋于 K。

再来看人口变化率曲线，MATLAB 代码如下。

```
dN(t) = simplify(diff(NSol(t), t))
dN = subs(dN(t), [t0, K, r, N0], [0 100 0.9, 20])
x = 0:0.01:20;
y = double(subs(dN, t, x));
plot(x, y, 'Linewidth', 1.5)
hold on
plot(xm, double(subs(dN, t, xm)), 'r*')
```

运行结果如图 3-6 所示。

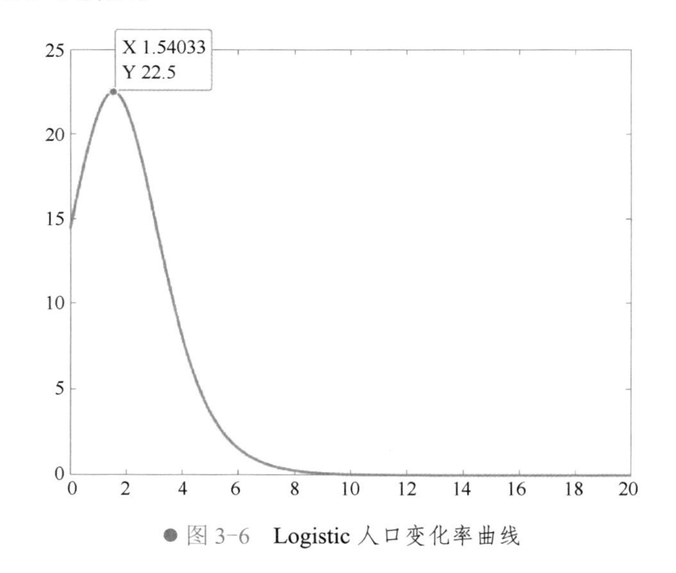

图 3-6　Logistic 人口变化率曲线

人口变化率最大的时刻，正好对应的是人口增长曲线的拐点（见图 3-5），此时，人口数为人口上限的一半：$K/2$。

与 Malthus 模型相比，Logistic 人口模型增加了一个参数 K，而且这个参数非常关键，对模型起决定性的影响，但它不容易计算或估计，仍有很多争议。

Logistic 人口模型引入了阻滞增长，更加符合人口增长的一般规律。实际上，很多事物的生长规律都大致符合 Logistic 曲线：前期总数较小没有形成规模，增长相对缓慢；中期开始形成规模，按指数形式快速增长；后期规模达到一定程度，开始受资源所限增速又逐渐变缓，总数逐渐逼近容纳量上限。比如电影累计票房等。

另外，Logistic 人口模型的离散形式称为 Logistic 映射，它有非常有意思的分岔现象，进而可以产生混沌（请参阅附录 D）。

3.2.2 案例：预测电影累计票房

参数 K 的估计对于 Logistic 人口模型至关重要。

应用该模型的逻辑：根据 Logistic 人口模型理论，形如 Logistic 曲线的数据（或者说有最大容纳量遏制的增长数据）满足模型关系：

$$N(t)=\frac{K}{1+C\mathrm{e}^{-r(t-t_0)}} \tag{3.11}$$

其中，$C=\dfrac{K-N_0}{N_0}$。

为了更容易拟合模型参数，同样取 $t_0=0$ 并对该模型做变形：

$$\begin{aligned}N(t)&=\frac{K}{1+\mathrm{e}^{\ln C-rt}}=\frac{K}{1+\mathrm{e}^{-(-\ln C+rt)}}\\&=\frac{\varphi_1}{1+\mathrm{e}^{-(\varphi_2+\varphi_3 t)}}\end{aligned} \tag{3.12}$$

其中

$$\varphi_1=K,\ \varphi_2=-\ln C=-\ln\frac{K-N_0}{N_0}=\ln\frac{N_0}{K-N_0},\ \varphi_3=r$$

通过数据拟合出 3 个参数 φ_1、φ_2、φ_3 的最优估计（基于最小二乘法：使误差的总平方和最小），则得到可适用于数据的具体模型，从而可以用于预测和决策。

要估计这 3 个参数，需要用到非线性拟合技术，而非线性拟合的算法非常依赖于参数初始值的选取，若选取适当（离估计值不远），则很快就能收敛到最优估计，否则（离估计值较远）迭代多少次都无法达到最优估计。

所以要做上述的变换，因为这样可以使用现成的工具（广义线性模型之一的 Logistic 回归方法），即再做一次 Logit 变换（示意图如图 3-7 所示）就变成线性回归了。

下面将 y 的这种变换记为 $\operatorname{logit}(y)$，而将式（3.12）中的模型两边同除以 φ_1 就是：

$$\frac{N(t)}{\varphi_1}=\frac{1}{1+\mathrm{e}^{-(\varphi_2+\varphi_3 t)}}$$

从而，得到

$$\varphi_2+\varphi_3 t=\operatorname{logit}\left(\frac{N(t)}{\varphi_1}\right) \tag{3.13}$$

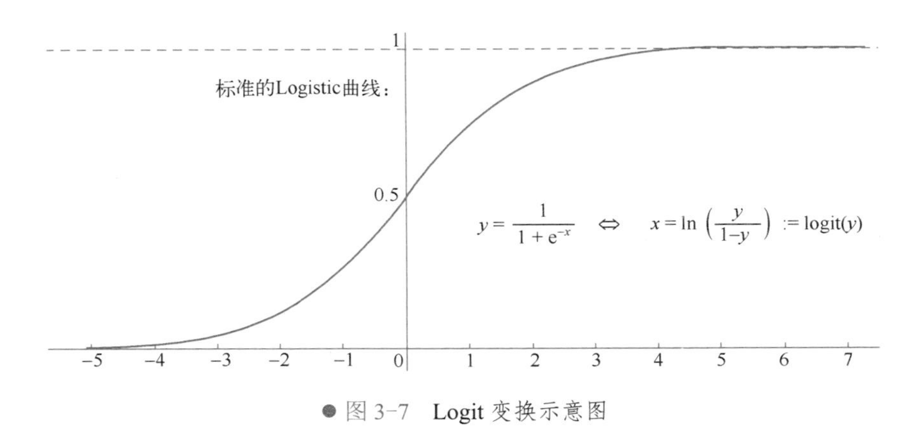

● 图 3-7　Logit 变换示意图

也就是说对 $\frac{N(t)}{\varphi_1}$ 做 Logit 变换，就能用线性回归估计系数 φ_2 和 φ_3 了。

具体做法如下。

1）先粗略（目测）估计一个 φ_1，它是容纳量的界限，拐点处是它的一半，有了它再对 $\frac{N(t)}{\varphi_1}$ 做 Logit 变换。

2）再用线性回归估计系数 φ_2 和 φ_3，这样就得到了要估计的 3 个参数较好的一组初始值。

3）有了这 3 个参数的较好的初始值，再做原模型的非线性拟合。

下面以我国 2003～2019 年累计电影票房数据来进行演示，如表 3-2 所示。

表 3-2　历年电影票房数据

年份	累计票房（亿元）	年份	累计票房（亿元）
2003	8	2012	170.73
2004	9.2	2013	217.69
2005	15.14	2014	296.39
2006	20.46	2015	440.69
2007	33.27	2016	457.12
2008	43.41	2017	559.11
2009	62.06	2018	609.76
2010	101.72	2019	642.66
2011	131.15		

1．读取 Excel 数据文件

该数据保存在 Excel 文件“历年累计票房.xlsx”中，用 MATLAB 的 xlsread()函数可以读取它，只需要提供该文件路径，默认是读取第 1 个 sheet。并做可视化探索，绘制散点图，

MATLAB 代码如下。

```
dat = xlsread('datas/历年累计票房.xlsx')
year = dat(:,1);
total = dat(:,2);
plot(year, total, 'bo')
```

运行结果如图 3-8 所示。

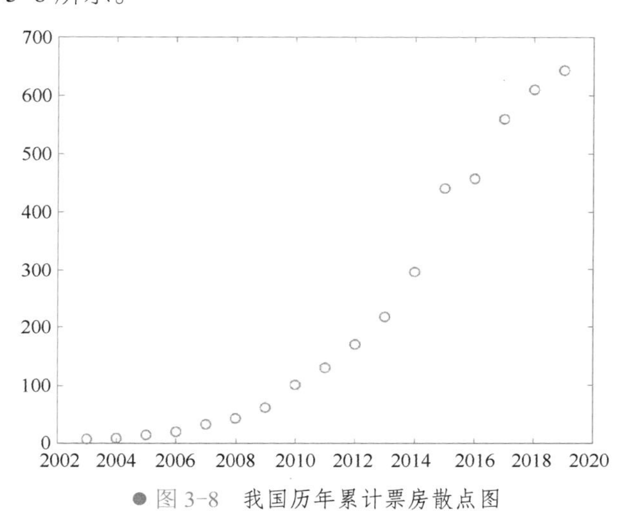

图 3-8　我国历年累计票房散点图

2. 估计初始参数值

从图 3-8 中目测拐点约在 400，故取 $\varphi_1 = 800$（取 1000 也不影响）。

```
logit = @(p) log(p ./ (1-p));          % 定义 logit 变换函数
fitlm(year-2002, logit(total / 800))
```

运行结果如下。

```
ans = Linear regression model:  y ~ 1 + x1
Estimated Coefficients:
                  Estimate       SE         tStat        pValue
                  ________    ________     ______     __________
(Intercept)       -5.1447     0.056491     -91.07     5.3851e-22
x1                0.39139     0.005513     70.993     2.2386e-20
Number of observations: 17, Error degrees of freedom: 15
      Root Mean Squared Error: 0.111
      R-squared: 0.997,  Adjusted R-Squared 0.997
      F-statistic vs. constant model: 5.04e+03, p-value = 2.24e-20
```

这样就得到初始参数值：

$$\varphi_1 = 800,\ \varphi_2 = -5.1447,\ \varphi_3 = 0.39139$$

3．利用非线性拟合估计最优模型参数

MATLAB 提供了 nlinfit()函数进行非线性拟合，基本格式如下：

```
beta = nlinfit(X, Y, modelfun, beta0)
```

其中，X 为自变量数据（可以是多个自变量的矩阵），Y 为因变量数据，modelfun 为拟合函数的形式（包含待估计参数的函数关系），beta0 为待估计参数的初始值。

```
phi0 = [800, -5.1447, 0.39139];                    % 初始参数值
fun = @(phi,t) phi(1)./ ( 1 + exp(-(phi(2) + phi(3) * t)));
t = year - 2002;
[beta, errs] = nlinfit(t, total, fun, phi0) ; % 最优参数及预测误差
beta
```

运行结果如下。

```
beta = 760.5782  -5.4571  0.4266
```

于是，得到 Logistic 曲线拟合模型：

$$total = \frac{760.5782}{1+\mathrm{e}^{-[5.4571+0.4266*(year-2002)]}}$$

最后，可视化对比真实值和预测值：

```
pre = fun(beta, year-2002);        % 计算预测值
hold on
plot(year, pre, 'r*')
legend('真实值', '预测值')
```

运行结果如图 3-9 所示。

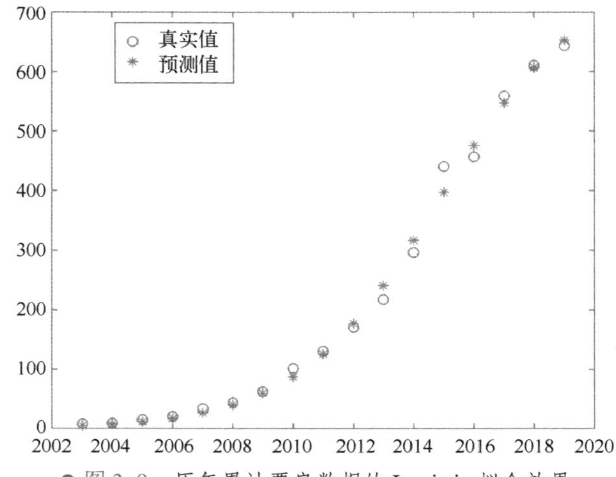

● 图 3-9　历年累计票房数据的 Logistic 拟合效果

可见，拟合效果很好。

3.3 Leslie 模型

只对人口总量建模是不够的，特别是需要研究和年龄段有关的问题：老龄化、劳动力人口等。这就需要关注人口的年龄分布（每个年龄段人口的数量），适合的数学模型是基于差分方程理论的 Leslie 模型。

Leslie 模型，是基于年龄和性别，对人口各年龄段的发展过程建立差分方程组，引入矩阵表示后可变成离散矩阵模型。

Leslie 模型构建的基本原理是：首先将人口按性别分组，针对女性人口，选择某初始时期，将分年龄段的女性人口数作为一个列向量；然后通过各年龄段生育率、存活率构建 Leslie 人口矩阵；接着，用 Leslie 人口矩阵左乘分年龄段的女性人口向量，得到新的列向量即为预测的下一阶段分年龄段的女性人口向量；最后，根据男女性别比例推算出人口总数，根据预测年龄分布可以计算平均年龄、平均寿命、老龄化指数、抚养指数等。

所以 Leslie 模型是以离散的人口相关自变量、性别分组及某初始时期的人口发展数据为机理，对未来一个或多个区域进行人口规模和年龄结构预测的综合模型。简单地说，Leslie 人口预测模型能够在基于人口生育率、死亡率的基础上对人口结构进行较为准确的预测，从而反映未来社会的人口总量和结构特征。

Leslie 模型虽然原理简单，但同时考虑了人口性别比、育龄妇女生育率、分年龄段死亡率等因素对人口的影响。

对女性人口按年龄切分，记为按年龄段的女性人口向量。

$$\boldsymbol{N}_t=\begin{pmatrix} n_0 \\ n_1 \\ \vdots \\ n_s \end{pmatrix} \tag{3.14}$$

例如，0～4 岁用 n_0 表示，5～9 岁用 n_1 表示，……，85～89 岁用 n_{s-1} 表示，90 岁及以上用 n_s 表示，各年龄段女性人口的转移关系如图 3-10 所示。

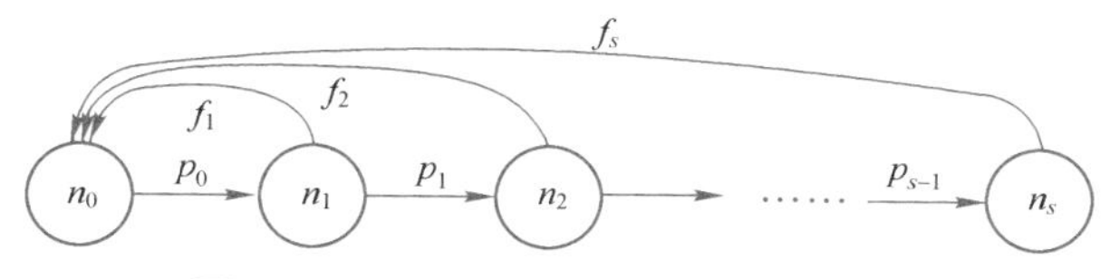

图 3-10　各年龄段女性人口的转移关系图

第 4 到第 10 组别的 15～49 岁女性是人口学领域公认的育龄妇女。

记第 t 年第 i 年龄段的女性人数为 $x_i(t)$，$i=1,2,\cdots,19$。

设第 t 年第 i 年龄段的女性人口平均死亡率为 $d_i(t)$，记相应的存活率为 $s_i(t)=1-d_i(t)$（最后一个年龄段的存活率为 0），则

$$x_{i+1}(t+1)=s_i(t)x_i(t), \qquad i=1,2,\cdots,18$$

设第 t 年第 i 年龄段女性的生育率：即每位女性平均生育婴儿数为 $b_i(t)$，[4, 10] 年龄段为生育区间，则第 t 年出生婴儿数为 $\sum_{i=4}^{10} b_i(t)x_i(t)$。记 $a(t)$ 为第 t 年出生婴儿的性别比（男婴占婴儿总数的比例），则第 t 年出生的女婴数为

$$[1-a(t)]\sum_{i=4}^{10} b_i(t)x_i(t)$$

记第 t 年婴儿的死亡率为 $d_0(t)$，则相应的存活率为 $s_0(t)=1-d_0(t)$，故女婴存活率 $f_0(t)=s_0(t)[1-a(t)]$，于是第 t 年存活的女婴数为

$$x_0(t)=f_0(t)\sum_{i=4}^{10} b_i(t)x_i(t)$$

第 t 年第 i 年龄段女性的生育数在所有育龄女性生育数的占比为

$$h_i(t)=\frac{b_i(t)}{\sum_{i=4}^{10} b_i(t)}=\frac{b_i(t)}{\beta(t)}$$

上式称为生育模式，满足 $\sum_{i=4}^{10} h_i(t)=1$。

于是，$b_i(t)=\beta(t)h_i(t)$，如果所有女性在育龄期间都保持这个生育数，那么

$$\beta(t)=\sum_{i=4}^{10} b_i(t)$$

也表示每位女性一生的平均生育数，称为总和生育率，它是表述与控制人口增长的重要指标，反映了人口变化的基本因素。

再将人口迁移考虑进来，记 $v_i(t)$ 为第 t 年第 i 年龄段女性迁移数量（迁入为正，迁出为负）。

基于上述假设与符号表示，可得到 Leslie 人口模型如下：

$$\begin{cases} x_1(t+1)=f_0(t)\sum_{i=4}^{10} b_i(t)x_i(t)+v_1(t)=f_0(t)\beta(t)\sum_{i=4}^{10} h_i(t)x_i(t)+v_1(t) \\ x_2(t+1)=s_1(t)x_1(t)+v_2(t) \\ \vdots \\ x_{19}(t+1)=s_{18}(t)x_{18}(t)+v_{19}(t) \end{cases} \tag{3.15}$$

改写为矩阵形式，记 $\boldsymbol{x}(t)=\left[x_1(t),x_2(t),\cdots,x_{19}(t)\right]^{\mathrm{T}}$ 为第 t 年各年龄段的女性人口数向量，$\boldsymbol{v}(t)=\left[v_1(t),v_2(t),\cdots,v_{19}(t)\right]^{\mathrm{T}}$ 为第 t 年各年龄段女性的迁移向量，称

$$
\boldsymbol{L}(t)=\begin{pmatrix}
0 & 0 & 0 & f_0(t)b_4(t) & \cdots & f_0(t)b_{10}(t) & 0 & \cdots & 0\\
s_1(t) & 0 & 0 & 0 & \cdots & 0 & 0 & \cdots & 0\\
0 & s_2(t) & 0 & 0 & \cdots & 0 & 0 & \cdots & 0\\
0 & 0 & s_3(t) & 0 & \cdots & 0 & 0 & \cdots & 0\\
0 & 0 & 0 & s_4(t) & 0 & \cdots & 0 & \cdots & 0\\
0 & 0 & 0 & 0 & s_5(t) & 0 & 0 & \cdots & 0\\
0 & 0 & 0 & 0 & 0 & s_6(t) & 0 & \cdots & 0\\
\vdots & \vdots & \vdots & \vdots & \vdots & \vdots & \ddots & \ddots & \vdots\\
0 & 0 & 0 & 0 & 0 & 0 & \cdots & s_{18}(t) & 0
\end{pmatrix}_{19\times 19}
$$

为 Leslie 矩阵，则 Leslie 人口模型可表示为矩阵形式：

$$x(t+1)=L(t)x(t)+v(t) \tag{3.16}$$

该模型称为 Leslie 人口增长模型。

若不考虑人口迁移的影响，或者说假设各年龄段女性迁入与迁出平衡，则模型简化为

$$x(t+1)=L(t)x(t) \tag{3.17}$$

Leslie 模型的求解，关键是确定生育率、存活率、迁移向量等参数，一旦这些参数确定，再选定初始年份即可利用模型（3.16）进行递推，对于未来的任意 5 年间隔的年份得到各年龄段的女性人口数量。再利用预测的性别比，就能得到各年龄段的男性人口数量，从而全面完整地描述人口的演变过程。

做短期人口预测时，生育率、死亡率、人口迁移等参数用历史数据估计，做长期人口预测时，需要考虑总和生育率的控制、国家人口政策等因素的影响。

有了 Leslie 模型得到的分性别、分年龄段的人口结构数据，为了更全面地研究人口结构对经济社会发展的影响，可以再引入一些重要的指标：记 $X_i(t)$ 为根据第 i 年龄段女性人口 $x_i(t)$ 和性别比计算出来的第 i 年龄段总人口（包括男女），$X(t)=\sum_{i=1}^{19}X_i(t)$ 为第 t 年的总人口。

人口总数：

$$N(t)=\sum_{i=1}^{19}X_i(t)$$

平均年龄：

$$R(t)=\frac{1}{N(t)}\sum_{i=1}^{19}\overline{i}\cdot X_i(t)$$

其中，$\overline{i}$ 为第 i 年龄段的年龄中间值，比如 14～19 岁，$\overline{i}=17$。

平均寿命：

$$S(t)=\sum_{j=1}^{19}\exp\left[-\sum_{i=1}^{j}d_i(t)\right]$$

这里假定从第 t 年分析，以后每年的死亡率假定为不变的，则 $\sum_{i=1}^{j}d_i(t)$ 表示 t 年出生的人活到

第 j 年期间的死亡率，这也表明其寿命为 j 岁 $(j=1,2,\cdots,19)$，而 $\exp\left[-\sum_{i=1}^{j}d_i(t)\right]$ 表示寿命。

老龄化指数：是平均年龄与平均寿命之比

$$\omega(t)=\frac{R(t)}{S(t)}$$

抚养指数：是每个劳动力人口平均抚养的非劳动力人口人数，劳动力年龄区间为 $[15,64]$，对应第 4 到第 13 年龄组，则劳动力人数为

$$L(t)=\sum_{i=4}^{13}X_i(t)$$

从而抚养指数为

$$\rho(t)=\frac{X(t)-L(t)}{L(t)}$$

根据上述指标进行更具体的分析，从而对人口的分布状况、变化趋势、总体特征、对经济社会发展的影响等，就有了更为科学的认识和把握。

Leslie 模型的一大优势是可以做长期预测，借助 Leslie 矩阵的特征值分析，甚至可以分析人口结构的终极形态。

以构建黑龙江人口 Leslie 模型为例加以演示，根据 2010 年人口普查数据，计算相应参数。

```
    f0 = 0.9817*(1-0.5315);    % 女婴存活率
    r2010 = [5.71, 48.99, 44.95, 25.99, 11.99, 7.02, 5.63] * 5 / 1000;  % 育龄期妇女各年龄的生育率
    ds = [153+140, 103, 111, 205, 404, 419, 569, 1071, 1978, 2780, 4269, 6193, 7726, 9042,
12781, 11633, 9123, 4678] * 5;
    fs = [117104+537180, 714639, 814674, 1107182, 1655243, 1396146, 1498008, 1919028, 1938905,
1795568, 1493621, 1351239, 927440, 601077, 498540, 295376, 148500, 57211];
    dr = ds ./ fs;
    s = 1 - dr;        % 各年龄段女性存活率
    % 生成 Leslie 矩阵
    L = zeros(19,19);
    L(1,4:10) = f0 * r2010;
    for i = 1:18
      L(i+1,i) = s(i);
    end
```

为了提高可读性，下面用公式形式来展示部分 Leslie 矩阵：

$$\boldsymbol{L}(2010)=\begin{pmatrix} 0 & 0 & 0 & 0.0131309 & \cdots & 0.01294693 & 0 & \cdots & 0 \\ 0.9977609 & 0 & 0 & 0 & \cdots & 0 & 0 & \cdots & 0 \\ 0 & 0.9992794 & 0 & 0 & \cdots & 0 & 0 & \cdots & 0 \\ 0 & 0 & 0.9993187 & 0 & \cdots & 0 & 0 & \cdots & 0 \\ 0 & 0 & 0 & \ddots & \ddots & \vdots & \vdots & \cdots & \vdots \\ \vdots & \vdots & \vdots & \vdots & \ddots & \ddots & \vdots & \cdots & \vdots \\ \vdots & \vdots & \vdots & \vdots & \vdots & \ddots & \ddots & \cdots & \vdots \\ \vdots & \vdots & \vdots & \vdots & \vdots & \vdots & \ddots & \ddots & \vdots \\ 0 & 0 & 0 & 0 & \cdots & \cdots & \cdots & 0.5911625 & 0 \end{pmatrix}_{19\times19}$$

忽略人口迁移影响。初始数据是 2010 年各年龄段女性人口数向量：

```
x = [117104+537180, 714639, 814674, 1107182, 1655243, 1396146, 1498008, 1919028, 1938905,
1795568, 1493621, 1351239, 927440, 601077, 498540, 295376, 148500, 57211, 16185+4725+294];
```

利用 Leslie 模型式（3.17）进行迭代，$x(2015) = Lx(2010)$，即可计算出下一个 5 年，即 2015 年的黑龙江女性分年龄段人口向量；接着，再往前迭代，$x(2020) = Lx(2015) = L^2 x(2010)$，即可计算出 2020 年的黑龙江女性分年龄段人口向量。

```
x2015 = L * x;
x2020 = L * x2015;
```

依次迭代 8 次，就能预测到 2050 年的黑龙江女性分年龄段人口向量（略）。要得到各年龄人口数据，还需要预测各年龄段男性数据，可先利用灰色融合预测（参阅第 10.4 节）预测未来的性别比，再计算未来各年龄段的男性人口数（略）。进而，可以根据前文公式计算未来的平均寿命、老龄化指数、抚养指数等（略）。

思考题 3

搜集我国最新人口数据，尝试利用 Logistic 人口模型建模。

传染病模型

随着流行病学的研究日趋热门，我们希望用数学建模的方法来研究如下问题：

- 建立传染病的数学模型来描述传染病的传播过程。
- 分析感染人数的变化规律，预测传染病高峰的到来。
- 探索控制、根除和预防传染病传播蔓延的手段。

流行病学中的一大类模型，称为“舱室”模型，它是将人群分成若干个“舱室”，各个舱室之间会有转移率（变化率），用数学模型语言来描述整个系统，就得到一个微分方程组。这种微分方程组往往是没有解析解的，这就需要利用 MATLAB 进行数值求解。

本章将继续研究微分方程模型，研究如何对流行病传播规律进行微分方程建模及求解，涉及编程技术是：用 MATLAB 求微分方程组的数值解。

先引入一些符号表示各“舱室”：

S（Susceptible）表示易感者，指缺乏免疫能力的健康人，与感染者接触后容易受到感染。

E（Exposed）表示暴露者，指接触过感染者但暂无传染性的人，可用于存在潜伏期的传染病。

I（Infectious）表示感染者，指有传染性的病人，可以传播给 S，将其变为 E 或 I。

R（Removed）表示治愈者或移出者，指治愈后具有免疫力的人，如果是终身免疫性传染病，则不会再变为 S、E 或 I，如果免疫期有限，就可以重新变为 S 类，进而可被感染。

本章只讨论简单的舱室模型，有这四类人群就足够了，但这些方法可以推广到更多的人群划分。

时间：一般考虑离散时间，以天为最小时间单位。

t 时刻各类人群占总人口的比例分别记为 $S(t)$、$E(t)$、$I(t)$、$R(t)$；各类人数所占初始比例分别为 $S(0)$、$E(0)$、$I(0)$、$R(0)$，分别简记为 S_0、E_0、I_0、R_0。

接触数 λ：每个感染者每天有效接触的易感者的平均人数。

发病率 δ：每天感染成为感染者的暴露者占暴露者总数的比例。

治愈率 μ：每天被治愈的感染者人数占感染者总数的比例。

平均传染期 $1/\mu$：从感染到治愈的平均天数。

传染期接触数 $\sigma = \lambda / \mu$：每个感染者在整个传染期 $1/\mu$ 天内，有效接触的易感者人数。

本章假设：

- 易感者与感染者发生有效接触即变为暴露者，暴露者经过平均潜伏期后成为感染者，感染者可被治愈成为治愈者，治愈者终身免疫不再成为易感者。
- 总人口为 N，不考虑人口的出生与死亡、迁入与迁出，假设短期内总人口不变，对于长期传染病，也可以考虑总人口可变，即总人口按人口模型变化，比如 Logistic 模型。

4.1 SI/SIS 模型

4.1.1 SI 模型

考虑总人口由感染者（I）和易感者（S）两类人群构成，记 $S(t)$ 为 t 时刻易感者占总人口的比例，$I(t)$ 为 t 时刻感染者占总人口的比例，则 $S(t)+I(t)=1$。

SI 模型最简单，适合不会反复发作的传染病。

1．模型假设

假设 1　假设人群中个体分布均匀。

假设 2　假设人口总数足够大，只考虑传播过程中的平均效应，即函数 $S(t)$ 和 $I(t)$ 可以视为连续且可微的。

假设 3　假设每个感染者每天“有效接触”的易感者人数为常数 λ，且一旦接触易感者就会立即被感染变为感染者，λ 称为感染数，反映本地区的卫生防疫水平。

假设 4　不考虑出生与死亡，以及人群的迁入与迁出等因素，即假设所考察地区总人口 N 保持不变，这不适合长期传染病。

2．模型建立

SI 模型的人群转移规律如图 4-1 所示。

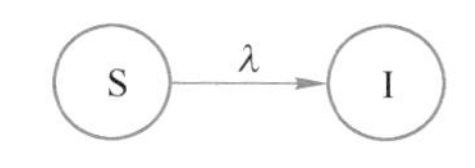

图 4-1　SI 模型示意图

根据假设 3，每个感染者每天的有效接触人数为λ，从而全部感染者$NI(t)$每天有效接触的易感者人数为$NI(t)\lambda S(t)$，这些易感者会立即被感染成为感染者，故在Δt时间内新增加的感染者人数为

$$N[I(t+\Delta t)-I(t)]=NI(t)\lambda S(t)\Delta t$$

两边同除以$N\Delta t$，考虑连续变化，令$\Delta t\to 0$，则得到 SI 模型：

$$\begin{cases}\dfrac{\mathrm{d}I(t)}{\mathrm{d}t}=\lambda S(t)I(t)=\lambda[1-I(t)]I(t)\\ I(0)=I_0\end{cases}\tag{SI}$$

3．模型求解

这是一个微分方程，也是我们熟悉的 Logistic 人口模型（总容纳量为 1），利用分离变量法可求得 SI 模型的解析解为

$$I(t)=\frac{1}{1+(I_0^{-1}-1)\mathrm{e}^{-\lambda t}}$$

用 SI 模型可以预报传染病爆发早期的患病人数发展规律，并估算传染高峰到来的时间。

1）用 MATLAB 求 SI 模型解析解。

```
syms I(t) lambda I0
eqn = diff(I,t) == lambda * I * (1-I);
cond = I(0) == I0;
Isol(t) = dsolve(eqn, cond)
```

运行结果如下。

```
Isol(t) =  -1/(exp(log(1 - 1/I0) - lambda*t) - 1)
```

2）取一组参数$\lambda=5$、$I_0=0.1$，来考察传染病的传播规律（实际上是根据真实数据来估计这些参数值）。

```
lambda = 5;
I0 = 0.1;
Isol(t) = eval(Isol(t));

ts = 0:0.01:2;
plot(ts, Isol(ts))
hold on
line = refline(0,1);              % 加一条参考线
line.Color = 'r';
```

```
axis([0 2 0 1.1]);
xlabel('时间'), ylabel('感染比例');
```

运行结果如图 4-2 所示。

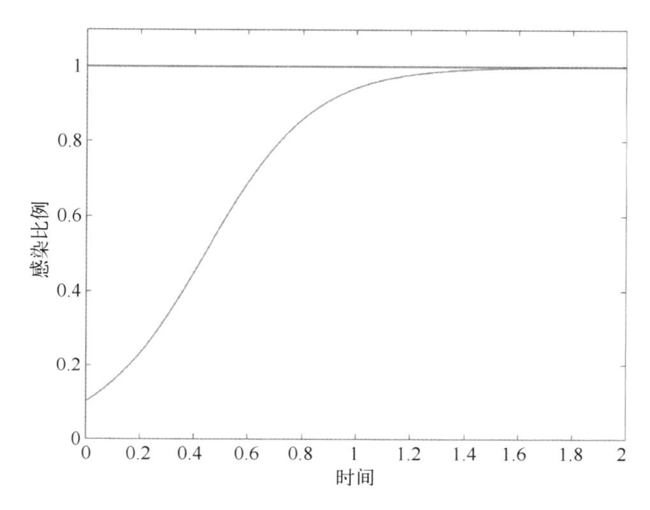

● 图 4-2　模拟 SI 模型的疾病传播规律

3）当 $I(t)=0.5$ 时，感染速度达到最大值，反解出该时刻：

$$t_{\mathrm{m}}=\frac{\ln(1/I_0-1)}{\lambda}$$

当 $t=t_{\mathrm{m}}$ 时，疫情最为猛烈，病人增加的速度最快。显然 t_{m} 与 λ 成反比，而 λ 为疾病的传染率，它反映了当地的医疗卫生水平，λ 越小，医疗卫生水平越高。所以改善保健设施，提高医疗卫生水平，降低 λ 值，就可以推迟传染高潮的到来。

```
dI = diff(Isol,1);
tm = solve(Isol(t)==0.5, t);
eval(tm)
figure
plot(ts, dI(ts), tm, dI(tm), 'r*')
xlabel('时间'), ylabel('感染速度');
```

运行结果如下。

```
ans = 0.4394
```

模拟 SI 模型的疾病感染速度及最大速度出现的时刻，运行结果如图 4-3 所示。

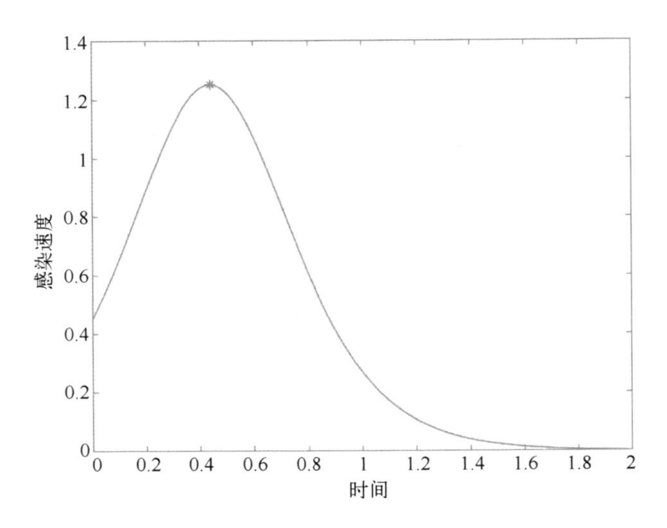

● 图 4-3　模拟 SI 模型的疾病感染速度

SI 模型的解为 Logistic 增长曲线，患者比例 $I(t)$ 从 $I(0)$ 迅速上升，通过曲线的拐点后上升变缓。该模型的缺陷是显而易见的：当 $t \to +\infty$ 时，$I(t) \to 1$，这表明本地区最后所有人都会被感染。出现这种结果的原因是假设系统中只有两种人，即感染者和易感者，而未考虑感染者会被治愈的情况。下面的模型将增加关于感染者被治愈的假设。

4.1.2　SIS 模型

有些传染病如伤风、痢疾等，虽然可以治愈，但治愈后基本上没有免疫力，于是感染者愈后又变成易感者，这就是 SIS 模型。

对于 SIS 模型，只需在 SI 模型假设的基础上，增加一条假设：

假设 5　感染者每天被治愈的人数比例为常数 μ（治愈率）。

1. 模型建立

SIS 模型的人群转移规律如图 4-4 所示。

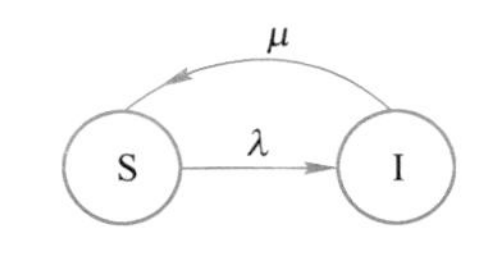

● 图 4-4　SIS 模型示意图

根据假设 5，每天新增加的感染者人数为 $NI(t)\lambda S(t)$，在此基础上再减去每天治愈的感染者人数 $NI(t)\mu$，同除以 N 得到

$$\frac{\Delta I(t)}{\Delta t} = \lambda S(t)I(t) - I(t)\mu$$

考虑连续变化，变成微分方程：

$$\frac{\mathrm{d}I(t)}{\mathrm{d}t} = \lambda[1 - I(t)]I(t) - I(t)\mu$$

于是得到 SIS 模型为

$$\begin{cases} \dfrac{\mathrm{d}I(t)}{\mathrm{d}t} = \lambda[1 - I(t)]I(t) - \mu I(t) \\ I(0) = I_0 \end{cases}$$

若令 $\sigma = \lambda / \mu$ 表示一个感染者在整个感染期内有效接触的平均人数，称为接触数。将 σ 代入上述方程中，得到 SIS 模型的另一种形式：

$$\begin{cases} \dfrac{\mathrm{d}I(t)}{\mathrm{d}t} = \lambda I(t)\left[1 - \dfrac{1}{\sigma} - I(t)\right] \\ I(0) = I_0 \end{cases} \tag{SIS}$$

2．模型求解

仍然可用分离变量法求得 SIS 模型的解析解：

$$I(t) = \begin{cases} \left[1 - \dfrac{1}{\sigma} + \left(\dfrac{1}{I_0} - \dfrac{1}{1 - 1/\sigma}\right)\mathrm{e}^{-\lambda(1-1/\sigma)t}\right]^{-1}, & \lambda \neq \mu \\ (\lambda t + 1/I_0)^{-1}, & \lambda = \mu \end{cases}$$

1）用 MATLAB 求 SIS 模型解析解。

若记 $K = 1 - 1/\sigma$，其实，就是 Logistic 人口模型的容纳量 K。

```
syms I(t) lambda I0 K                          % K = 1 - 1/ sigma
eqn = diff(I,t) == lambda * I * (K - I);
cond = I(0) == I0;
Isol(t) = dsolve(eqn, cond)
```

运行结果如下。

```
Isol(t) = K/(exp(log(-(I0 - K)/I0) - K*lambda*t) + 1)
```

2）传染病初期，感染率很小，不妨设 $I_0 < 1 - 1/\sigma$。

若 $\sigma > 1$，则 $K > 0$，SIS 模型仍是 Logistic 人口模型，$I(t)$ 呈 Logistic 曲线上升，当 $t \to +\infty$ 时，$I(t) \to 1 - 1/\sigma$。

取 $\lambda = 5$、$I_0 = 0.1$、$\sigma = 5$，对应 K=0.8，来考察传染病的传播规律。

```
lambda = 5;
I0 = 0.1;
```

```
sigma = 5;
% Isol(t) = subs(Isol(t), K, xm);
K = 1 - 1/sigma;                              % 最大容纳量
Isol(t) = eval(Isol(t));
ts = 0:0.01:2;
plot(ts, Isol(ts))
hold on
line1 = refline(0, 1);
line1.LineStyle = '--';
line = refline(0, 1-1/sigma);
line.Color = 'r';
axis([0 2 0 1.1])
xlabel('时间'), ylabel('感染比例')
```

运行结果如图 4-5 所示。

当 $I(t)=1/2,\ K=0.4$ 时，感染速度达到最大值，反解出该时刻：

$$t_{\mathrm{m}}=\frac{\ln(K/I_0-1)}{K\lambda}$$

```
dI = diff(Isol,1);
tm = solve(Isol(t) == K/2, t);
eval(tm)
figure
plot(ts, dI(ts), tm, dI(tm), 'r*')
xlabel('时间'), ylabel('感染速度')
axis([0 2 0 1])
```

运行结果如下。

```
ans =0.4865
```

模拟 SIS 模型的疾病感染速度及最大速度出现的时刻，如图 4-6 所示。

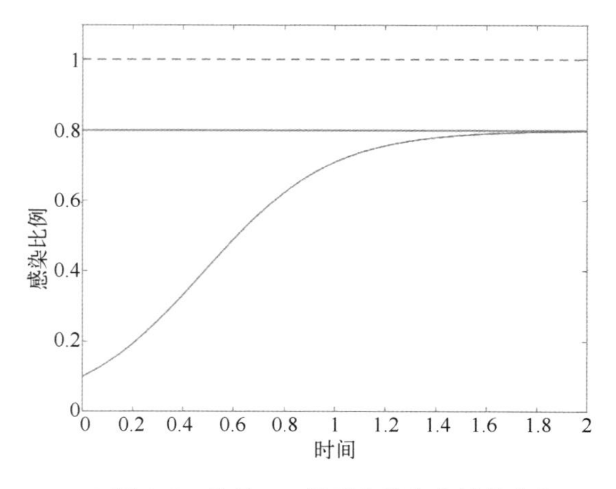

● 图 4-5　模拟 SIS 模型的疾病传播规律 I

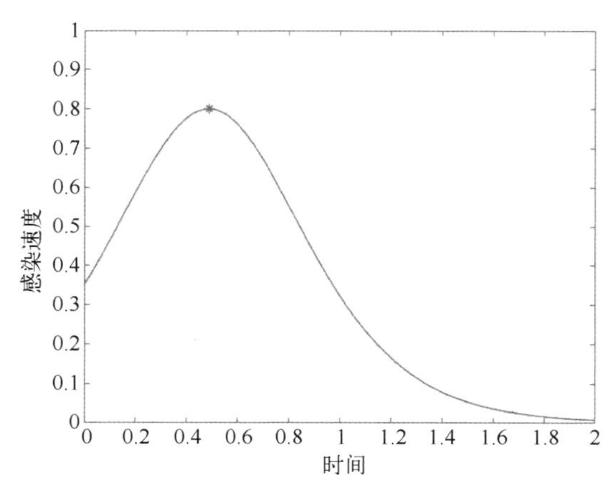

● 图 4-6　模拟 SIS 模型的疾病感染速度

3）若$\sigma \leqslant 1$，则$K \leqslant 0$，此时 SIS 模型右端恒为负，故曲线 $I(t)$将单调下降，当$t \to +\infty$时，$I(t) \to 0$。

取$\lambda = 5$、$I_0 = 0.5$、$\sigma = 0.8$，对应$K = -0.25$，来考察传染病的传播规律：

MATLAB 代码如下，注意接着前面定义的 Isol(t)运行。

```
lambda = 5;
I0 = 0.5;
sigma = 0.8;
xm = 1-1/sigma;                              % 最大容纳量，即 K
Isol(t) = subs(eval(Isol(t)), K, xm);
ts = 0:0.01:2;
figure
plot(ts, Isol(ts))
hold on
line1 = refline(0, 1);
line1.LineStyle = '--';
line = refline(0, 1-1/sigma);                % 加一条参考线
line.Color = 'r';
axis([0 2 0 1.1])
xlabel('时间'), ylabel('感染比例')
```

运行结果如图 4-7 所示。

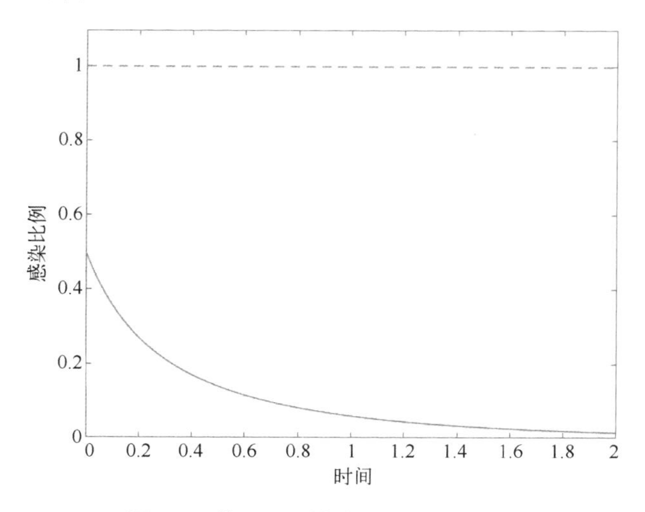

● 图 4-7　模拟 SIS 模型的疾病传播规律Ⅱ

σ是一个重要参数，它决定了感染者在总人口中的占比是持续增加（$\sigma > 1$），还是持续减少（$\sigma \leqslant 1$）。

考察σ的定义，因为μ是治愈率，则$1/\mu$可看作平均传染期（患者被治愈所需的平均时

间），而 $\lambda=\sigma\mu$ 是感染率，所以 σ 表示整个感染期内每个患者因有效接触而感染的平均（健康）人数，可称为感染数。

直观理解就是，若每个患者在生病期间因有效接触而感染的人数大于 1，那么患者比例自然会增加，反之，患者比例会减少。

可推导出 σ 的一个估计式为

$$\sigma=\frac{\ln S_0-\ln S_\infty}{S_0-S_\infty}$$

根据历史数据和该公式，可以估算 σ 。

4.2 SIR 模型

许多传染病如天花、流感、麻疹等，治愈后就有了终生免疫力，不会再成为易感者和被感染。

传染病模型中将病愈后免疫的人称为移出者或治愈者（Removed），考虑易感者、感染者、移出者三类人群的传染病模型，称为 SIR 模型。

4.2.1 模型建立

SIR 模型的人群转移规律如图 4-8 所示。

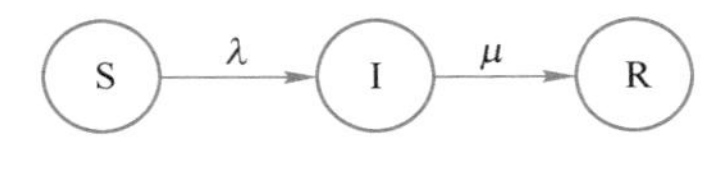

图 4-8 SIR 模型示意图

t 时刻移出者占总人口的比例为 $R(t)$ ，则有 $S(t)+I(t)+R(t)=1$ ，然后可以列出三类人群的变化率满足的关系：

$$\begin{cases}\dfrac{\mathrm{d}S(t)}{\mathrm{d}t}=-\lambda S(t)I(t),\\ \dfrac{\mathrm{d}I(t)}{\mathrm{d}t}=\lambda S(t)I(t)-\mu I(t),\\ \dfrac{\mathrm{d}R(t)}{\mathrm{d}t}=\mu I(t)\end{cases}$$

初值条件为 $I(0)=I_0, R(0)=R_0, S(0)=S_0$ 。

注意到方程组中的第三个微分方程是多余方程（把第一个方程当作多余的也可以），所以得到 SIR 模型：

$$\begin{cases} \dfrac{\mathrm{d}S(t)}{\mathrm{d}t} = -\lambda S(t)I(t) \\ \dfrac{\mathrm{d}I(t)}{\mathrm{d}t} = \lambda S(t)I(t) - \mu I(t) \end{cases} \quad (\text{SIR})$$

初值条件为 $I(0) = I_0, S(0) = S_0$ 。

上述微分方程组是一阶非线性常微分方程组，尽管看起来很简单，但是无法求出解析解，只能考虑数值解法。

4.2.2 模型求解

1．微分方程组数值解的编程语法

用 MATLAB 中的 ode45()函数可以实现大多数微分方程（组）数值法求解，其基本格式为

```
[t, y] = ode45(odefun, tspan, y0)
```

其中，

odefun 为定义微分方程（组）的关于 t 和 y 的向量值函数；

tspan 为自变量的求解范围；

y0 为初值条件向量。

ode45()函数的返回值 t 和 y 为求解范围内一系列自变量和解函数的值对。也可以返回一个量 sol，再配合 dveal(sol, t)，就可以计算任意 t（向量）值处解函数的值。

使用 ode45()函数的关键是，根据要求解的微分方程组把各个实参准备好，下面以 SIR 模型为例来演示。

- 准备 odefun 实参

微分方程组需要表示为参数 odefun 所接受的标准形式，SIR 模型是一个二元微分方程组，它有两个未知函数、两个微分方程，已经是标准形式：左边是未知函数的导数。要用向量 y 表示所有的未知函数（2 个），则使用二维列向量：y = [y(1); y(2)]，即 y(1) = S(t), y(2) = I(t)。

对于标准形式的微分方程组，只需要把等号右边的各个表达式分别作为对应的分量赋给向量 odefun 即可。

为了与模型表达式一致，这里用到“先定义含参量函数匿名函数，再对参量赋值去掉参量”的技术，这样也方便后续修改参数值。

先定义中间变量：定义关于 t、y、lambda、mu 的匿名函数 f，其中 lambda 和 mu 就是微分方程组中的参数，函数返回值定义为 SIR 模型右端表达式即可，注意未知函数要用前面设定的 y 分量 y(1)、y(2)表示：

```
f = @(t, y, lambda, mu) [-lambda * y(1) * y(2);
                          lambda * y(1) * y(2) - mu * y(2)];
```

然后对参量赋值：lambda = 0.6; mu = 0.3;

再代入匿名函数 f：SIRfun = @(t, y) f(t, y, lambda, mu);

这样，lambda 和 mu 已经分别被换成数值 0.6 和 0.3，只剩关于 t 和 y 的函数，正好作为 odefun。

- 准备 y0 实参

对于 ode45()的参数 y0，只需根据模型(SIR)的初值条件，对应地向量化赋值即可：

```
S0 = 0.99;  I0 = 0.01;  y0 = [S0; I0];
```

- 准备 tspan 实参

可以自由设定 t 的求解范围：tspan = [0, 50]。

2．MATLAB 求解 SIR 模型

取一组参数值，$\lambda = 0.6$、$\mu = 0.3$、$S_0 = 0.99$、$I_0 = 0.01$。

MATLAB 代码如下。

```
% y(1) = S(t), y(2) = I(t)
f = @(t,y,lambda,mu) [-lambda * y(1) * y(2);
                      lambda * y(1) * y(2) - mu * y(2)];
lambda = 0.6;
mu = 0.3;
SIRfun = @(t,y) f(t,y,lambda,mu);
S0 = 0.99;
I0 = 0.01;
y0 = [S0; I0];
tspan = [0, 50];
[t,y] = ode45(SIRfun, tspan, y0);
R = 1 - y(:,1) - y(:,2);
sol = ode45(SIRfun, tspan, y0);
t1 = 1:0.2:2;
deval(sol, t1)
```

运行结果如下。

```
ans = 0.9831  0.9815  0.9798  0.9780  0.9760  0.9740
        0.0134  0.0142  0.0150  0.0159  0.0169  0.0178
plot(t, y(:,1), t, y(:,2),'r-.', t, R, 'k.');
xlabel('t'), ylabel('y(t)')
legend('S(t)','I(t)','R(t)')
```

图形结果如图 4-9 所示。

换一组参数值，取 $\lambda = 0.5$、$\mu = 0.4$、$S_0 = 0.99$、$I_0 = 0.01$，重新求解并绘图，只需要修改代码中的参数值即可（代码略），得到图形如图 4-10 所示。

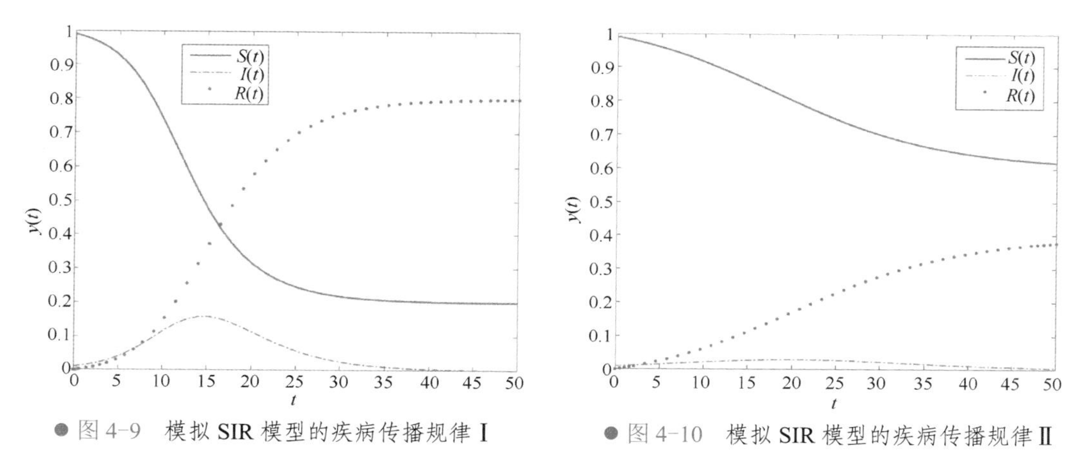

● 图 4-9　模拟 SIR 模型的疾病传播规律 I　　● 图 4-10　模拟 SIR 模型的疾病传播规律 II

可见，易感者比例 $S(t)$ 单调减少，移出者比例 $R(t)$ 单调增加，都趋向于稳定值；而感染者比例 $I(t)$ 先增后减趋于 0 ($t \to \infty$)。$S(t)$ 趋于的稳定值表示在传染病传播过程中最终没有被感染的人数比例；$I(t)$ 的最大值点和最大值分别表示传染病高峰（感染者最多）到来的时刻和最大感染者比例。这些值可以衡量传染病传播的强度和速度。

感染率 λ 和治愈率 μ（假定死亡率很低）是影响传播过程的重要参数。社会卫生水平越高，感染率 λ 越小；医疗水平越高，治愈率 μ 越大。于是感染数 $\sigma = \lambda / \mu$ 越小，有助于控制传染病的传播。对比图 4-9 和图 4-10 可以证实这一规律。

3. 进一步讨论

绘制 I(t)-S(t)相轨线。

```
figure
plot(y(:,1), y(:,2))
xlabel('S(t)'), ylabel('I(t)')
```

运行结果如图 4-11 所示。

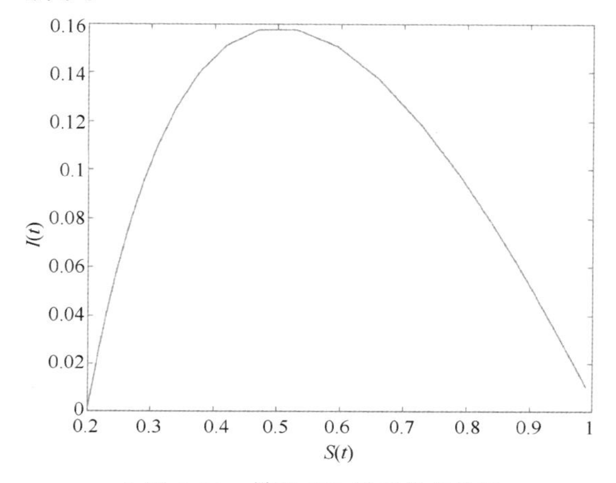

● 图 4-11　模拟 SIR 模型的相轨图

若$S_0>1/\sigma$，则$I(t)$先升后降至 0，表示传染病蔓延；若$S_0<1/\sigma$，则$I(t)$单调降至 0，表示传染病不会蔓延开来。

$1/\sigma$是一个临界点，为了让传染病不蔓延，需要调整S_0和$1/\sigma$，具体措施有两种：一是降低S_0，如接种疫苗，使 S 类人群直接变成 R 类；二是提高$1/\sigma$使之大于S_0，由于$\sigma=\lambda/\mu$，所以应该降低λ和提高μ（如强化卫生教育和隔离病人，同时提高医疗水平）。

4.3 舱室模型

4.3.1 舱室模型建模方法

SIR 模型是“舱室”传染病模型的基础，可以进一步考虑更复杂的人群划分和转移，如考虑出生率、死亡率、防疫措施的作用、潜伏期、抵抗能力、地域传播、传播途径（接触、空气、昆虫、水源等）等。比如，

SEIS 模型：易感—暴露—感染—不免疫。

SEIR 模型：易感—暴露—感染—移出（免疫）。

SIRS 模型：易感—感染—短时免疫—易感。

先来讨论“舱室”传染病模型[12,13]，如何从舱室转移关系图转化为微分方程组模型。回顾 SIR 模型，梳理舱室转移关系图与微分方程组模型之间的对应关系（稍作修改），如图 4-12 所示。

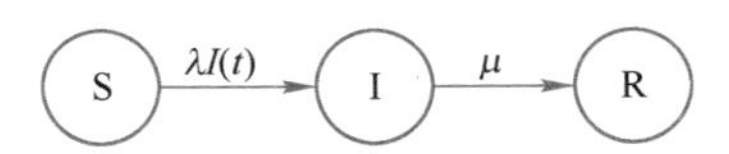

图 4-12　修改版 SIR 模型示意图

$$
\begin{cases}
\dfrac{\mathrm{d}S(t)}{\mathrm{d}t}=-\lambda I(t)S(t)\\
\dfrac{\mathrm{d}I(t)}{\mathrm{d}t}=\lambda I(t)S(t)-\mu I(t)\\
\dfrac{\mathrm{d}R(t)}{\mathrm{d}t}=\mu I(t)
\end{cases}
$$

- 每个舱室（即图中的圆圈）代表一类人群（占比），对应一个未知函数，箭头及上方的标签表示舱室之间的转移关系和转移速度。
- 一个舱室表示为一个微分方程，左端导数代表该类人群变化速度。
- 微分方程右端式子：出的箭头就是“减”，入的箭头就是“加”，都是用转移速度乘以来自的舱室函数。
- 整体流量（流入、流出）平衡，比如 1 式与 2 式中的两个同项，2 式与 3 式中的两个同项。

注意，由于 $S(t)+I(t)+R(t)=1$ 以及流量平衡关系，这样表示出来的微分方程组中有一个微分方程是多余的（可由其余微分方程表示），数值求解时需要任意去掉一个。

所以，读者可以根据具体传染病的实际情况，建立任何复杂的舱室模型，只要先绘制出舱室转移关系图，然后按上述规律表示为微分方程组，再用 ode45()函数进行数值求解即可。

4.3.2 SEIR 模型

在 SIR 模型的基础上，将已感染但处于潜伏期的人群（称为暴露者 E）也考虑进来，即构建 SEIR 模型。

SEIR 模型考虑易感者、暴露者、感染者、移出者四类人群，适合有潜伏期、治愈后获得终身免疫的传染病，如带状疱疹。

先绘制舱室转移关系图，如图 4-13 所示。

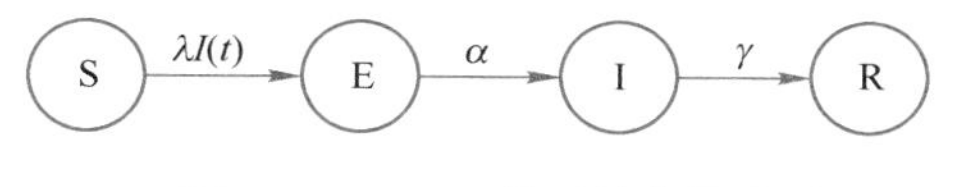

图 4-13　SEIR 模型舱室转移图

易感类 S 先以 $\lambda I(t)$ 的速度转移到暴露类 E，再以 α 的速度转移到感染类 I，最后以 γ 的速度转移到移出类 R。再按前文的表示规律写出微分方程组：

$$\begin{cases} \dfrac{\mathrm{d}S(t)}{\mathrm{d}t} = -\lambda I(t)S(t) \\ \dfrac{\mathrm{d}E(t)}{\mathrm{d}t} = \lambda I(t)S(t) - \alpha E(t) \\ \dfrac{\mathrm{d}I(t)}{\mathrm{d}t} = \alpha E(t) - \gamma I(t) \\ \dfrac{\mathrm{d}R(t)}{\mathrm{d}t} = \gamma I(t) \end{cases}$$

由于 $S(t)+E(t)+I(t)+R(t)=1$ 和流量平衡，有一个微分方程是多余的，去掉最后一个，得到 SEIR 模型：

$$\begin{cases} \dfrac{\mathrm{d}S(t)}{\mathrm{d}t} = -\lambda I(t)S(t) \\ \dfrac{\mathrm{d}E(t)}{\mathrm{d}t} = \lambda I(t)S(t) - \alpha E(t) \\ \dfrac{\mathrm{d}I(t)}{\mathrm{d}t} = \alpha E(t) - \gamma I(t) \end{cases} \quad \text{（SEIR）}$$

满足初值条件：$S(0)=S_0, E(0)=E_0, I(0)=I_0$。

下面用 4.2 节介绍的 MATLAB 求微分方程（组）数值解的方法进行求解，代码完全类似：

```
% y(1) = S(t), y(2) = E(t), y(3) = I(t)
f = @(t,y,lambda,alpha,gamma) [-lambda * y(3) * y(1);
                              lambda * y(3) * y(1) - alpha * y(2);
                              alpha * y(2) - gamma * y(3)];
lambda = 0.6;
alpha = 0.5;
gamma = 0.3;
SEIRfun = @(t,y) f(t,y,lambda,alpha,gamma);
S0 = 0.98;
E0 = 0.01;
I0 = 0.01;
y0 = [S0; E0; I0];
tspan = [0, 50];
[t, y] = ode45(SEIRfun, tspan, y0);
R = 1 - y(:,1) - y(:,2) - y(:,3);
sol = ode45(SEIRfun, tspan, y0);
t1 = 1:0.2:2;
deval(sol, t1)
```

运行结果如下。

```
ans = 0.9736  0.9721  0.9707  0.9692  0.9676  0.9660
       0.0112  0.0115  0.0118  0.0121  0.0124  0.0128
       0.0120  0.0124  0.0128  0.0132  0.0136  0.0140
plot(t, y(:,1), t, y(:,2),'r-.', t, y(:,3), 'k.', t, R, 'g');
xlabel('t'), ylabel('y(t)')
legend('S(t)', 'E(t)', 'I(t)', 'R(t)')
```

图形结果如图 4-14 所示。

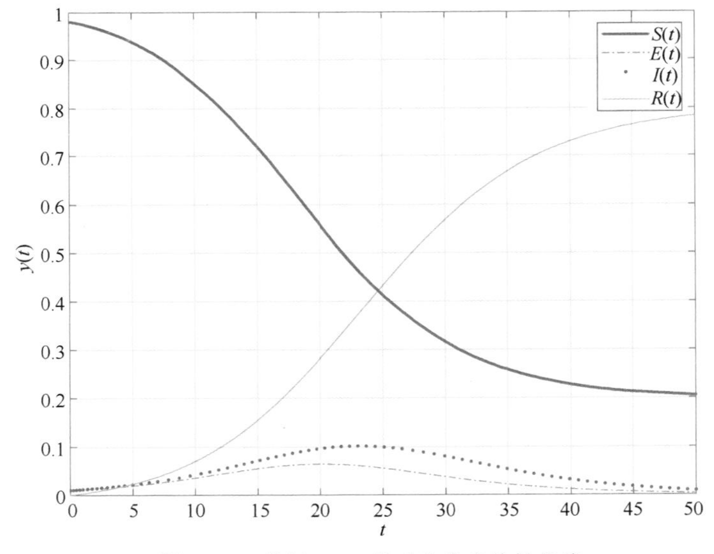

● 图 4-14　模拟 SEIR 模型的疾病传播规律

以上四种模型只是传染病传播的基本模型，还有很多没有考虑到的因素，如人口的出生与死亡、迁入和迁出等。还可以考虑更细致的因素，如人群流动速度、易感人群的年龄分布、不同人群对疾病的易感性、患病者的症状轻重、人口密度、医疗卫生程度、检验检疫手段、政府重视程度、隔离措施以及人群心理因素等。这些因素都对暴露数、发病率、治愈率、传染期长度有着直接或间接的影响。根据需要自行添加延伸即可，原理相通。

通过学习这些传染病模型，相信读者对建模的“由简入难”会有更深入的理解，会发现建模就是从简单模型着手，逐渐考虑更多因素的过程。渐渐就会找到这种越做越精细、精益求精的感觉。

4.4 案例：SARS 的传播规律

前文模型都是假定参数感染率 λ 和治愈率 μ 等是常数，而在实际传染病传播过程中，它们会随着预防措施的加强与医疗水平的提高而发生变化。

本节考虑 2003 年建模国赛 C 题：SARS 疫情的传播。SARS 爆发初期，限于卫生部门和公众对其认识不足，几乎是不受制约的自然传播方式；后期随着重视和治疗手段的增强，SARS 传播得到严格控制。

SARS 治愈后具有终生免疫，同时考虑参数的时变性，采用参数时变的 SIR 模型来对 SARS 传播规律进行建模。

实际中对传染病的传播规律建模，就是这样一个过程：

- 结合传染病传播特点，划分人群并梳理转化关系，绘制转移关系图，构建微分方程组模型；
- 从真实的疫情数据出发，估计出接触率、感染率、移出率等模型参数；
- 代入模型参数，求解微分方程组模型。

4.4.1 时变 SIR 模型

SARS 爆发时间不长，假设期间总人数不变，用 $S(t)$、$I(t)$、$R(t)$ 分别表示第 t 天的易感者、感染者、移出者（治愈+死亡）的人数，$\lambda(t)$ 和 $\mu(t)$ 分别表示第 t 天的感染率和移出率（治愈率与死亡率之和）。建立参数时变的 SIR 模型(tv-SIR)如下：

$$\begin{cases} \dfrac{\mathrm{d}S(t)}{\mathrm{d}t} = -\lambda(t)S(t)I(t) \\ \dfrac{\mathrm{d}I(t)}{\mathrm{d}t} = \lambda(t)S(t)I(t) - \mu(t)I(t) \\ \dfrac{\mathrm{d}R(t)}{\mathrm{d}t} = \mu(t)I(t) \end{cases}$$

由于 $S(t)$ 远大于 $I(t)$ 和 $R(t)$，且 $S(t)$ 近似为常数，故可将 $\lambda(t)S(t)$ 看作整体，仍记为

$\lambda(t)$。再考虑到多余的方程（去掉第一个），得到

$$\begin{cases} \dfrac{\mathrm{d}I(t)}{\mathrm{d}t} = \lambda(t)I(t) - \mu(t)I(t) \\ \dfrac{\mathrm{d}R(t)}{\mathrm{d}t} = \mu(t)I(t) \end{cases} \tag{tv-SIR}$$

4.4.2 模型求解

模型求解首先要确定具体参数值，即得到关于时间 t 的参函数 $\lambda(t)$、$\mu(t)$，代入模型，再通过数值法求解微分方程组。

参函数 $\lambda(t)$、$\mu(t)$ 需要根据具体的疫情数据拟合出来。

1. 数据整理与可视化探索

SARS 疫情数据（SARSBJ.xlsx）如表 4-1 所示。

表 4-1　SARS 疫情数据

日期	已确诊病例累计	现有疑似病例	死亡累计	治愈出院累计
4 月 20 日	339	402	18	33
4 月 21 日	482	610	25	43
4 月 22 日	588	666	28	46
4 月 23 日	693	782	35	55
4 月 24 日	774	863	39	64
4 月 25 日	877	954	42	73
4 月 26 日	988	1093	48	76
...	...	...	...	...
6 月 23 日	2521	2	191	2277

从 4 月 20 日至 6 月 23 日共 65 天，改用时间列 1:65 表示，代表第 1 天至第 65 天。

用 MATLAB 读取数据，并计算新列。

- 移出列 = 死亡列 + 治愈列。
- 感染列 = 累计确诊病例列-移出列。

```
dat = xlsread('datas/SARS_BJ.xlsx');
t = [1:65]';
R = dat(:,3) + dat(:,4);
I = dat(:,1) - R;

subplot(1,2,1)
plot(t, I, 'b*'), grid on
xlabel('t'), ylabel('I(t)')
subplot(1,2,2)
```

```
plot(t, R, 'b*'), grid on
xlabel('t'), ylabel('R(t)')
```

图形结果如图 4-15 所示。

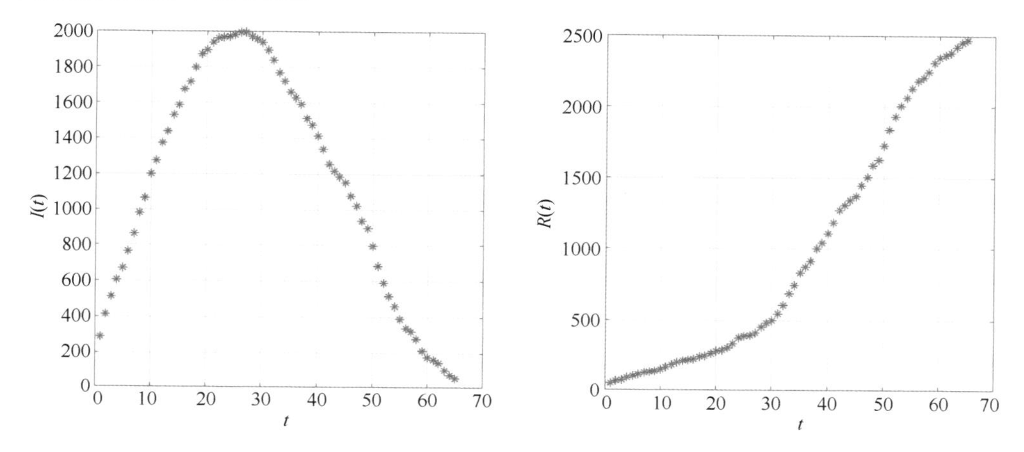

● 图 4-15　感染数（左图）与移出数（右图）散点图

可见，在第 25 天左右 SARS 传播达到高峰（感染者最多）。

2．估计模型的参函数

为了估计感染率 $\lambda(t)$ 和移出率 $\mu(t)$ 这两个参函数，分别取 $R(t)$ 和 $I(t)$ 的差分 $\Delta R(t)$、$\Delta I(t)$ 作为模型左端导数的近似值。由模型（tv-SIR）的第二个方程，得（注意到 $\Delta t=1$ ）

$$\mu(t)=\frac{\Delta R(t)}{\Delta t\cdot I(t)}=\frac{\Delta R(t)}{I(t)} \tag{4.1}$$

再代入第一个方程，得

$$\frac{\Delta I(t)}{\Delta t}=\Delta I(t)=[\lambda(t)-\mu(t)]I(t)=\left[\lambda(t)-\frac{\Delta R(t)}{I(t)}\right]I(t)=\lambda(t)I(t)-\Delta R(t)$$

从而

$$\lambda(t)=\frac{\Delta I(t)+\Delta R(t)}{I(t)} \tag{4.2}$$

根据式（4.1）和式（4.2）分别计算出 $\mu(t)$和$\lambda(t)$的值$(t=1,\cdots,65)$，再绘制散点图：

```
mu = diff(R) ./ I(2:end);
lambda = (diff(I) + diff(R)) ./ I(2:end);

figure
subplot(1,2,1)
plot(t(1:end-1), lambda, 'b.'), grid on
xlabel('t'), ylabel('', 'Interpreter','latex')
axis([0 70 -0.05 0.35])
```

```
subplot(1,2,2)
plot(t(1:end-1), mu, 'b.'), grid on
xlabel('t'), ylabel('', 'Interpreter','latex')
axis([0 70 -0.05 0.35])
```

图形结果如图 4-16 所示。

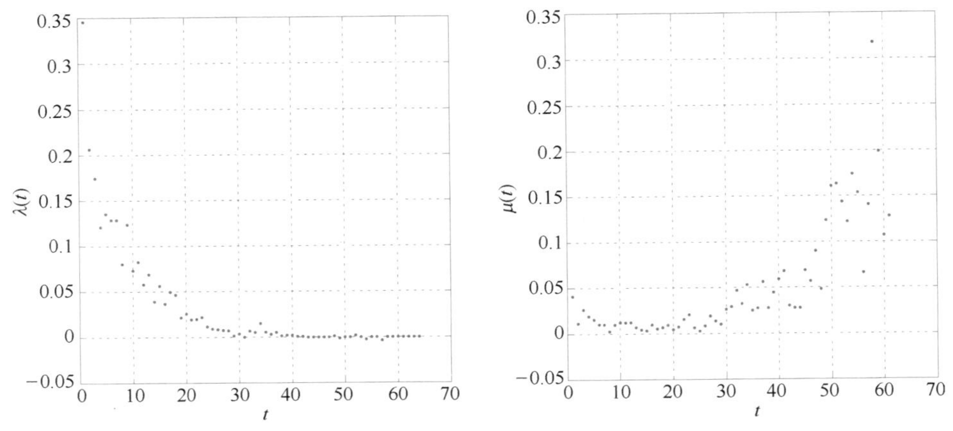

● 图 4-16　感染率（左图）和移出率（右图）的散点图

（1）探索并拟合 $\lambda(t)$

从图 4-16 中的图形来看，感染率大体上像是指数曲线，先取对数探索一下：

```
plot(t(1:end-1), log(lambda), 'b.')
```

图形结果如图 4-17 所示。

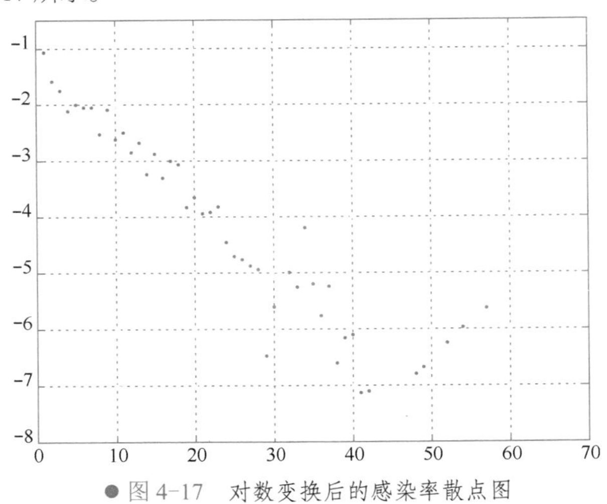

● 图 4-17　对数变换后的感染率散点图

对数变换后的感染率大体上是一条直线，注意 λ 为负数时是不能取对数的。因此只能用前

20 天的数据来拟合，之后可认为近似为 0。

```
fitlm(t(1:20), log(lambda(1:20)))
```

运行结果如下。

```
线性回归模型:    y ~ 1 + x1
估计系数:
                   Estimate       SE          tStat       pValue
                   ________    _________    _______    __________

    (Intercept)    -1.3425     0.10524      -12.757    1.8738e-10
    x1             -0.11433    0.0087853    -13.014    1.3529e-10
观测值数目: 20，误差自由度: 18。
均方根误差: 0.227。
R 方: 0.904，调整 R 方 0.899。
F 统计量(常量模型): 169，p 值 = 1.35e-10。
```

这样就得到 $\ln\lambda(t) = -1.3425 - 0.11433t$ ，从而

$$\lambda(t) = \mathrm{e}^{-1.3425-0.11433t}$$

绘图看一下拟合效果。

```
f = @(x) exp(-1.3425 - 0.111433 * x);
figure
plot(t(1:end-1), lambda, 'b.', t, f(t), 'r-'), grid on
xlabel('t'), ylabel('', 'Interpreter','latex')
axis([0 80 -0.05 0.35])
```

图形结果如图 4-18 所示。

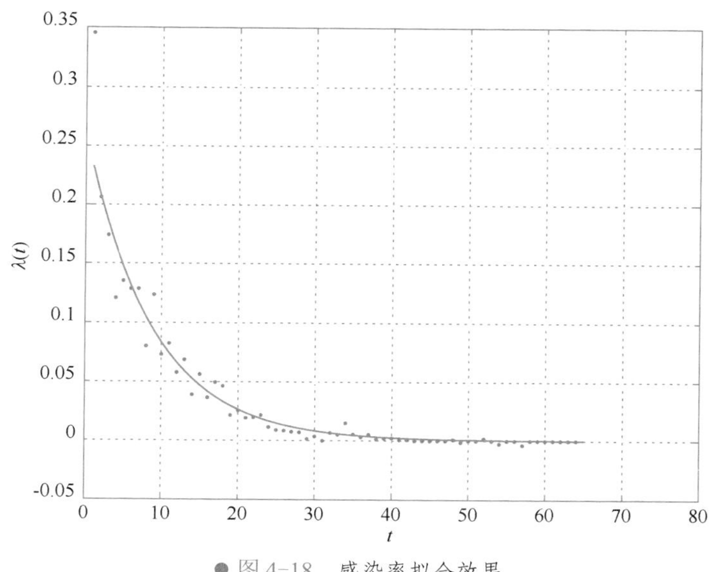

图 4-18　感染率拟合效果

（2）探索并拟合 $\mu(t)$

同样取对数探索一下，忽略原数据中接近 0 的部分，从 t=15 之后大体上是一条直线：

```
plot(t(1:end-1), log(mu), 'b.'), grid on
```

图形结果如图 4-19 所示。

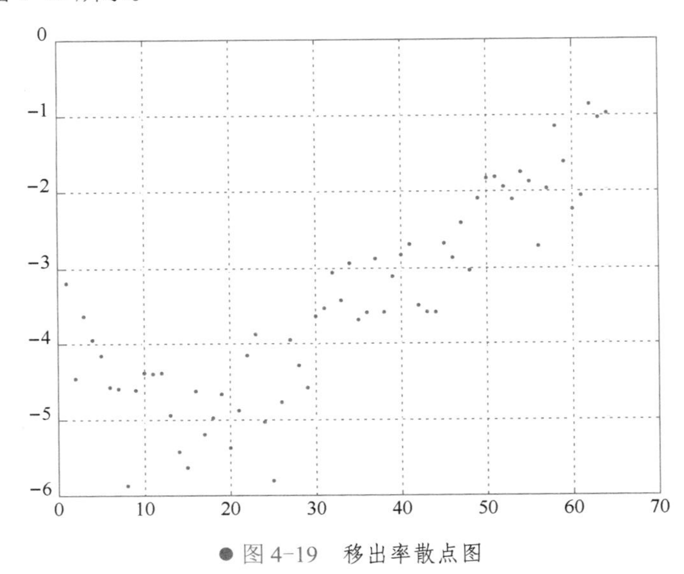

● 图 4-19　移出率散点图

取 15 天之后的数据进行拟合。

```
fitlm(t(15:end-1), log(mu(15:end)))          % 线性拟合
```

运行结果如下。

```
ans = 线性回归模型:    y ~ 1 + x1。
估计系数:
                   Estimate       SE        tStat       pValue
                   ________    _________    ______    __________

    (Intercept)    -6.4784      0.19857    -32.625    2.0329e-34
    x1             0.082829     0.0047219   17.541    1.6327e-22
观测值数目: 50, 误差自由度: 48。
均方根误差: 0.482。
R 方: 0.865, 调整 R 方 0.862。
F 统计量(常量模型): 308, p 值 = 1.63e-22。
```

从而得到

$$\ln \mu(t) = -6.4784 + 0.082829t$$

于是

$$\mu(t) = \mathrm{e}^{-6.4784+0.082829t}$$

绘图看一下拟合效果。

```
g = @(x) exp(-6.4784 + 0.082829 * x);
figure
plot(t(1:end-1), mu, 'b.', t, g(t), 'r-'), grid on
xlabel('t'), ylabel('$$\mu(t)$$', 'Interpreter','latex')
axis([0 70 -0.05 0.35])
```

图形结果如图 4-20 所示。

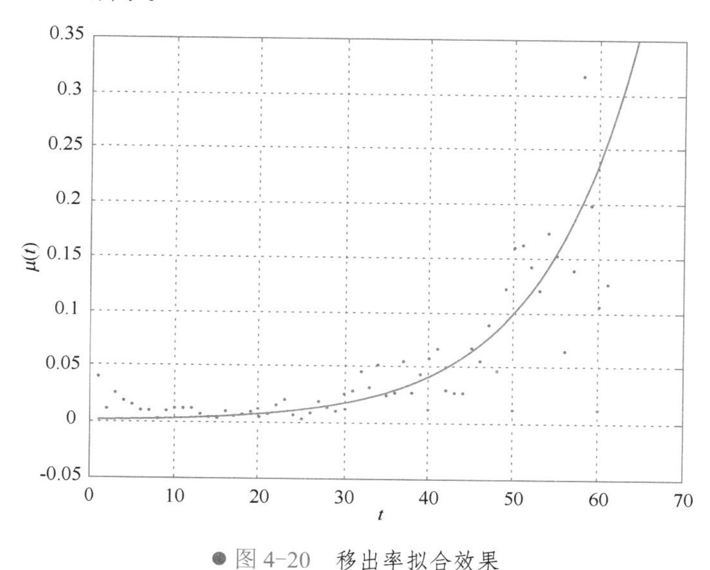

● 图 4-20　移出率拟合效果

（3）数值求解 tv-SIR 模型，并可视化结果

将上面得到 $\lambda(t)$ 和 $\mu(t)$ 代入模型（tV-SIR），得到：

$$\begin{cases} \dfrac{\mathrm{d}I(t)}{\mathrm{d}t} = (\mathrm{e}^{-1.3425-0.11433t} - \mathrm{e}^{-6.4784+0.082829t})I(t) \\ \dfrac{\mathrm{d}R(t)}{\mathrm{d}t} = \mathrm{e}^{-6.4784+0.082829t}I(t) \end{cases}$$

可用分离变量法求解析解（比较复杂），下面用 MATLAB 求数值解。

```
% y(1) = I(x), y(2) = R(x)
SIRfun = @(x,y) [
(exp(-1.3425-0.11433*x) - exp(-6.4784+0.082829*x)) * y(1);
 exp(-6.4784+0.082829*x) * y(1)];
y0 = [I(1); R(1)];
xspan = [0, 70];
[x,y] = ode45(SIRfun, xspan, y0);
```

```
figure
subplot(1,2,1)
plot(t, I, 'b.', x, y(:,1), 'r-.'), grid on
xlabel('t'), ylabel('I(t)')
legend('真实值', '预测值')
subplot(1,2,2)
plot(t, R, 'b.', x, y(:,2), 'r-.'), grid on
xlabel('t'), ylabel('R(t)')
legend('真实值', '预测值')
```

图形结果如图 4-21 所示。

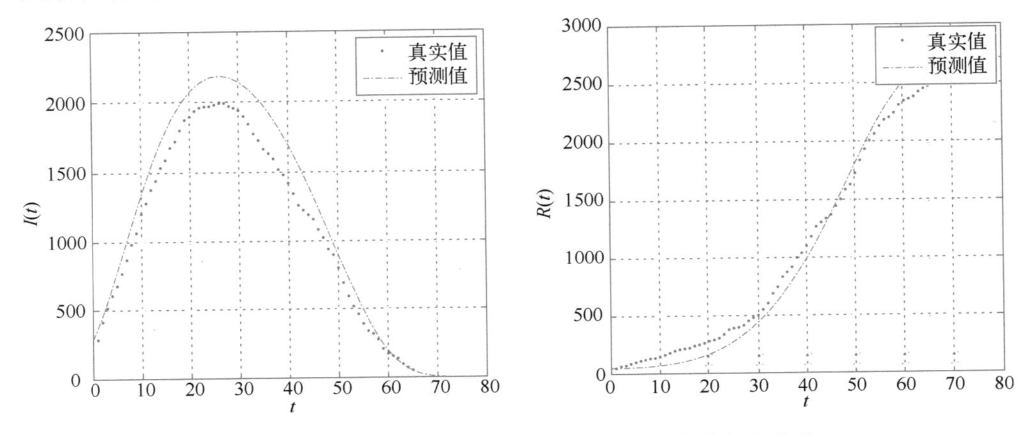

图 4-21　感染数（左图）与移出数（右图）的拟合效果

可见，该参数时变的 SIR 模型能够较好地拟合北京 SARS 的传播规律。

思考题 4

考虑引入不可控感染者 C 和疑似感染者 E，画出舱室转移关系图如图 4-22 所示。

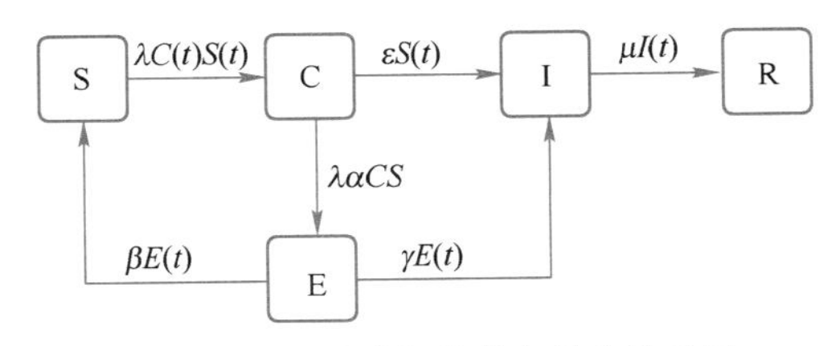

图 4-22　思考题的舱室转移关系图

根据图 4-22，列出微分方程模型组，选择几组不同的参数值，用 ode45()函数求解并绘图展示结果。

优化模型篇

最优化算法，即运筹学，涵盖线性规划、非线性规划、整数规划、组合规划、图论、网络流、决策分析、排队论、可靠性数学理论、仓储库存论、物流论、博弈论、搜索论和模拟等分支。

当前最优化算法的应用领域如下。

（1）市场销售

多应用在广告预算和媒体的选择、竞争性定价、新产品开发、销售计划的编制等方面。如美国杜邦公司在20世纪50年代起就非常重视对广告、产品定价和新产品引入的算法研究。

（2）生产计划

从总体确定生产、储存和劳动力的配合等计划以适应变动的需求计划，主要采用线性规划和仿真方法等。此外，还可用于日程表的编排，以及合理下料、配料、物料管理等方面。

（3）库存管理

存货模型将库存理论与物料管理信息系统相结合，主要应用于多种物料库存量的管理，确定某些设备的能力或容量，如工厂库存量、仓库容量，新增发电装机容量、计算机的主存储器容量、合理的水库容量等。

（4）运输问题

涉及空运、水运、陆路运输，以及铁路运输、管道运输和厂内运输等，包括班次调度计划及人员服务时间安排等问题。

（5）财政和会计

涉及预算、贷款、成本分析、定价、投资、证券管理、现金管理等，采用的方法包括统计分析、数学规划、决策分析，以及盈亏点分析和价值分析等。

（6）人事管理

主要涉及以下6个方面。

- 人员的获得和需求估计。
- 人才的开发，即进行教育和培训。
- 人员的分配，主要是各种指派问题。
- 各类人员的合理利用问题。
- 人才的评价，主要是测定个人对组织及社会的贡献。
- 人员的薪资和津贴的确定。

（7）设备维修、更新可靠度及项目选择和评价

如电力系统的可靠度分析、核能电厂的可靠度B风险评估等。

（8）工程的最佳化设计

在土木、水利、信息电子、电机、光学、机械、环境和化工等领域皆有作业研究的应用。

（9）计算机信息系统

可将作业研究的最优化算法应用于计算机的主存储器配置，如等候理论在不同排队规则下对磁盘、磁鼓和光盘工作性能的影响。利用整数规划得到满足需求档案的寻找次序，并通过图论、数学规划等方法研究计算机信息系统的自动设计。

（10）城市管理

包括各种紧急服务救援系统的设计和运用。如消防车、救护车、警车等分布点的设立。美国采用等候理论方法来确定纽约市紧急电话站的值班人数，加拿大采用该方法研究城市警车的配置和负责范围，以及事故发生后警车应走的路线等。此外，还涉及城市垃圾的清扫、搬运和处理，以及城市供水和污水处理系统的规划等相关问题。

最优化算法的内容包括：规划论（线性规划、非线性规划、整数规划和动态规划）、库存论、图论、排队论、可靠性理论、对策论、决策论、搜索论等。作为数学建模的基础篇，本书只介绍除了动态规划之外的规划论。

这些概述内容来自文献[14]。

规划模型

规划模型，也叫优化模型，是数学建模算法中的一大类。其三要素为决策变量、目标函数及约束条件。

（1）决策变量

决策变量，即需要做出决策或选择的量，问题所问的量肯定是决策变量，此外根据建模（列式子表示）的需要，还有其他决策变量。决策变量通常用 $x_1, x_2, \cdots, x_n$ 表示，决策变量可以有不同的取值，规划模型求解就是要找到其最优取值。

（2）目标函数

用决策变量及参数（系数）变量表示的等式，表达问题所要达到的目标，需要明确是 max 或 min。

（3）约束条件

由决策变量和参数变量表示的式子（等式或不等式），用来表达问题所要受到的所有约束。

注意：参数是问题中会给出的已知量（常数或可变常数）。

规划模型的建模与求解

规划模型的建模过程，就是一般的从常识、机理出发的数学建模过程。

- 明确问题。
- 引入变量符号。
- 从运作机理去分析、梳理出来目标是什么？约束有哪些？怎么用数学式子表达出来？
- 表示目标函数，就是问题想要达到的目标，用数学式子表示。
- 表示约束条件，往往来自问题的描述（比如资源约束），以及常识所要求或限制；约束条件找得越多越全面，模型就越符合实际，同时在模型求解时也更容易求解（缩小了搜索解的范围）；有时候对于较复杂的问题，也可以基于常识分为几种情况讨论，对一些明显不是较优的情况直接不予考虑。

引入变量符号（包括决策变量、参数变量），特别是确定决策变量，把梳理清楚的目标和各个约束用数学式子表示出来，就得到规划模型。

规划模型建议用 Lingo 求解，或者采用智能优化算法，但前提都是先把规划模型建立起来。

0-1 决策变量

在规划建模时，有一类特别有用的决策变量叫作 0-1 决策变量。前面提到优化建模过程，需要将“文字描述”的目标和约束条件用数学式子表示出来，这就离不开 0-1 决策变量。

0-1 决策变量，常用来表示系统是否处于某种特定的状态，或者决策时是否取定某个特定方案，它们再与一般决策变量连乘，就能表示很多种可能性下的“计算”。

例如，在选址问题中，在 A_1、A_2、A_3 处至多选择两个建厂，则可引入 0-1 决策变量：

$$x_i=\begin{cases}1, & A_i\text{ 处建厂}\\0, & A_i\text{ 处不建厂}\end{cases}$$

问题转化为 $x_1+x_2+x_3\leqslant 2$，其中 $x_i=0$ 或 1。

若 3 个厂的建厂成本分别为 c_1、c_2、c_3，则建厂的总成本就可以表示为 $\sum_{i=1}^{3}c_ix_i$。

规划模型建模，要特别善用 0-1 决策变量。

规划模型的分类

规划模型按模型类别分类如图 5-1 所示，不同类的模型求解方法及实现不同。

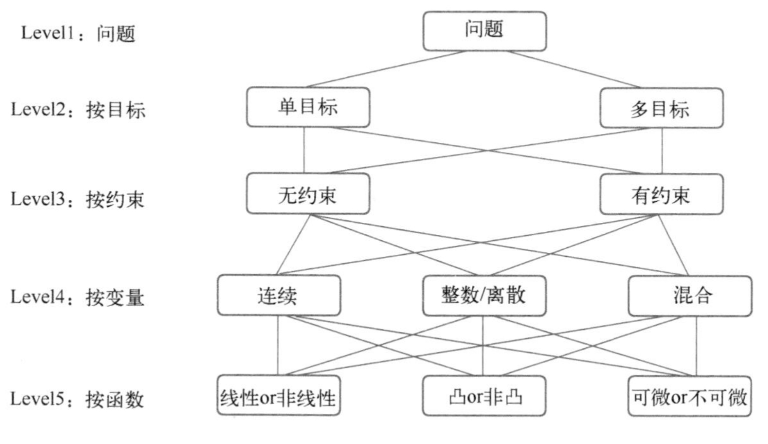

● 图 5-1　规划模型的分类

规划模型按用途（套路）分类：生产计划问题、下料问题、运输问题、选址问题、背包问题、调度问题等。不同用途的规划模型，能解决一类实际的规划问题，适合归纳总结、建模时套用。

本章将分别讨论线性规划、整数规划、混合整数规划和非线性规划，并借助实例演示如何建模与求解，涉及的编程技术是用 Lingo 求解常规优化模型。

5.1 线性规划

5.1.1 线性规划模型

线性规划是最简单、最普遍的一类规划问题。

1. 线性与非线性

元素与元素的加法，数与元素的乘法（叫作数乘），加法和数乘统称为线性运算，一个数学式子或函数关系只包含线性运算，则称为线性的；否则就称为非线性的，比如包含元素与元素相乘、元素的幂次等。

具体到规划模型，决策变量是“元素”，常数或参数是“数”，若目标函数和约束条件都是线性的，则称为线性规划（Linear Programming，LP）。

2. 线性规划的一般形式

线性规划问题的一般形式可表示为

$$\min\ z = c_1x_1 + c_2x_2 + \cdots + c_nx_n \qquad \text{(目标函数)}$$

$$\text{s.t.}\begin{cases} a_{11}x_1 + a_{12}x_2 + \cdots + a_{1n}x_n \leqslant b_1 \\ \quad\vdots & \text{(不等式约束)} \\ a_{p1}x_1 + a_{p2}x_2 + \cdots + a_{pn}x_n \leqslant b_p \\ e_{11}x_1 + e_{12}x_2 + \cdots + e_{1n}x_n = d_1 \\ \quad\vdots & \text{(等式约束)} \\ e_{1q}x_1 + e_{q2}x_2 + \cdots + e_{qn}x_n = d_q \\ x_i \geqslant 0, \quad i = 1,2,\cdots,n & \text{(非负约束)} \end{cases}$$

通常用更简洁的矩阵形式表示：

$$\min\ z = \boldsymbol{c}^{\mathrm{T}}\boldsymbol{x} \qquad \text{(目标函数)}$$

$$\text{s.t.}\begin{cases} \boldsymbol{A}\boldsymbol{x} \leqslant \boldsymbol{b} & \text{(不等式约束)} \\ \boldsymbol{A}_{\mathrm{eq}}\boldsymbol{x} = \boldsymbol{b}_{\mathrm{eq}} & \text{(等式约束)} \\ \boldsymbol{x} \geqslant \boldsymbol{0} & \text{(非负约束)} \end{cases}$$

注 1： $\max\ z = \boldsymbol{c}^{\mathrm{T}}\boldsymbol{x}$ 等价于 $\min\ z' = -\boldsymbol{c}^{\mathrm{T}}\boldsymbol{x}$，故可以相互转化。

注 2：“⩾”与“⩽”可以相互转化，两边同乘以 −1 可以转化为对方。

注 3：线性规划的一般形式也可以不包含等式约束，因为“=”与“⩾ 和⩽”可以相互转化。

注 4：“⩽”增加一个松弛变量，“⩾”减去一个剩余变量，可以变成等式约束。

3. 线性规划的对偶问题

每个线性规划问题都存在一个与之对应的对偶问题：在原问题目标函数的所有下界中，找到最大的一个（下确界）。

$$
\begin{array}{ccc}
\text{LP} & & \text{对偶LP} \\
\min \boldsymbol{c}^{\mathrm{T}}\boldsymbol{x} & & \max \boldsymbol{b}^{\mathrm{T}}\boldsymbol{y} \\
\text{s.t.}\begin{cases}\boldsymbol{A}\boldsymbol{x}\leqslant \boldsymbol{b}\\ \boldsymbol{x}\geqslant \boldsymbol{0}\end{cases} & \longleftrightarrow & \text{s.t.}\begin{cases}\boldsymbol{A}^{\mathrm{T}}\boldsymbol{y}\leqslant \boldsymbol{c}\\ \boldsymbol{y}\geqslant \boldsymbol{0}\end{cases}
\end{array}
$$

下面举个小例子加以解释[15]（先不考虑建模和求解细节）。

1）原问题是某厂如何优化分配自己的设备资源：设备 A、设备 B、设备 C，生产多少数量的产品甲、产品乙，使得利润最大。生产单位产品所需的设备台时及资源限制如表 5-1 所示。

表 5-1　生产单位产品需要的设备台时及资源限制

设备/产品	甲（需要台时）	乙（需要台时）	资源限制（台时）
A	1	1	300
B	2	1	400
C	0	1	250
每单位产品利润（元）	50	100	

可建立线性规划模型如下。

$$
\max z = 50x_1 + 100x_2
$$

$$
\text{s.t.}\begin{cases} x_1 + x_2 \leqslant 300 \\ 2x_1 + x_2 \leqslant 400 \\ x_2 \leqslant 250 \\ x_1, x_2 \geqslant 0 \end{cases}
$$

可求解得到 $x_1^* = 50,\ x_2^* = 250,\ z^* = 27500$，即生产甲产品 50 单位、乙产品 250 单位，利润达到最大为 27500 元。

2）现在另有一厂想要收购该厂的这些设备资源，需要给出足以打动该厂的报价，也就是至少为 27500 元，那么每种设备资源：A、B、C 的单价是多少？即影子价格，它反映了资源最优使用效果的价值。求解它们即对偶问题：

$$
\min w = 300y_1 + 400y_2 + 250y_3
$$

$$
\text{s.t.}\begin{cases} y_1 + 2y_2 \geqslant 50 \\ y_1 + y_2 + y_3 \geqslant 100 \\ y_1, y_2, y_3 \geqslant 0 \end{cases}
$$

可求解得到 $y_1^* = 50,\ y_2^* = 0,\ y_3^* = 50,\ w^* = 27500$。最优目标同样是 27500，最优解即影子价格。

3）对偶解与互补松弛性：y_i 对应原问题的第 i 个约束。

若 $y_i^* > 0$，则 $\sum_{j=1}^{n} a_{ij} x_j^* = b_i$，表示对应约束是等式约束；

若 $\sum_{j=1}^{n} a_{ij} x_j^* < b_i$，则 $y_i^* = 0$，表示若原约束是小于约束，则影子价格为 0。考察本例的设备 B，由于

$$\sum_{j=1}^{2} a_{2j} x_j^* = 2 \times 50 + 1 \times 250 = 350 < 400 = b_2$$

故设备 B 的影子价格 $y_i^* = 0$，即该设备资源不稀缺，所以不值钱。

4．线性规划的求解

满足约束条件的解称为线性规划问题的可行解，所有可行解构成的集合称为可行域，使得目标函数达到最小值的可行解称为最优解。

“若线性规划问题有有限最优解，则一定有某个最优解是可行域的一个顶点”，1947 年，G. B. Dantzig 提出了单纯形法：先找出可行域的一个顶点，根据一定规则判断其是否最优，否则转换到与之相邻的另一个顶点，并使目标函数值更优，依次做下去，直到找到某一个最优解。

两个决策变量的线性规划模型，可以用图解法（利用动态图形化数学软件 GeoGebra）直观地求解；线性规划模型更通用的一般解法是单纯形法。当然，对于建模来说只需要用 Lingo 或 MATLAB 求解。

5.1.2　案例：生产计划问题建模

例 5.1（生产计划问题）某家具厂生产桌子和椅子，该过程涉及机器加工、打磨和组装。

一张桌子需要：加工 5h，打磨 4h，组装 3h。

一把椅子需要：加工 2h，打磨 3h，组装 4h。

可用资源：加工时间为 270h，打磨时间为 250h，组装时间为 200h。

根据客户需要，每张桌子必须配 4 把椅子。

如果一张桌子的利润是 100 元，一把椅子的利润是 60 元，那么家具厂应该生产多少桌子和椅子才能使总利润最大化?

1．模型建立

（1）梳理问题，整理成表格（如表 5-2 所示）

表 5-2　生产计划问题资源项目明细表

资源/项目	每单位产品需要资源/h		可用资源/h
	桌子	椅子	
机器加工	5	2	270

（续）

资源/项目	每单位产品需要资源/h		可用资源/h
	桌子	椅子	
打磨	4	3	250
组装	3	4	200
每单位产品利润（元）	100	60	

（2）假设决策变量

从问题来找到决策变量。问题：生产多少桌子和椅子才能使总利润最大？

设 x_1 = 生产桌子的数量，x_2 = 生产椅子的数量，其中 x_1 和 x_2 为该问题需要决定的未知（决策）变量，它们的不同取值直接影响了目标（总利润）的优劣。

（3）表示目标函数

$$\text{桌子的总利润} = 100x_1$$
$$\text{椅子的总利润} = 60x_2$$

故目标函数为

$$\max z = 100x_1 + 60x_2$$

（4）表示约束条件

1）资源约束。

$$5x_1 + 2x_2 \leqslant 270 \quad (\text{加工})$$
$$4x_1 + 3x_2 \leqslant 250 \quad (\text{打磨})$$
$$3x_1 + 4x_2 \leqslant 200 \quad (\text{组装})$$

2）额外约束。

$$x_2 = 4x_1 \quad (1\ \text{张桌子配}\ 4\ \text{把椅子})$$

3）非负约束。

$$x_1 \geqslant 0, \quad x_2 \geqslant 0 \quad (\text{不能生产任何负数量的产品})$$

（5）最终模型

$$\max z = 100x_1 + 60x_2$$
$$\text{s.t.} \begin{cases} 5x_1 + 2x_2 \leqslant 270 \\ 4x_1 + 3x_2 \leqslant 250 \\ 3x_1 + 4x_2 \leqslant 200 \\ x_2 = 4x_1 \\ x_1, x_2 \geqslant 0 \end{cases} \tag{5.1}$$

2．模型求解

（1）图解法

两个决策变量可以使用图解法，更主要的是借助图解法能更深入地理解线性规划的机理和直观意义。用简单易用的动态图形化数学软件 GeoGebra 来实现。GeoGebra 的操作界面如图 5-2 所示。

● 图 5-2　GeoGebra 的操作界面

简单使用

菜单 + 鼠标绘图：从下拉菜单选择几何对象，用鼠标在绘图区点拉、拖拽等绘图；

指令绘图：在指令帮助窗口查到正确的指令，再在输入框中输入指令，按〈Enter〉键。

回到正题：图解法，关键步骤如下（为了阐述概念，后面再考虑等式约束）：

① 不等式约束（可行域）。在输入框中输入指令：

```
5x + 2y ≤ 270 ∧ 4x + 3y ≤ 250 ∧ 3x + 4y ≤ 200 ∧ x ≥ 0 ∧ y ≥ 0
```

得到的区域如图 5-3 所示。

每个线性不等式对应一个半平面，符号 ∧ 是逻辑运算“且”，相当于取交集，得到的区域叫作可行域，即满足约束条件的解构成的区域。

② 线性约束的可行域是凸集：2 个决策变量的可行域，是多条直线围成的凸多边形；3 个决策变量的可行域，是多个平面围成的凸多面体；多个决策变量的可行域，是多个“超平面”围成的凸多“面”体。

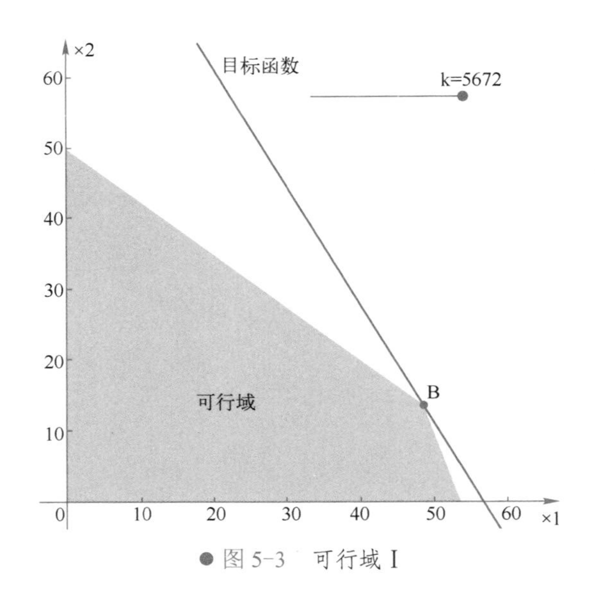

● 图 5-3　可行域 I

③ 目标函数。在输入框中输入指令：

```
100x + 60y = k
```

其中 k 未提前定义，则自动创建为滑动条，设置合适的范围（也可以后面再修改），如[-1000, 6000]，保证目标函数直线跨过整个可行域。

④ 找最优解。k 在这里充当了目标函数值，它是可变的，一个 k 值对应一条直线；

滑动滑动条，目标函数直线将会平行移动，因为目标是求最大值，所以应该往大的方向移动滑动条 k。要保证最优解位于可行域中，故当目标函数直线即将离开可行域的那个点 B 就是最优解，此时的 k 值= 5672，就是最优目标函数值。

⑤ 等式约束。在输入框中输入指令：

```
y = 4x
```

如图 5-4 所示，等式约束是一条直线，增加该约束后，可行域只剩下原凸多边形区域与该直线的交集：蓝色线段。同样地，滑动滑动条 k，找到最优解在 A 点，此时的 k 值 = 3577 就是最优目标函数值。

（2）Lingo 求解

Lingo 是专门求解优化模型的软件，建议读者用 Lingo 求解优化模型，优先选用它是因为写代码非常容易，基本与模型公式没有差别，Lingo 代码如下。

```
max = 100 * x1 + 60 * x2;
5 * x1 + 2 * x2 <= 270;
4 * x1 + 3 * x2 <=250;
3 * x1 + 4 * x2 <= 200;
x2 = 4 * x1;
```

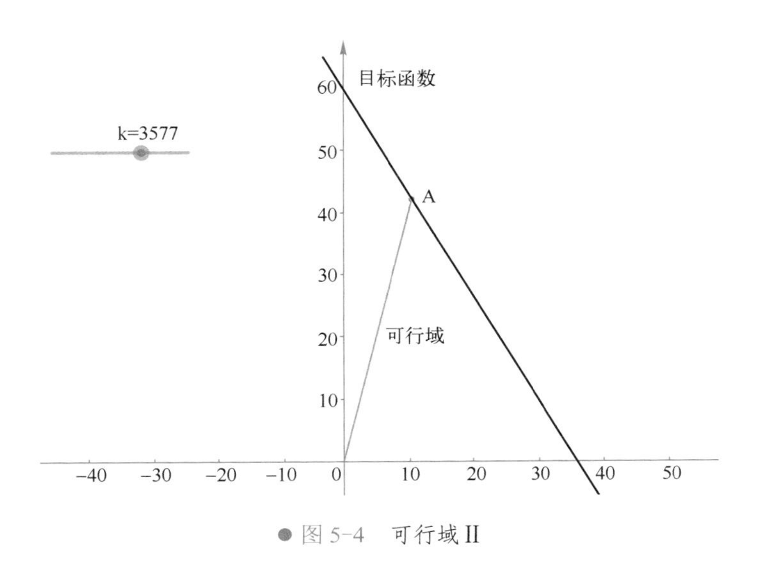

● 图 5-4　可行域 II

程序说明如下。

① Lingo 默认决策变量都是非负实数，非负约束不需要写代码。

② Lingo 不区分大小写。

③ Lingo 中 “<” 等同于 “<=”，而 “>” 等同于 “>=”。

④ 做乘法的 “*” 不能省略。

⑤ 分号表示一行结束。

⑥ max 和 min 是表明目标是求最大还是最小的关键字。

运行结果如下。

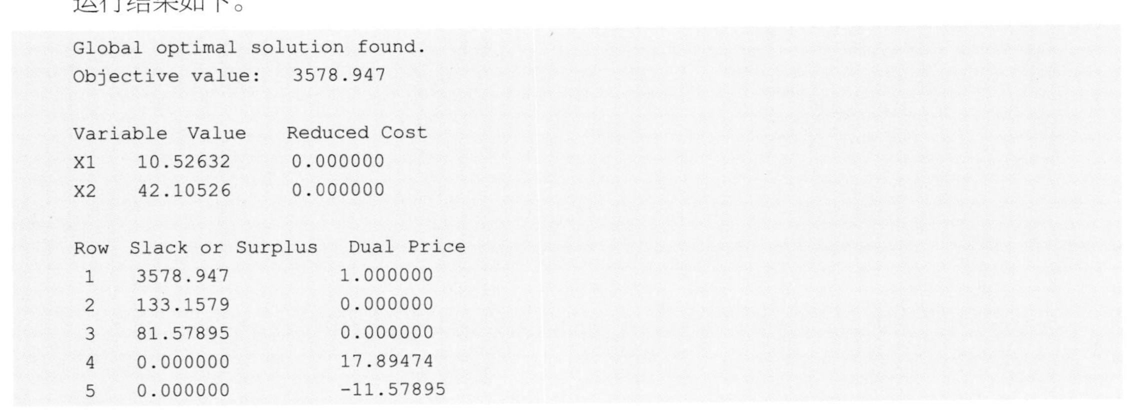

```
Global optimal solution found.
Objective value:   3578.947

Variable  Value    Reduced Cost
X1    10.52632     0.000000
X2    42.10526     0.000000

Row  Slack or Surplus   Dual Price
 1    3578.947         1.000000
 2    133.1579         0.000000
 3    81.57895         0.000000
 4    0.000000         17.89474
 5    0.000000         -11.57895
```

说明最优解为 $x_1 = 10.526, x_2 = 42.105$，最优目标函数值为 3578.947 元。

Row 2～5 对应着 4 个约束，“Slack or Surplus”（松弛/剩余）非零，“Dual Price”（对偶价格）为零，表明该约束（边界直线）并没有起作用（或者说仍有改进的余地）；否则，说明该约束在起作用（没有改进的余地）。可结合前文的图形解法体会这一点。

MATLAB 求解线性规划问题请参阅附录 E。

5.2 （混合）整数规划

5.2.1 （混合）整数规划模型

细心的读者可能已经发现，前例的最优解是有问题的：最优的桌子和椅子数必须得是整数。

如果规划模型的所有决策变量只能取整数，则称为整数规划。既有整数决策变量，又有实数决策变量，称为混合整数规划。

例 5.2 继续回到例 5.1 中的生产计划问题，增加对两个决策变量必须取整数的约束，则得到整数规划模型：

$$\max z = 100x_1 + 60x_2$$

$$\text{s.t.} \begin{cases} 5x_1 + 2x_2 \leqslant 270 \\ 4x_1 + 3x_2 \leqslant 250 \\ 3x_1 + 4x_2 \leqslant 200 \\ x_2 = 4x_1 \\ x_1, x_2 \text{ 为非负整数} \end{cases}$$

Lingo 代码如下。

```
max = 100 * x1 + 60 * x2;
5 * x1 + 2 * x2 <= 270;
4 * x1 + 3 * x2 <=250;
3 * x1 + 4 * x2 <= 200;
x2 = 4 * x1;
@gin(x1);
@gin(x2);
```

程序说明如下。

与原来的程序相比，只是多了两行：用@gin()函数对决策变量做整数约束。

运行结果如下。

```
Global optimal solution found.
Objective value:     3400.000


Variable     Value       Reduced Cost
```

```
X1        10.00000          -100.0000
X2        40.00000          -60.00000

Row    Slack or Surplus      Dual Price
1        3400.000          1.000000
2        140.0000          0.000000
3        90.00000          0.000000
4        10.00000          0.000000
5        0.000000          0.000000
```

故最终的最优解为 $x_1=10, x_2=40$，最优目标函数值为 3400 元。

5.2.2 运输问题兼谈 Lingo 语法

前面介绍的 Lingo 语法还不够基本使用，下面以运输模型为例，让读者掌握 Lingo 基本语法。

1. 运输模型

设有 m 个产地 $A_1,\cdots,A_m$，其产量（供应量）记为 $S_i(i=1,\cdots,m)$， n 个销地 $B_1,\cdots,B_n$，其销量（需求量）记为 $D_j(j=1,\cdots,n)$；从产地 A_i 运往销地 B_j 的运费为 c_{ij}。假设产销平衡，问如何安排运输方案才能使总运费最小？

这就是经典的运输问题，设从 A_i 运往 B_j 的运量为 x_{ij}（决策变量），则建立产销平衡的运输模型：

$$\min z=\sum_{i=1}^{m}\sum_{j=1}^{n}c_{ij}x_{ij}$$

$$\text{s.t.}\begin{cases}\sum_{j=1}^{n}x_{ij}=S_i,\quad i=1,\cdots,m & ①\\ \sum_{i=1}^{m}x_{ij}=D_j,\quad j=1,\cdots,n & ②\\ x_{ij}\geqslant 0,\quad i=1,\cdots,m;\ j=1,\cdots,n\end{cases}$$

其中，约束条件 ① 表示运往 i 地的运出量等于 i 地的供应量；约束条件 ② 表示运往 j 地的运量等于 j 地的需求量。

若约束 ① 若改为“⩽”，约束 ② 仍为“=”，则为产大于销的运输模型。

若约束 ② 若改为“⩽”，约束 ① 仍为“=”，则为销大于产的运输模型。

例 **5.3**（运输问题）某公司从三个产地 A_1、A_2、A_3 将产品运往四个销地 B_1、B_2、B_3、B_4，各产地的产量、各销地的销量，以及各产地往各销地的运费单价如表 5-3 所示。

表 5-3 各产地、销地的需求量和供应量

	销地 B1	销地 B2	销地 B3	销地 B4	供应/t
产地 A1	3	11	3	10	7
产地 A2	1	9	2	8	4
产地 A3	7	4	10	5	9
需求/t	3	6	5	6	

问：应如何调运可使运费最小?

建立运输模型（产销平衡）：

$$\min z=\sum_{i=1}^{3}\sum_{j=1}^{4}c_{ij}x_{ij}$$

$$\text{s.t.}\begin{cases}\sum_{j=1}^{4}x_{ij}=S_i,\ i=1,2,3\\ \sum_{i=1}^{3}x_{ij}=D_j,\ j=1,\cdots,4\\ x_{ij}\geqslant 0,\ i=1,2,3;\quad j=1,\cdots,4\end{cases}$$

其中，运价：

$$\boldsymbol{c}=(c_{ij})_{3\times 4}=\begin{bmatrix}3&11&3&10\\1&9&2&8\\7&4&10&5\end{bmatrix}$$

供应：

$$\boldsymbol{S}=(S_i)_{i=1,2,3}=[7\quad 4\quad 9]$$

需求：

$$\boldsymbol{D}=(D_j)_{j=1,\cdots,4}=[3\quad 6\quad 5\quad 6]$$

Lingo 代码如下。

```
sets:
supplys/1..3/: S;
demands/1..4/: D;
links(supplys, demands): c, x;
endsets
data:
S = 7,4,9;
D = 3,6,5,6;
c = 3 11  3  10
    1  9  2  8
```

```
     7  4 10  5;
@text() = @table(x);      !以二维表形式输出结果 x;
enddata
min = @sum(links(i,j): c(i,j) * x(i,j));
@for(supplys(i): @sum(demands(j): x(i,j)) = S(i));
@for(demands(j): @sum(supplys(i): x(i,j)) = D(j));
```

运行结果如下。

```
Global optimal solution found.
Objective value:        85.00000

      1         2         3         4
1  2.000000  0.000000  5.000000  0.000000
2  1.000000  0.000000  0.000000  3.000000
3  0.000000  6.000000  0.000000  3.000000
```

结果表明，最优运费是 85。

运输方案是：S1 往 D1、D3 分别运送 2 和 5；S2 往 D1、D4 分别运送 1 和 3；S3 往 D2、D4 分别运送 6 和 3。

2．Lingo 基本语法

“授人以鱼，不如授人以渔”，下面以上述 Lingo 代码为例，通俗地讲解 Lingo 基本语法。

（1）代码段

Lingo 代码分为若干片段，比如上面代码包含了如下几个片段。

集合段（sets: ...... endsets）：用来声明和定义数组变量。

数据段（data: ...... enddata）：用数据对变量赋值。

目标与约束段：即具体模型表述部分（不需要起止标志）。

注：另外，还可以有初始段（init）和计算段（calc），这里暂且不谈。

例 5.3 涉及两个一维数据：供应 S 、需求 D ；以及一个二维数据：运价 c 。所以要存储和使用它们，必须用到集合段和数据段，当然还必须有模型段。

（2）集合段

集合段第一句“supplys /1 .. 3/: S;”声明一个长度为 3 的一维数组 supplys，并用它定义一个这样的一维数组变量 S。

先是数组名（可以随便起），再是用两个“/”夹在中间的是数组的下标范围，中间“..”是省略表示法，接着用“:”定义数组变量 S。

同理，第二句“demands/1..4/: D;”声明一个长度为 4 的一维数组 demands，并定义一个这样的一维数组变量 D。

第三句“links(supplys，demands): c，x;”声明一个 3×4 的二维数组 links，并用它定义两个

这样的二维数组变量 c 和 x。

把两个一维数组放在一起，起个名字叫 links，得到二维数组 links，第一个一维数组的维数就是二维数组的行数维度，第二个一维数组的维数就是二维数组的列数维度。

注：这里的 links 不是 Lingo 关键字，可以随便起名。

（3）数据段

前面定义好的数组变量 S、D、c，就是用来存放已知数据的，把已知数据赋值给它们，以便目标与约束段使用。

数据中间用逗号或空格隔开都可以，二维数据写成一行也行，这样写只是为了比较易读而已。

对于较大的数据，更建议直接从数据文件读入（比如 Excel），Lingo 与 Excel 的交互请参阅第 7.2 节。

（4）目标与约束段

为什么不叫模型段呢？这是因为 Lingo 一般是把全部代码放在“model: .... end”中间（就解决一个问题，省略也行），整个叫作模型段。

该部分就是把模型公式“原样”表述出来，下面对照着来看。

目标函数：

```
min = @sum(links(i,j): c(i,j) * x(i,j));
```

目标函数是求最小，所以用“min=”。

由于有$\sum$运算，所以需要用到@sum()函数，它是 Lingo 里的求和函数，首先需要告诉它求和的范围，i 从 1 到 3，j 从 1 到 4，这不正好是前面声明的（对应的）二维数组 links 的大小吗，所以就用 links(i，j)来实现（也只能用声明的数组来实现），并用 i 表示行索引，j 表列索引。

然后，冒号的后面是求和符号里面的表达式。

注：如果索引相同，也可以省略，相当于是向量化写法。

```
min = @sum(links: c * x);
```

约束条件 1：

$$\sum_{j=1}^{4} x_{ij} = S_i, \quad i = 1, 2, 3$$

```
@for(supplys(i): @sum(demands(j): x(i,j)) = S(i));
```

注意到随着 i=1,2,3 的变化，这实际上是 3 个式子。要表示这种多个重复式子，就需要用到 Lingo 里的@for()函数，首先需要告诉它有多少重复的式子，同样只能用声明的（对应的）数组来实现，这里是 supplys(i)，并用 i 表示重复的索引。

关于这种“对应”，会有信息提示，比如维数必须相同，比如 i 是从 1 到 3，表示的供应

（产地）的下标。

处理完重复的式子，就剩下表示每次的式子了，有$\sum$的情况，按前面讲到的@sum() 函数规则来写就行了。

约束条件 2，同理

$$\sum_{i=1}^{3} x_{ij} = D_j, \quad j = 1, \cdots, 4$$

```
@for(demands(j): @sum(supplys(i): x(i,j)) = D(j));
```

更多的 Lingo 语法知识和模型案例，可参阅 Lingo 官方手册，以及参考文献[16]和[17]。

5.2.3 案例：生产与存储问题

既有整数决策变量，又有实数决策变量，称为混合整数规划.

例 5.4（生产与存储问题）某饮料厂生产一种饮料以满足市场需求，该厂销售科根据市场预测已确定了未来 4 周该饮料的需求量，计划科根据本厂实际情况给出了未来 4 周的生产能力和生产成本，如表 5-4 所示。

表 5-4　某饮料厂周需求、生成能力、成本

周次	需求量（千箱）	生产能力（千箱）	每千箱成本（千元）
1	15	30	5.0
2	25	40	5.1
3	35	45	5.4
4	25	20	5.5
合计	100	135	

一种饮料的开工准备费为 8（千元）；每周当饮料满足需求后有剩余时，要支出存储费，为每周每千箱饮料 0.2（千元）。

（1）考虑一般的生产与存储模型

设考虑的实际跨度为T个时段，第t时段的市场需求为d_t，生产能力为M_t $(t = 1, 2, \cdots, T)$。

如果第t时段开工生产，则需付出生产准备费为$s_t \geqslant 0$，单件产品的生产成本为$c_t \geqslant 0$，在t时段末，如果有产品库存，单件产品 1 个时段的存储费为$h_t \geqslant 0$。

决策变量：

$x_t = t(t = 1, 2, \cdots, T)$ 时段产品的生产量；

$y_t = t(t = 1, 2, \cdots, T)$ 时段末产品的库存，合理假设$y_0 = y_T = 0$；

$$w_t = \begin{cases} 1, t\text{ 时段生产} \\ 0, t\text{ 时段不生产} \end{cases}$$

目标函数：生产准备费、生产成本、存储费之和最小，即

$$\min z=\sum_{t=1}^{T}(s_t w_t+c_t x_t+h_t y_t)$$

约束条件：产量、需求、库存的平衡关系

$$y_{t-1}+x_t-y_t=d_t,\quad t=1,2,\cdots,T$$

产量约束：

$$x_t\leqslant w_t M_t,\quad t=1,2,\cdots,T$$

库存实际与非负约束：

$$y_0=y_T=0,\quad x_t,y_t\geqslant 0,\quad t=1,2,\cdots,T$$

因此，最终的混合整数规划模型为

$$\min z=\sum_{t=1}^{T}(s_t w_t+c_t x_t+h_t y_t)$$

$$\text{s.t.}\begin{cases}y_{t-1}+x_t-y_t=d_t, & t=1,2,\cdots,T\\ x_t\leqslant w_t M_t, & t=1,2,\cdots,T\\ y_0=y_T=0\\ x_t,y_t\geqslant 0, & t=1,2,\cdots,T\end{cases}$$

（2）对于本例，具体参数取值为 $\boldsymbol{s}=[8,8,8,8]$, $\boldsymbol{c}=[5.0,5.1,5.4,5.5]$, $\boldsymbol{h}=[0.2,0.2,0.2,0.2]$, $\boldsymbol{M}=[30,40,45,20]$, $\boldsymbol{d}=[15,25,35,25]$。

用 Lingo 求解，代码如下。

```
sets:
periods/1..4/: s,c,h,d,M,x,y,w;
endsets
data:
s = 8 8 8 8;                          ! 每次生产准备费用;
c = 5.0 5.1 5.4 5.5;                  ! 单件生产费用;
h = 0.2 0.2 0.2 0.2;                  ! 单位库存费用;
d = 15 25 35 25;                      ! 产品需求量;
M = 30 40 45 20;                      ! 生产能力;
enddata
min = @sum(periods: s*w + c*x + h*y);
y(1) = 0;
y(4) = 0;
x(1) - d(1) = y(1);
@for(periods(t)| t #gt# 1: y(t-1) + x(t) - d(t) = y(t));
@for(periods: x < M * w; @bin(w); );
```

程序说明如下。

- 在用@fo()函数表示重复的多个式子时，可以用“|”+“条件”的方式对索引进行限制，从而实现只对索引子集列式子。

- #gt#表示大于等于，#lt #表示小于等于。

用@bin()函数约束 w 为 0-1 整数。

运行结果如下。

```
Global optimal solution found.
Objective value:    554.0000

Variable     Value      Reduced Cost
 X( 1)    15.00000      0.000000
 X( 2)    40.00000      0.000000
 X( 3)    45.00000      0.000000
 X( 4)    0.000000      0.000000
 Y( 1)    0.000000      0.000000
 Y( 2)    15.00000      0.000000
 Y( 3)    25.00000      0.000000
 Y( 4)    0.000000      0.000000
 W( 1)    1.000000      8.000000
 W( 2)    1.000000      4.000000
 W( 3)    1.000000      8.000000
 W( 4)    0.000000      6.000000
```

结果表明，4 周的生产计划分别为 15、40、45、0 千箱，总费用最小为 554 千元。只在前 3 周生产，节省了生产准备费。

5.3 非线性规划

目标函数或约束条件包含非线性项时，则称为非线性规划。

例 5.5（一维下料问题）某钢管零售商从钢管厂进货，原料钢管长度都是 19m，将钢管按照顾客的要求切割后售出。

（i）现有一客户需要 50 根 4m、20 根 6m 和 15 根 8m 的钢管，应如何下料最节省？

（ii）若采用的不同切割模式太多，会因生产过程复杂化而增加生产和管理成本，所以规定采用的不同切割模式不能超 3 种，此外，客户除了以上三种钢管需求外，还需要 10 根 5m 钢管，应如何下料最节省？

1. 问题(i)分析

首先，需要确定哪些切割模式是可行的。所谓切割模式是指按照客户需求在原料钢管上安排切割的一种组合。例如，对于 19m 钢管，合理切割（余料小于客户所需最小尺寸）可切割为：

4 根 4m，余 3m；

1 根 4m、1 根 6m、1 根 8m，余 1m；

……

显然，有很多切割模式，可梳理出本例中合理的切割模式共 7 种（见表 5-5）。

表 5-5　所有切割模式与客户需求

切割模式	4m 根数	6m 根数	8m 根数	余料/m
1	4	0	0	3
2	3	1	0	1
3	2	0	1	3
4	1	2	0	3
5	1	1	1	1
6	0	3	0	1
7	0	0	2	3
客户需求	50	20	15	

问题转化为：在满足客户需求的条件下，按照哪些合理切割模式，切割多少根原料钢管，最为节省？而节省的标准有两种：一是切割后总余料最小，二是切割原料钢管总根数最少。

2．问题(i)建模

① 决策变量。x_i 表示按第 i 种模式 $(i=1,2,\cdots,7)$ 切割的原料钢管根数。

② 目标函数。

若以总余料最小为目标，则有

$$\min z = 3x_1 + x_2 + 3x_3 + 3x_4 + x_5 + x_6 + 3x_7$$

若以总根数最少为目标，则有

$$\min z = x_1 + x_2 + x_3 + x_4 + x_5 + x_6 + x_7$$

③ 约束条件。

客户需求约束：

$$4x_1 + 3x_2 + 2x_3 + x_4 + x_5 \geqslant 50$$
$$x_2 + 2x_4 + x_5 + 3x_6 \geqslant 20$$
$$x_3 + x_5 + 2x_7 \geqslant 15$$

非负整数约束：$x_i(i=1,\cdots,7)$ 为非负整数。

这是整数线性规划，求解留给读者练习。

3．问题（ii）分析

虽然也可以枚举各种合理切割模式，但随着需求种类的增加，不再适合枚举。采用更一般的做法，建立非线性整数规划模型，可以同时确定切割模式和切割计划。

问题（ii）的参数都是整数，需求规格是 4m、5m、6m、8m，根据合理切割模式的原则，切割余料不能超过 4m。

4．问题（ii）建模

① 决策变量：不同切割模式不超过 3 种。

x_i 表示按第 i 种切割模式（ $i=1,2,3$ ）切割的原料钢管的根数；

r_{ij} 表示第 i 种切割模式下每根原料钢管生产第 j 类钢管的数量（$j=1,2,3,4$ ，分别对应 4m、5m、6m 和 8m 钢管）。

② 目标函数：这里只以原料钢管总根数最少为目标

$$\min z = x_1 + x_2 + x_3$$

③ 约束条件。

客户需求约束：切割成的 4 种成品钢管满足用户需求

$$r_{11}x_1 + r_{21}x_2 + r_{31}x_3 \geqslant 50$$
$$r_{12}x_1 + r_{22}x_2 + r_{32}x_3 \geqslant 10$$
$$r_{13}x_1 + r_{23}x_2 + r_{33}x_3 \geqslant 20$$
$$r_{14}x_1 + r_{24}x_2 + r_{34}x_3 \geqslant 15$$

切割模式合理约束：每根原料钢管切割出的成品总长度不能超过 19m，也不能少于 16m，即

$$16 \leqslant 4r_{11} + 5r_{12} + 6r_{13} + 8r_{14} \leqslant 19$$
$$16 \leqslant 4r_{21} + 5r_{22} + 6r_{23} + 8r_{24} \leqslant 19$$
$$16 \leqslant 4r_{31} + 5r_{32} + 6r_{33} + 8r_{34} \leqslant 19$$

其他约束：缩小可行域的搜索范围。

由于 3 种切割模式的排列顺序无关紧要，所以不妨增加如下约束：

$$x_1 \geqslant x_2 \geqslant x_3$$

所需原料钢管的总根数，显然有上界和下界：

首先，无论如何，原料钢管的总根数不少于：

$$\left\lceil \frac{4\times 50 + 5\times 10 + 6\times 20 + 8\times 15}{19} \right\rceil = 26 \qquad (\text{向上取整})$$

其次，考虑一种特殊生产计划：

第 1 种切割模式下只生产 4m 钢管（1 根原料钢管切割成 4 根 4m），为满足 50 根需求，需要 13 根原料钢管；

第 2 种切割模式下只生产 5m、6m 钢管（1 根原料钢管切割成 1 根 5m、2 根 6m），为满足 10 根 5m、20 根 6m 需求，需要 10 根原料钢管；

第 3 种切割模式下只生产 8m 钢管（1 根原料钢管切割成 2 根 8m），为满足 15 根需求，需要 8 根原料钢管。

共需要 13+10+8=31 根原料钢管。

故对总根数施加额外约束：

$$26 \leqslant x_1 + x_2 + x_3 \leqslant 31$$

故完整的规划模型（改用向量形式表示会更便于编程和推广）为

$$\min z = \sum_{i=1}^{3} x_i$$

$$\text{s.t.} \begin{cases} \sum_{i=1}^{3} r_{ij} x_i \geqslant d_j, \quad j = 1,2,3,4 \\ 16 \leqslant \sum_{j=1}^{4} r_{ij} l_j \leqslant 19, \quad i = 1,2,3 \\ x_1 \geqslant x_2 \geqslant x_3 \\ 26 \leqslant \sum_{i=1}^{3} x_i \leqslant 31 \end{cases}$$

其中，参数客户需求 $\boldsymbol{d} = [50, 10, 20, 15]$，需求规格长度 $\boldsymbol{l} = [4, 5, 6, 8]$，原料钢管长度 $\boldsymbol{L} = 19$。

Lingo 代码如下。

```
sets:
cuts/1..3/: x;
needs/1..4/: len, d;
patterns(cuts, needs): r;
endsets
data:
    len = 4 5 6 8;
    d = 50 10 20 15;
    L = 19;
@text() = @table(r);     ! 以二维表格形式输出结果 r;
enddata
min = @sum(cuts: x);
!需求的约束;
@for(needs(j): @sum(cuts(i):  x(i) * r(i, j) ) >d(j));
!合理切割模式的约束;
@for(cuts(i):@sum(needs(j): len(j)  * r(i, j) ) <L); @for(cuts(i): @sum(needs(j): len(j)  *
r(i, j) ) > L - @min(needs: len));
!人为增加的约束;
@sum(cuts: x ) > 26;
@sum(cuts: x ) < 31;
@for(cuts(i) | i #lt# @size(cuts): x(i) > x(i+1));
@for(cuts: @gin(x)) ;
@for(patterns: @gin(r));
```

程序说明：函数@min()返回数组的最小值，@size()返回数组的长度。

运行结果如下。

```
Local optimal solution found.
Objective value:     28.00000
```

```
        1         2         3         4
1  3.000000  0.000000  1.000000  0.000000
2  2.000000  1.000000  1.000000  0.000000
3  0.000000  0.000000  0.000000  2.000000

Variable        Value          Reduced Cost
X(1)         10.00000             0.000000
X(2)         10.00000             2.000000
X(3)         8.000000             1.000000
```

结果表明，按照模式1、2、3分别切割 10 根、10 根和 8 根原料钢管，需要原料钢管总数为 28 根。

关于 r 的矩阵给出了 3 种切割模式。

模式 1：3 根 4m、1 根 6m。

模式 2：2 根 4m、1 根 5m、1 根 6m。

模式 3：2 根 8m。

5.4 目标规划

目标规划不同于目标（Objective）函数，目标（goal）表示函数的目标值。比如，利润目标函数是在严格满足所有约束条件下，让利润越大越好。但是，在目标规划中，目标约束用于表示要实现的每个目标，这意味着一个模型可以处理多个目标。与前文规划模型中的约束条件相反，决策时可以违反目标约束，通过设定一定的惩罚来保证违反目标不至于太多。这样就可以同时处理多个目标，通过引入偏差来表示实际值与目标值之间的差异，再让这些偏差根据优先级别、重要程度的“总和”达到最小，从而得到最优解。这就是目标规划。

例 5.6（生产安排问题）某企业生产甲、乙两种产品，需要用到 A、B、C 三种设备，每天产品盈利与设备使用工时及限制如表 5-6 所示。

表 5-6　某企业产品盈利与工时

	甲	乙	设备生产能力/h
A(h/件)	2	2	12
B(h/件)	4	0	16
C(h/件)	0	5	15
盈利(元/件)	200	300	

如果直接问：该企业应如何安排生产，能使总利润最大?

这种情况属于线性规划问题。

但实际上，企业的经营目标不仅仅是利润，还需要考虑多个方面，比如增加下列约束（目标）：

1）力求使利润不低于 1500 元。

2）考虑市场需求，甲、乙两种产品的产量比应尽量保持 1∶2。

3）设备 A 为贵重设备，严格禁止超时使用。

4）设备 C 可以适当加班，但要控制，设备 B 既要求充分利用，又尽可能不加班，在重要性上，设备 B 是设备 C 的 3 倍。

这种情况属于目标规划问题。

1．设置偏差变量

偏差变量：表示实际值与目标值之间的差异。

d^+ 表示超出目标的差值，称为正偏差变量。

d^- 表示未达到目标的差值，称为负偏差变量。

当实际值超过目标值时，有 $d^- = 0, d^+ > 0$；当实际值未达到目标值时，有 $d^+ = 0, d^- > 0$；若实际值与目标值一致，有 $d^- = d^+ = 0$。

2．统一处理目标与约束

目标规划中，约束有两类，一类是对资源有严格限制的，用严格的等式或不等式约束来处理（同线性规划），例如，设备 A 禁止超时使用，则有刚性约束：

$$2x_1 + 2x_2 \leqslant 12$$

另一类约束是可以不严格限制的，连同原线性规划的目标，构成柔性约束，例如，希望利润不低于 1500 元，则目标可表示为

$$\begin{cases} \min\{d^-\} \\ 200x_1 + 300x_2 + d^- + d^+ = 1500 \end{cases}$$

甲、乙两种产品的产量比应尽量保持 1∶2 的比例，则目标可表示为

$$\begin{cases} \min\{d^+ + d^-\} \\ 2x_1 - x_2 + d^- - d^+ = 0 \end{cases}$$

设备 C 可以适当加班，但要控制，则目标可表示为

$$\begin{cases} \min\{d^+\} \\ 5x_2 + d^- - d^+ = 15 \end{cases}$$

设备 B 要求充分利用，又尽可能不加班，则目标可表示为

$$\begin{cases} \min\{d^+ + d^-\} \\ 4x_1 + d^- - d^+ = 16 \end{cases}$$

结论：若希望不等式保持大于等于，则极小化负偏差；若希望不等式保持小于等于，则极

小化正偏差；若希望保持等式，则同时极小化正负偏差。

3．目标的优先级与权系数

目标规划中，目标的优先级分为两个层面，第一个层面是目标分成不同的优先级，在求解目标规划时，必须先优化优先级高的目标，再优化优先级低的目标；通常用 $P_1, P_2, \cdots$ 表示不同的因子，并规定 $P_k \gg P_{k+1}$。

第二个层面是目标处于同一优先级，但两个目标的权重不同，此时应同时优化两个目标，但用权重系数的大小来表示目标重要性的差别。

目标规划建模中，除刚性约束必须严格满足外，对所有目标约束均允许有偏差。其求解过程要从高到低逐层优化，在不增加高层次目标的偏差值的情况下，逐次使低层次的偏差达到极小。

在例 5.6 中，设备 A 是刚性约束，其余是柔性约束；首先，最重要的指标是企业的利润，故将其优先级列为第一级；其次，甲、乙两种产品的产量保持 1∶2 的比例，列为第二级；再次，对设备 C 和 B 的工作时间要有所控制，列为第三级。该级中设备 B 的重要性是设备 C 的 3 倍，因此其权重不一样，设备 B 前的系数是设备 C 前系数的 3 倍，于是得到：

$$\min z = P_1 d_1^- + P_2(d_2^+ + d_2^-) + P_3(3d_3^+ + 3d_3^- + d_4^+)$$

$$\text{s.t.}\begin{cases} 2x_1 + 2x_2 \leqslant 12 \\ 200x_1 + 300x_2 + d_1^- + d_1^+ = 1500 \\ 2x_1 - x_2 + d_2^- - d_2^+ = 0 \\ 4x_1 + d_3^- - d_3^+ = 16 \\ 5x_2 + d_4^- - d_4^+ = 15 \\ x_1, x_2, d_i^-, d_i^+ \geqslant 0, \quad i = 1, 2, 3, 4 \end{cases}$$

Lingo 代码如下。

```
model:
sets:
  Level/1..3/: P, z, Goal;
  Variable/1..2/: x;
  H_Con_Num/1..1/: b;
  S_Con_Num/1..4/: g, dplus, dminus;
  H_Cons(H_Con_Num, Variable): A;
  S_Cons(S_Con_Num, Variable): C;
  Obj(Level, S_Con_Num): Wplus, Wminus;
endsets
data:
  ctr = ?;
  Goal = ? ? 0;
  b = 12;
  g = 1500 0 16 15;
  A = 2  2;
  C = 200 300 2 -1 4 0 0 5;
Wplus= 0 0 0 0
```

```
        0 1 0 0
        0 0 3 1;
    Wminus= 1 0 0 0
         0 1 0 0
         0 0 3 0;
    enddata
    min=@sum(Level: P * z);
    P(ctr)=1;
    @for(Level(i): z(i)=@sum(S_Con_Num(j): Wplus(i,j)*dplus(j)) + @sum(S_Con_Num(j): Wminus
(i,j)*dminus(j)));
    @for(H_Con_Num(i): @sum(Variable(j): A(i,j) * x(j)) <= b(i));
    @for(S_Con_Num(i):  @sum(Variable(j): C(i,j)*x(j)) + dminus(i) - dplus(i) = g(i); );
    @for(Level(i) | i #lt# @size(Level): @bnd(0, z(i), Goal(i)); );
    end
```

程序说明如下。

Level 表明的是目标规划的优先级，有 3 个变量 P、z 和 Goal，其中 P 表示优先级，Goal 表示相应优先级时的最优目标值，它们的值在执行过程中具体设定。

第一级目标计算：ctr 输入 1，Goal(1)和 Goal(2)输入两个较大的值，表明这两项约束不起作用，计算结果为

```
Objective value:    0.000000
 Variable Value
 P( 1) 1.000000
 P( 2) 0.000000
 P( 3) 0.000000
 Z( 1) 0.000000
 Z( 2) 0.000000
 Z( 3) 29.25000
 X( 1) 1.875000
 X( 2) 3.750000
```

第一级的最优偏差为 0。

第二级目标计算：ctr 分别输入 2，Goal(1)输入 0,Goal(2)输入一个较大的值，计算结果为

```
Objective value:   0.000000
Variable Value
P( 1) 0.000000
P( 2) 1.000000
P( 3) 0.000000
Z( 1) 0.000000
Z( 2) 0.000000
Z( 3) 29.25000
GOAL( 1) 0.000000
X( 1) 1.875000
X( 2) 3.750000
```

第二级的最优偏差仍为 0。

第三级目标计算：ctr 输入 3，Goal(1)和 Goal(2)均输入 0，计算结果为

```
Objective value:  29.00000
 Variable Value
 P( 1) 0.000000
 P( 2) 0.000000
 P( 3) 1.000000
 Z( 1) 0.000000
 Z( 2) 0.000000
 Z( 3) 29.00000
 GOAL( 1) 0.000000
 GOAL( 2) 0.000000
 X( 1) 2.000000
 X( 2) 4.000000
 DPLUS( 1) 100.0000
 DPLUS( 4) 5.000000
 DMINUS( 3) 8.000000
```

第三级的最优偏差为 29。最终结果是：$x_1 = 2, x_2 = 4$，最优利润是 $200x_1 + 300x_2 = 1600$ 元。

注：还有一种多目标规划，即不止一个目标函数，比如某公司希望制订如下生产计划。

- 以最大限度地降低总体生产成本。
- 同时最大限度地利用正常工作时。

具体的多目标规划建模与求解，将在接下来两章详细介绍。

思考题 5

1．饮食搭配问题

某运动营养师正在计划一个由三种主要食 A、B 和 C 组成的食物菜单。每克 A 包含 3 个单位的蛋白质、2 个单位的碳水化合物和 4 个单位的脂肪。每克 B 分别含有 1 个、3 个和 2 个单位的蛋白质、碳水化合物和脂肪；每克 C 分别包含 3 个、1 个和 4 个蛋白质、碳水化合物和脂肪。营养师希望这顿饭能提供至少 440 单位的脂肪，至少 150 单位的碳水化合物和至少 320 单位的蛋白质。

如果 A 的价格为 15.60 元/kg，B 的价格为 18.90 元/kg，而 C 的价格为 12.70 元/kg，则应食用每种食品多少克，以最大限度地降低餐费并满足营养师的要求？

以上要求汇总表如表 5-7 所示。

表 5-7　饮食搭配汇总表

项目	食物 A	食物 B	食物 C	需求
脂肪	4	2	4	440+
碳水化合物	2	3	1	150+

（续）

项目	食物 A	食物 B	食物 C	需求
蛋白质	3	1	3	320+
成本/(元/kg)	15.60	18.90	12.70	

2．资本预算问题

某市必须从多个竞争项目中选择一个或多个项目进行投资。考虑以下项目列表 5-8。如果有 3000 万元可用，应该选择哪些项目？

表 5-8　工程成本及预期效用汇总表

项目号	工程名	成本（百万元）	预期效用
1	校外培训	6	18
2	道路安全	10	16
3	预防犯罪	8	12
4	修路	19	25
5	托儿所	4	14

3．选址问题

某省的广播频道为该省南部大多数城市和城镇提供广播服务。该频道正计划将其服务扩展到 4 个北部和西部城市。为了提供优质的服务，该频道需要建立一个新的发射塔，该发射塔将向那些城市现有的较小塔发射射频。即将建造的新塔可以覆盖半径为 K km 内的区域。因此，新塔必须位于每个现有塔的 K km 之内。问题在于确定塔架位置，以便使从新塔架到每个现有塔架的总距离最小。

可以使用二维坐标 (x, y) 从给定参考点计算每个城市的位置，如表 5-9 所示。

表 5-9　城市及位置坐标　（单位：km）

城市	x	y
1	10	45
2	15	25
3	20	10
4	55	20

投资优化策略

本章继续讨论规划模型：二次规划和多目标规划，并结合投资优化策略案例来展开。

随着生活水平的提高，人们的财富积累大幅增长，投资需求应运而生。

投资的基本目的：获得投资收益，实现财富的保值、增值。

投资的选择有：实物（房地产、艺术品、黄金等），非实物（金融：银行储蓄、股票、基金、债券等）。

那么该如何选择投资呢？无风险资产（储蓄、国债等），收益率确定，这种情况下当然选最高的就好；有风险资产（房地产、股票等），收益与风险并存，此时又该如何选择？

投资要解决的矛盾：收益最大，风险最小，即需要平衡投资的收益与风险。

马科维茨（Markowitz）建议，风险可以用收益的方差（或标准差）来衡量，表示成目标函数是二次函数，就是二次规划问题；收益是一个目标，风险是一个目标，投资金额是有限的，用数学模型表示就是两目标优化问题。

本章用到的编程技术是，用 MATLAB 求解二次规划与多目标规划。

6.1 二次规划

若某非线性规划的目标函数是决策变量的二次函数，约束条件又全是线性的，则称为二次规划。

二次规划用 Lingo 求解同样很简单，但本章的投资优化策略案例涉及较多的数据操作和计算，这在 Lingo 中不太方便，故选用 MATLAB 来实现。

MATLAB 中二次规划的数学模型的标准形式为

$$\min \frac{1}{2}\boldsymbol{x}^{\mathrm{T}}\boldsymbol{H}\boldsymbol{x}+\boldsymbol{f}^{\mathrm{T}}\boldsymbol{x}$$

$$\text{s.t.}\begin{cases}\boldsymbol{A}\boldsymbol{x}\leqslant\boldsymbol{b}\\ \boldsymbol{A}_{\mathrm{eq}}\boldsymbol{x}=\boldsymbol{b}_{\mathrm{eq}}\\ \boldsymbol{l}_{\mathrm{b}}\leqslant\boldsymbol{x}\leqslant\boldsymbol{u}_{\mathrm{b}}\end{cases}$$

其中，$\boldsymbol{H}$ 为二次项对应的实对称矩阵；$\boldsymbol{f}$ 为一次项系数向量；$\boldsymbol{Ax} \leqslant \boldsymbol{b}$ 为不等式约束的矩阵表示；$\boldsymbol{A}_{\text{eq}}\boldsymbol{x} = \boldsymbol{b}_{\text{eq}}$ 为等式约束的矩阵表示，$\boldsymbol{l}_{\text{b}}$ 和 $\boldsymbol{u}_{\text{b}}$ 分别为决策变量 $\boldsymbol{x}$ 的下界向量和上界向量。

与上述二次规划模型对应，MATLAB 中求解二次规划的函数为

```
[x,fval,exitflag] = quadprog(H,f,A,b,Aeq,beq,lb,ub,x0)
```

其中，x0 为初始值（向量，搜索最优解的起始位置）；返回 x 为最优解（向量），fval 为最优目标函数值，exitflag 为求解状态标志（表示求解是否成功，1 代表成功）。

例 6.1 用 MATLAB 求解如下二次规划：

$$\min f(x) = 2x_1^2 - 4x_1x_2 + 4x_2^2 - 6x_1 - 3x_2$$

$$\text{s.t.} \begin{cases} x_1 + x_2 \leqslant 3 \\ 4x_1 + x_2 \leqslant 9 \\ x_1, x_2 \geqslant 0 \end{cases}$$

这里的关键是将规划模型用矩阵语言表示为标准形式。

目标函数中的二次项：

$$2x_1^2 - 4x_1x_2 + 4x_2^2 = \frac{1}{2}[x_1, x_2]\begin{bmatrix} 4 & -4 \\ -4 & 8 \end{bmatrix}\begin{bmatrix} x_1 \\ x_2 \end{bmatrix}$$

故

$$\boldsymbol{H} = \begin{bmatrix} 4 & -4 \\ -4 & 8 \end{bmatrix}$$

目标函数中的一次项：

$$-6x_1 - 3x_2 = [-6, -3]\begin{bmatrix} x_1 \\ x_2 \end{bmatrix}$$

故

$$\boldsymbol{f} = \begin{bmatrix} -6 \\ -3 \end{bmatrix}$$

不等式约束（注意需要都转化为 $\leqslant$）：

$$\begin{cases} x_1 + x_2 \leqslant 3 \\ 4x_1 + x_2 \leqslant 9 \end{cases} \Rightarrow \begin{bmatrix} 1 & 1 \\ 4 & 1 \end{bmatrix}\begin{bmatrix} x_1 \\ x_2 \end{bmatrix} \leqslant \begin{bmatrix} 3 \\ 9 \end{bmatrix}$$（即线性方程组的矩阵表示）

故

$$\boldsymbol{A} = \begin{bmatrix} 1 & 1 \\ 4 & 1 \end{bmatrix}, \quad \boldsymbol{b} = \begin{bmatrix} 3 \\ 9 \end{bmatrix}$$

没有等式约束，故 Aeq=[]，beq=[] （注意不能不写！）。

下界和上界：$\begin{bmatrix} x_1 \\ x_2 \end{bmatrix}$的下界为 $\boldsymbol{l}_{\text{b}} = \begin{bmatrix} 0 \\ 0 \end{bmatrix}$，无上界，$\boldsymbol{u}_{\text{b}} = [\,]$。

MATLAB 代码如下。

```
H=[4, -4; -4, 8];
f=[-6; -3];
a=[1, 1; 4, 1];
b=[3; 9];
lb = zeros(2,1);
x0 = rand(2,1);
[x, val, flag] = quadprog(H, f, a, b, [], [], lb, [], x0)
```

运行结果如下。

```
x = 1.9500
  1.0500
val = -11.0250
flag = 1
```

flag = 1 表示求解成功，最优解为 $x_1 = 1.95, x_2 = 1.05$，最优目标函数值为 -11.025。

另外，MATLAB 也支持一种更直接的写法（不需要表示为矩阵形式）：

```
x = optimvar('x', 2, 'LowerBound', 0);
obj = 2 * x(1)^2 - 4 * x(1) * x(2) + 4 * x(2)^2 - 6 * x(1) - 3 * x(2);
prob = optimproblem('Objective', obj);
prob.Constraints.c1 = sum(x) <= 3;
prob.Constraints.c2 = 4 * x(1) +  x(2) <= 9;
problem = prob2struct(prob);
[x,fval,flag] = quadprog(problem)
```

若用 Lingo 求解前面的二次规划示例会更简单，代码如下。

```
min = 2 * x1^2 - 4 * x1 * x2 + 4 * x2^2 - 6 * x1 - 3 * x2;
x1 + x2 < 3;
4 * x1 +  x2 < 9;
```

运行结果如下。

```
Global optimal solution found.
Objective value:       -11.02500
Variable       Value            Reduced Cost
   X1          1.950039         -0.7454422E-08
   X2          1.049961         -0.1034892E-07
```

6.2 多目标规划

很多实际问题，都需要在一定约束条件下考虑实现多个目标，这些目标往往是相互竞争的关系，这样的规划模型称为多目标规划。

对于多个目标函数的情况，向量目标函数表示为

$$F(\boldsymbol{x})=(f_1(\boldsymbol{x}),f_2(\boldsymbol{x}),\cdots,f_m(\boldsymbol{x}))^{\mathrm{T}}$$

带有多个约束条件和有界约束的多目标规划的一般形式为

$$\min F(\boldsymbol{x})$$
$$\text{s.t.}\begin{cases}g_i(\boldsymbol{x})\leqslant 0, & i=1,\cdots,p\\ h_j(\boldsymbol{x})=0, & j=1,\cdots,q\\ \boldsymbol{l}_{\mathrm{b}}\leqslant \boldsymbol{x}\leqslant \boldsymbol{u}_{\mathrm{b}}\end{cases}$$

其中，$F(\boldsymbol{x})$ 为向量，其每个分量是竞争关系，故是不存在唯一最优解的，只存在“权衡”最优解。

求解多目标规划的方法，通常有如下几种。

1）化多目标为单目标：将多个目标按其重要程度加权合成为单个目标函数，或者采用理想点法，即先求出每个单目标最优函数值，再将目标函数表示为到这些单目标最优值的欧氏距离，从而转化为单目标；

2）分层序列法（序贯法）：按目标重要性给出一个序列，每次都在前一目标的最优解集内求下一个目标最优解，直到求出共同的最优解；

3）帕累托寻优：即找到帕累托解集，对于帕累托解而言，一个目标的改进，是以另一个目标的变坏为代价的。

例 **6.2**（多目标规划算例）用 MATLAB 求解如下多目标线性规划：

$$\max Z_1=100x_1+90x_2+80x_3+70x_4$$
$$\min Z_2=3x_2+2x_4$$
$$\text{s.t.}\begin{cases}x_1+x_2\geqslant 30\\ x_3+x_4\geqslant 30\\ 3x_1+2x_3\leqslant 120\\ 3x_2+2x_4\leqslant 48\end{cases}$$

1．多目标加权合成单目标

MATLAB 提供了 fgoalattain()函数来求解多目标优化问题，该问题的标准形式为

$$\min_{\boldsymbol{x},\gamma}\ \gamma$$
$$\text{s.t.}\begin{cases}F(\boldsymbol{x})-\boldsymbol{weight}\cdot\gamma\leqslant \boldsymbol{goal}\\ \boldsymbol{Ax}\leqslant \boldsymbol{b}\\ \boldsymbol{A}_{\mathrm{eq}}\boldsymbol{x}=\boldsymbol{b}_{\mathrm{eq}}\\ c(\boldsymbol{x})\leqslant 0\\ ceq(\boldsymbol{x})=0\\ \boldsymbol{l}_{\mathrm{b}}\leqslant \boldsymbol{x}\leqslant \boldsymbol{u}_{\mathrm{b}}\end{cases}$$

其中，$\boldsymbol{x}$ 为决策变量；$F(\boldsymbol{x})$ 为目标函数向量；$\boldsymbol{goal}$ 为各个单目标函数值构成的向量；$\boldsymbol{weight}$ 为各目标相对重要程度的权向量；$\boldsymbol{A}\boldsymbol{x} \leqslant \boldsymbol{b}$ 表示线性约束；$\boldsymbol{A}_{\mathrm{eq}}\boldsymbol{x} = \boldsymbol{b}_{\mathrm{eq}}$ 为线性等式约束；$c(\boldsymbol{x}) \leqslant 0$ 表示非线性不等式约束；$ceq(\boldsymbol{x}) = 0$ 表示非线性等式约束；$\boldsymbol{l}_{\mathrm{b}}$、$\boldsymbol{u}_{\mathrm{b}}$ 分别为 $\boldsymbol{x}$ 的下界与上界向量。

函数 fgoalattain()的语法格式：

```
[x,fval]= fgoalattain('fun',x0,goal,weight,A,b,Aeq,beq,lb,ub,nonlicon)
```

其中，fun 为目标函数向量，x0 为初始值，weight 为权重向量， A 和 b 定义不等式约束，Aeq 和 beq 定义等式约束，lb 和 ub 分别定义 x 的下界和上界，nonlicon 定义非线性约束函数，返回值 fval 为目标函数值向量。

线性约束的写法在前面已讲过，那么非线性约束该怎么写？下面借助实例来说明，比如

$$\frac{x_1^2}{9} + \frac{x_2^2}{4} \leqslant 1$$

$$x_2 \geqslant x_1^2 - 1$$

$$x_1 x_2 = 3$$

非线性不等式约束、等式约束统一写到一个函数；

不等式都改写成“$\leqslant 0$”，各个不等式的左端作为向量 $c(\boldsymbol{x})$ 的分量；

等式都改写成“$= 0$”，各个等式的左端作为向量 $ceq(\boldsymbol{x})$ 的分量。

```
function [c,ceq] = nonlincons(x)
   c(1) = (x(1)^2)/9 + (x(2)^2)/4 - 1;
   c(2) = x(1)^2 - x(2) - 1;
   ceq = x(1) * x(2) - 2;
```

回到例 6.2 的求解，MATLAB 代码如下。

```
A = [-1 -1 0  0
      0 0 -1 -1
      3 0  2  0
      0 3  0  2];
b = [-30 -30 120 48]';
c1 = [-100 -90 -80 -70];
c2 = [0 3 0 2];
% 求第一个目标函数值
[x1, g1] = linprog(c1,A,b,[],[],zeros(4,1));
% 求第二个目标函数值
[x2, g2] = linprog(c2,A,b,[],[],zeros(4,1));
g3 = [g1; g2]        % 目标 goal 的值
fun = @(x) [-100*x(1) - 90*x(2) - 80*x(3)-70*x(4);
 3*x(2)+2*x(4)];
weight = [1,1];  % 设置两个目标重要性的权重：同样重要
```

```
[x, fval] = fgoalattain(fun,rand(4,1),g3,weight,A,b,[],[],zeros(4,1))
```

运行结果如下。

```
g3 = 1.0e+03 * -5.9600
                0.0300
x = 14.1593
    15.8407
    38.7611
     0
fval = 1.0e+03 * -5.9425
                  0.0475
```

有两个目标函数，在约束条件下，只考虑第一个目标函数时，最优值为5960；只考虑第二个目标函数时，最优值为30。

两个目标按同样重要，求得多目标规划的最优值为[5942.5, 47.5]，最优解为

$$x_1 = 14.159, x_2 = 15.841, x_3 = 38.761, x_4 = 0$$

2．理想点法求解

理想点法，先求出每个单目标最优函数值，前面已经求出5960和30，再将目标函数表示为到这些单目标最优值的欧氏距离，从而转化为最小化单目标问题：

$$\min \sqrt{(100x_1 + 90x_2 + 80x_3 + 70x_4 - 5960)^2 + (3x_2 + 2x_4 - 30)^2}$$
$$\text{s.t.} \begin{cases} x_1 + x_2 \geqslant 30 \\ x_3 + x_4 \geqslant 30 \\ 3x_1 + 2x_3 \leqslant 120 \\ 3x_2 + 2x_4 \leqslant 48 \end{cases}$$

这是非线性规划，可用 fmincon()函数求解，MATLAB 代码如下。

```
obj = @(x) norm([100*x(1)+90*x(2)+80*x(3)+70*x(4)-5960, 3*x(2)+2*x(4)-30]);
[x,fval] = fmincon(obj,rand(4,1),A,b,[],[],zeros(4,1))
z1 = [100 90 80 70] * x        % 目标1最优值
z2 = [0 3 0 2] * x             % 目标2最优值
```

运行结果如下。

```
x =  14.0048
     15.9953
     38.9928
     0.0004
fval = 17.9934
z1 = 5.9595e+03
z2 = 47.9867
```

理想点法得到的最优解为 $x_1 = 14.005, x_2 = 15.995, x_3 = 38.993, x_4 = 0.0004$，最优目标函数值为 $[5959.5, 47.987]$。注意，这里的目标值 fval 并没有实际用处。

6.3 马科维茨均值-方差模型

有了前面的模型准备，本节来看具体案例：投资优化策略。本节部分内容参阅文献[18]。

投资的收益是根据净现值决策：假设某资产未来第 t 年的预期收益为 d_t，其投资收益的净现值为

$$V_0 = \sum_{t=1}^{\infty} d_t \left(\frac{1}{1+i}\right)^t$$

其中，i 为年利率，$\frac{1}{1+i}$ 称为贴现。

准确预测资产的未来收益的关键，是看该资产的未来发展前景和盈利能力。

净现值理论可以刻画收益，但无法解释投资分散化策略，“不要把鸡蛋放在同一个篮子里”，为什么分散化可以减少风险？

寻找“最佳的”投资组合（portfolio），就是确定总投资中每种资产的投资比例。这类问题该如何定量描述？关键是如何在不确定情形下衡量收益与风险。

1952 年，马科维茨提出了投资组合选择的均值方差模型，这是华尔街的第一次革命。

先来介绍一点预备知识。马科维茨均值方差模型，只是用到了最基本的概率论知识。

当一件事情的结果无法预料时，这就是随机现象。某资产的收益是随机变量 X，因为投资 1000 次，可能有 1000 种不同的收益。

随机变量的均值（期望），刻画预期平均值：

$$\mu_X = EX = \int_{-\infty}^{\infty} x f(x) \mathrm{d}x$$

随机变量的方差，刻画随机变量的波动幅度：

$$\sigma_X = \mathrm{Var}(X) = E(X - EX)^2 = EX^2 - (EX)^2$$

随机变量的协方差、相关系数，刻画两个随机变量的相关程度：

$$\sigma_{XY} = \mathrm{Cov}(X, Y) = E[(X - EX)(Y - EY)] = E(XY) - (EX)(EY)$$

$$\rho_{XY} = \frac{\sigma_{XY}}{\sigma_X \sigma_Y} = \frac{\mathrm{Cov}(X, Y)}{\sqrt{\mathrm{Var}(X)\mathrm{Var}(Y)}}$$

假设：每种资产的收益用随机变量描述，则

- 其分布规律可以根据历史数据或其他方法预测得到。

- 收益的均值（期望）衡量该资产的平均收益状况。
- 收益的方差（或标准差）衡量该资产收益的波动幅度。
- 两种资产收益的协方差表示它们之间的相关程度。

投资优化策略的关键思想是，投资组合的收益，也是一个随机变量：

- 用均值（期望）衡量投资组合的预期收益。
- 用方差（或标准差）衡量投资组合的风险。
- 用数学语言描述，即建立模型，通常是双目标规划模型。

6.3.1 基本的投资组合

现有三只股票（A、B、C）12 年（1943—1954）来的价格（已包括分红）及每年的增长情况，同时给出了标普 500 的股票指数（反映股票市场的大势信息，对具体每只股票的涨跌通常是有显著影响的），如表 6-1 所示。

表 6-1 中第一个数据 1.300 的含义是股票 A 在 1943 年年末的价值是其年初价值的 1.300 倍，即收益为 30%。

假设在 1955 年时有一笔资金准备投资这三种股票，并期望年收益率至少达到 15%，那么应当如何投资？当期望的年收益率发生变化时，投资组合和相应的风险如何变化？

表 6-1　马科维茨经典股票收益数据

年份	股票 A	股票 B	股票 C	股票指数
1943	1.3	1.225	1.149	1.258997
1944	1.103	1.29	1.26	1.197526
1945	1.216	1.216	1.419	1.364361
1946	0.954	0.728	0.922	0.919287
1947	0.929	1.144	1.169	1.05708
1948	1.056	1.107	0.965	1.055012
1949	1.038	1.321	1.133	1.187925
1950	1.089	1.305	1.732	1.31713
1951	1.09	1.195	1.021	1.240164
1952	1.083	1.39	1.131	1.183675
1953	1.035	0.928	1.006	0.990108
1954	1.176	1.715	1.908	1.526236

1. 问题分析

马科维茨认为，可以用收益的均值表示平均收益，均值越大收益越大；用收益的方差（或标准差）表示收益的风险，方差越大收益越不稳定；用协方差（相关系数）表示股票之间的相关程度，相关系数绝对值越大相关性越强，正数表示正相关（一起赚一起赔），负数表示负相关（赔赚相反）。

先根据表 6-1 中的数据计算三只股票收益的均值、方差和协方差，MATLAB 代码如下。

```
dat = xlsread('datas/stock_datas.xlsx');
rs = dat(:,2:4) - 1;          % 股票数据
ER = mean(rs)                 % 期望
COV = cov(rs)                 % 协方差矩阵
COR= corrcoef(rs)             % 相关系数矩阵
```

运行结果如下。

```
ER = 0.0891  0.2137  0.2346
COV = 0.0108  0.0124  0.0131
      0.0124  0.0584  0.0554
      0.0131  0.0554  0.0942
COR = 1.0000  0.4939  0.4097
      0.4939  1.0000  0.7472
      0.4097  0.7472  1.0000
```

这里采用向量化计算，代码非常简洁。计算出三只股票的收益率分别为

$$ER_1 = 0.0891, ER_2 = 0.2137, ER_3 = 0.2346$$

三只股票的协方差矩阵为

$$\boldsymbol{Cov} = \begin{pmatrix} 0.0108 & 0.0124 & 0.0131 \\ 0.0124 & 0.0584 & 0.0554 \\ 0.0131 & 0.0554 & 0.0942 \end{pmatrix}$$

主对角线上的三个数分别为三只股票的方差：

$$\mathrm{Var}(R_1) = 0.0108, \mathrm{Var}(R_2) = 0.0584, \mathrm{Var}(R_3) = 0.0942$$

第 i 行第 j 列的数 σ_{ij} 表示第 i 只股票与第 j 只股票的相关程度。

协方差矩阵中的值的大小没有可比性，做标准化使其具有可比性，则得到相关系数矩阵：

$$\boldsymbol{Cor} = \begin{pmatrix} 1 & 0.4939 & 0.4097 \\ 0.4939 & 1 & 0.7472 \\ 0.4097 & 0.7472 & 1 \end{pmatrix}$$

相关系数反映的是随机变量两两之间的线性相关性，相关系数大小的示意图如图 6-1 所示。

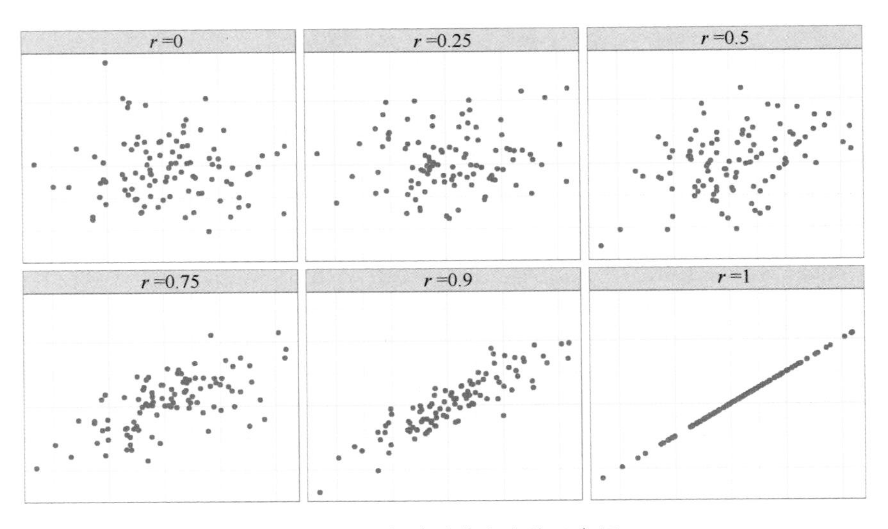

● 图 6-1 相关系数大小的示意图

注意，线性相关系数很小，只表示线性关系很弱，不代表二者之间不存在其他函数关系。

2. 二次规划模型

决策变量：x_1、x_2、x_3 分别表示投资股票 A、B、C 的比例。

假设投资人手上资金（不妨设有 1 个单位的资金）必须全部用于投资这三只股票，则

资金约束：

$$x_1 + x_2 + x_3 = 1,\ x_1, x_2, x_3 \geqslant 0$$

年投资收益率 R 也是一个随机变量，可表示为

$$R = x_1 R_1 + x_2 R_2 + x_3 R_3$$

收益约束：期望年收益率至少达到15%，即

$$ER = x_1 ER_1 + x_2 ER_2 + x_3 ER_3 \geqslant 0.15$$

即

$$0.0891 x_1 + 0.2137 x_2 + 0.2346 x_3 \geqslant 0.15$$

目标函数：让投资风险（方差）最小，即 $\min \mathrm{Var}(R)$，可计算

$$\mathrm{Var}(R) = \mathrm{Var}(x_1 R_1 + x_2 R_2 + x_3 R_3) = \sum_{i=1}^{3}\sum_{i=1}^{3} \sigma_{ij} x_i x_j = \boldsymbol{x}^{\mathrm{T}} \boldsymbol{Cov} \boldsymbol{x}$$

其中，$\boldsymbol{Cov}$ 为前面计算的协方差矩阵，一般为非负定矩阵。

于是，得到二次规划模型：

$$\min\ \boldsymbol{x}^{\mathrm{T}}\boldsymbol{Cov}\boldsymbol{x}$$
$$\text{s.t.}\begin{cases}0.0891x_1+0.2137x_2+0.2346x_3\geqslant 0.15\\ x_1+x_2+x_3=1\\ x_1,x_2,x_3\geqslant 0\end{cases}$$

3．模型求解

根据 6.1 节介绍的 MATLAB 求解二次规划的语法，准备好各个输入参数。

对照标准形式，二次项矩阵 $\boldsymbol{H}=2\boldsymbol{Cov}$；不等式约束改成“≤”，则有 $A=-ER$，$b=-0.15$；等式约束有 $\boldsymbol{A}_{\mathrm{eq}}=[1,1,1], b_{\mathrm{eq}}=1$；决策变量的下界为零向量，无上界约束，初始值取随机值，MATLAB 代码如下。

```
[x, val, flag] = quadprog(2*COV,[],-ER,-0.15,
                 ones(1,3),1,zeros(3,1),[],rand(3,1))
```

运行结果如下。

```
x =0.5301

   0.3564

   0.1135
val = 0.0224
flag = 1
```

flag = 1 表明求解成功，最优目标值为 0.0224，最优解为

$$x_1=0.5301, x_2=0.3564, x_3=0.1135$$

这说明三只股票的最优投资组合的占比分别为 53.01%、35.64%、11.35%，此时的风险最小，为 0.0244。

4．利用股票指数简化投资组合模型

实际的资产市场一般存在成千上万种资产，这时计算两两之间的相关性（协方差矩阵）将是一件非常费事甚至不可能的事情，而且，很可能计算得到的协方差矩阵性质不好（非正定性、病态性）。一种近似的做法是，根据股票指数预测（拟合）各只股票的收益率，然后代入模型。比如，假设每只股票的收益率与股票指数的收益率（M）呈线性关系：

$$R_i=a_i+b_iM+\varepsilon_i$$

该式满足线性回归假设，回归系数 a_i、b_i 可通过分别做一元线性回归（可参阅第 3.1 节或 10.1 节）拟合出来：

$$a_1=0.0047,\ b_1=0.4407$$
$$a_2=-0.0237, b_2=1.2398$$
$$a_3=-0.0572, b_3=1.5238$$

ε_i 为随机误差项，满足 $E(\varepsilon_i)=0$，$E(\varepsilon_i\varepsilon_j)=E(\varepsilon_i M)=0$（表示 ε_i 与其他股票、股票指数的收益率相互独立）。ε_i 的方差为 s_i^2，可由下式计算：

$$s_i^2=\frac{1}{T-2}\sum_{t=1}^{T}[R_{it}-(a_i+b_iM_t)]^2$$

对于本例，$T=12,\ i=1,2,3$，可得到：

$$s_1=0.0758,\ s_2=0.1251, s_3=0.1739$$

再计算 M 的均值为 $EM=m_0=0.1915$，标准差为 s_0=0.1695。

建立模型

$$R=\sum_{i=1}^{3}x_iR_i=\sum_{i=1}^{3}x_i(a_i+b_iM+\varepsilon_i)$$

$$ER=\sum_{i=1}^{3}x_i(a_i+b_im_0)$$

$$\mathrm{Var}(R)=\sum_{i=1}^{3}[(x_ib_i)^2s_0^2+x_i^2s_i^2]$$

于是，得到二次规划模型：

$$\min \mathrm{Var}(R)$$
$$\text{s.t.}\begin{cases}ER\geqslant 0.15\\x_1+x_2+x_3=1\\x_1,x_2,x_3\geqslant 0\end{cases}$$

数值代入模型并求解的过程留给读者作为练习。

6.3.2 双目标的帕累托寻优

投资组合选择是一个收益最大化、风险最小化的双目标规划问题。通常希望求出所有的帕累托解（非劣解）供投资者选择。

所谓帕累托解（非劣解），是指相对于该解，不存在同时使期望收益更高而方差更小的解，即不存在期望收益和风险同时得到改进的更好的解。

把所有的帕累托解对应的期望收益和方差（或标准差）放在二维平面上表示出来，就得到一条曲线，称为帕累托前沿（或有效边界）。

如何计算帕累托前沿呢？上节的马科维茨模型是在给定期望的收益下，通过最小化收益的方差求得的，显然是一个帕累托解。设定不同的期望收益，分别进行求解，就可以求得不同的帕累托解。作为练习，请读者自行编程求解。

求多目标优化问题帕累托解的另一种方法是加权法：引入权因子对多个目标加权，从而转化为单目标规划问题进行求解。具体来说，

$$\min\ \lambda \boldsymbol{x}^{\mathrm{T}} \boldsymbol{Covx} - (1-\lambda)\sum_{i=1}^{3} E(R_i)x_i$$

$$\text{s.t.} \begin{cases} x_1 + x_2 + x_3 = 1 \\ x_1, x_2, x_3 \geqslant 0 \end{cases}$$

其中，模型参数 $\lambda \in [0,1]$ 是权因子，目标函数第二项为负，是因为期望收益是取 max，加负号后便转为 min。λ 越大，优化更侧重减少投资风险；λ 越小，优化更侧重让期望收益更大。

对于给定的 λ，这仍是一个二次规划问题，其对应的最优解是原双目标优化问题的一个帕累托解，因为从加权模型的目标函数中可以看出，对于给定的期望收益，模型的最优解已经使得方差达到最小；而对于给定的方差，模型的最优解已经使得期望收益达到最大；取遍 $\lambda \in [0,1]$，所有该模型的最优解便构成了整个帕累托前沿。

带参数的模型，实际上是随参数变化的一系列模型。求解一系列模型，使用 for 循环实现，并将一系列的有用的结果保存起来。为了提高运行效率，一个好的编程习惯是，提前为要保存的结果设置好容器。

每个模型都隐含了两个单目标：期望收益、风险，在迭代过程中分别计算，并用 Revenue 和 Risk 保存起来。每个模型的最优解、最优目标值，用元胞数组 res 来存放，可以按索引任意取用，MATLAB 代码如下。

```
lam = 0.01:0.01:1;
Revenue = zeros(100,1);
Risk = zeros(100,1);
res = cell(100, 2);                          % 为元胞数组分配空间
for i=1:100
    H = lam(i) * 2 * COV;
    f = -(1-lam(i)) * ER;
    [x,fval] = quadprog(H,f,[],[],ones(1,3),1,zeros(3,1),[],rand(3,1));
    res{i,1} = x;
    res{i,2} = fval;
Revenue(i) = ER * x;
    Risk(i) = x' * COV * x;
end
plot(Risk, Revenue, 'linewidth', 2)
grid on
xlabel('风险'), ylabel('收益')
```

图形结果如图 6-2 所示。

图 6-2 中的曲线就是帕累托前沿，横坐标表示风险（方差），纵坐标表示期望收益。有了帕累托前沿，投资者只需根据自己对期望收益和风险的偏好，在帕累托前沿上选择相应的点所对应的投资组合，这就是当前偏好下的最佳投资组合。当投资者所能承受的风险很小，如方差接近于 0.011 时，相应的期望收益也很小，约为 0.089，此时，几乎全部投资于股票 A；当投资者所能承受的风险很大，如方差接近于 0.094 时，相应的期望收益也很大，约为 0.235，此时，几乎全部投资于股票 C。

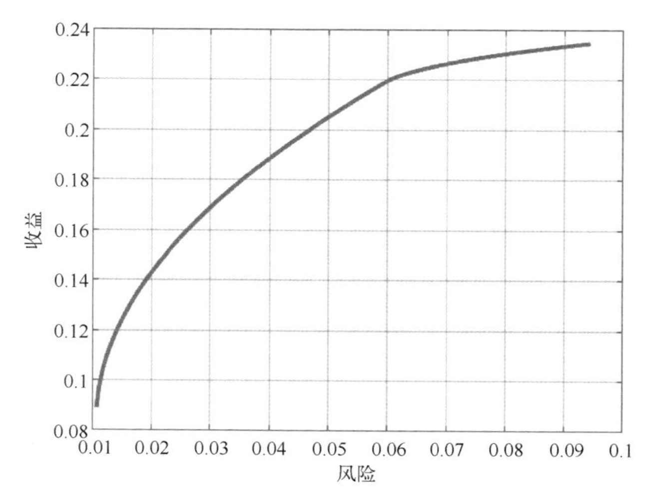

● 图 6-2　投资收益与风险的帕累托前沿

帕累托前沿上方的点是无法取到的，比如点(0.02，0.2)，因为想要获得 0.2 的期望收益，最少要承担的风险（方差）约为 0.047，少于它是不可能的，否则该点就会被纳入帕累托前沿之内了。

帕累托前沿下方的点对应的投资组合，总是可以取到的，但它们是劣于对应的帕累托前沿上的某些点的。比如，点(0.02,0.12)既然可以在 0.02 的风险下，最多可获得约 0.144 的收益，为什么还去选择 0.12。

从图 6-2 中还可以看出，收益是风险的凹函数，这不是偶然的，而是具有一般性的结论。读者若有兴趣，可以尝试从理论上对均值-方差模型的帕累托前沿进行更细致的刻画。

思考题 6

1. 在马科维茨问题的二次规划模型中，要求投资回报率至少达到 15%。实际上投资人可能更希望知道：随着投资回报率的变化，风险是如何变化的，然后做出最后的投资决策。请编程求解，并绘制二者的变化曲线。

2. 假设除了那三只股票外，投资人还有一种无风险投资方式，如购买国库券。假设国库券的年收益率为 5%，仍要求投资回报率至少达到 15%，最优投资组合是什么？

提示：无风险投资方式的收益是固定的，故方差（包括它与其他投资方式收益的协方差）都是 0。

3. 在实际股票市场上，每次股票买卖通常是有交易费的，例如按交易额的 1% 收取交易费，那么对于把交易成本考虑进来的投资优化决策模型，应该如何建立和求解呢？

4. 编程求解 6.3.1 节的利用股票指数简化投资组合模型。

优化模型进阶

前面章节介绍的规划模型都是初等的，无论是从建模还是求解都相对简单。很多实际问题建立的优化模型要复杂得多，目标函数和约束条件也更多、更复杂，它们的建立仍是从机理和常识的角度去思考，用数学语言表达出来。

复杂优化模型的求解，通常是用 Lingo 来实现，因为 Lingo 代码更简单，更接近优化模型的数学表达式。当然，也可以采用智能优化算法（基本上都是借助仿生的思想对随机搜索加以改进，这超出了本书范围）。

本章将以“露天矿生产的车辆安排（2003 国赛 B 题）”为例进行阐述。

- 从机理和常识的角度去思考，建立复杂优化模型。
- 复杂优化模型的 Lingo 求解。
- Lingo 与 Excel、MATLAB 的数据交互。

7.1 优化建模技术

模型线性化的技巧在优化问题建模和求解中有着非常重要的地位，其中涉及 0-1 变量的使用，特别是配合足够大的值 M（相应表达式可能取值的上界，够用的前提下越小越好）一起使用，能够表示很多事情。本节部分内容参阅了参考文献[19]和[20]。

7.1.1 处理特殊目标函数

（1）目标函数中含取最大（最小）

先考虑“min max”，设有如下规划问题：

$$\min_{x} \max_{i=1,\cdots,m} (c_i^{\mathrm{T}} x + d_i)$$
$$\text{s.t.}\ \ Ax \leqslant b$$

解决办法：引入新变量 $z=\max\limits_{i=1,\cdots,m}(c_i^{\mathrm{T}}x+d_i)$ ，则上述规划模型可以转化为如下的线性规划模型：

$$\min z$$
$$\text{s.t.}\begin{cases} z \geqslant c_i^{\mathrm{T}}x+d_i \\ Ax \leqslant b \end{cases}$$

“max min”的情况可以类似地处理。

对于“max max”的情况：

$$\max_x \max_{i=1,\cdots,m}(c_i^{\mathrm{T}}x+d_i)$$
$$\text{s.t.}\ \ Ax \leqslant b$$

令 $z=\max\limits_{i=1,\cdots,m}(c_i^{\mathrm{T}}x+d_i)$ ，经过若干处理，最终得到

$$\max_{x,z} z$$
$$\text{s.t.}\begin{cases} Ax \leqslant b \\ z \leqslant c_i^{\mathrm{T}}x+d_i+(1-u_i)M, \quad i=1,\cdots,m \\ \sum\limits_{i=1}^{m}u_i \geqslant 1 \\ u_i \in \{0,1\}, \quad i=1,\cdots,m \end{cases}$$

其中，M 是足够大的数。

对于“min min”的情况：

$$\min_x \min_{i=1,\cdots,m}(c_i^{\mathrm{T}}x+d_i)$$
$$\text{s.t.}\ \ Ax \leqslant b$$

可通过类似处理得到：

$$\min_{x,z} z$$
$$\text{s.t.}\begin{cases} Ax \leqslant b \\ z \geqslant c_i^{\mathrm{T}}x+d_i-(1-u_i)M, \quad i=1,\cdots,m \\ \sum\limits_{i=1}^{m}u_i \geqslant 1 \\ u_i \in \{0,1\}, \quad i=1,\cdots,m \end{cases}$$

（2）目标函数中含有绝对值

Lasso 回归的损失函数中的正则项是 L_1 范数，即包含绝对值项。比如考虑如下的规划模型：

$$\min_x \sum_{i=1}^{n}c_i\,|\,x_i\,|$$
$$\text{s.t.}\ \ Ax \leqslant b$$

解决办法：引入两个新的非负向量 $\boldsymbol{u}$、$\boldsymbol{v}$ 满足

$$\begin{cases} |x_i| = u_i + v_i \\ x_i = u_i - v_i \\ u_i \geqslant 0,\ v_i \geqslant 0 \end{cases}$$

则上述规划模型可以转化为如下的线性规划模型：

$$\min_x \sum_{i=1}^{n} c_i(u_i + v_i)$$

$$\text{s.t.} \begin{cases} A(u_i - v_i) \leqslant b \\ u_i \geqslant 0,\ v_i \geqslant 0 \end{cases}$$

（3）分式目标函数

比率目标函数的代表是数据包络分析（DEA）模型，其一般形式为

$$\min_x \frac{c^{\mathrm{T}}x + d}{e^{\mathrm{T}}x + f}$$

$$\text{s.t.} \begin{cases} Ax \leqslant b \\ e^{\mathrm{T}}x + f > 0 \end{cases}$$

解决办法：令 $y = \dfrac{1}{e^{\mathrm{T}}x + f} > 0$ 代入目标函数，再记 $z = xy$；注意到 y 的表示，可以加入新的约束 $e^{\mathrm{T}}z + fy = 1$；于是，上述规划模型变为如下的线性规划模型

$$\min_{y,z} c^{\mathrm{T}}z + dy$$

$$\text{s.t.} \begin{cases} Az \leqslant by \\ e^{\mathrm{T}}z + fy = 1 \\ y > 0,\ z \geqslant 0 \end{cases}$$

求解完成后，要从替换后的变量 (y,z) 回到原始决策变量，可以用如下关系：

$$y = \frac{1}{e^{\mathrm{T}}x + f}, \qquad z = \frac{x}{e^{\mathrm{T}}x + f}$$

（4）处理二值变量的乘积项

- 决策变量 $x_i, x_j,\ \forall i, j \in I$，其中 $x_i, x_j \in \{0,1\}$。考虑线性化二次交叉项 $x_i x_j$，令 $y_{ij} = x_i x_j$，同时添加如下约束：

$$y_{ij} \leqslant x_i$$

$$y_{ij} \leqslant x_j$$

$$y_{ij} \geqslant x_i + x_j$$

$$y_{ij} \in \{0,1\}$$

注意，该方法会让决策变量数量从线性增大到二次方的数量级。因此未必能让问题变得简

单，在使用时需要进一步结合问题性质去考虑。

7.1.2 处理特殊约束

（1）两个约束至少有一个成立

比如，约束 $\sum_i a_i x \leqslant b$ 或 $\sum_i g_i x \leqslant h$ 至少有一个成立，经线性化处理可转化为

$$\begin{aligned}
&\sum_i a_i x \leqslant b+(1-y_1)M \\
&\sum_i g_i x \leqslant h+(1-y_2)M \\
&y_1 + y_2 \geqslant 1 \\
&y_1,\ y_2 \in \{0,1\}
\end{aligned}$$

（2）两个约束只有一个成立

比如，约束 $\sum_i a_i x \leqslant b$ 或 $\sum_i g_i x \leqslant h$ 只有一个成立，经线性化处理可转化为

$$\begin{aligned}
&\sum_i a_i x \leqslant b+(1-y_1)M \\
&\sum_i g_i x \leqslant h+(1-y_2)M \\
&y_1 + y_2 = 1 \\
&y_1,\ y_2 \in \{0,1\}
\end{aligned}$$

利用其中的等式，可进一步简化为

$$\begin{aligned}
&\sum_i a_i x \leqslant b+(1-y_1)M \\
&\sum_i g_i x \leqslant h+y_1 M \\
&y_1,\ y_2 \in \{0,1\}
\end{aligned}$$

注：上述的两个约束，都可以类似地推广到多个约束。

（3）如果一个约束成立，则另一个约束成立

比如，如果约束 $\sum_i a_i x \leqslant b$ 成立，则约束 $\sum_i g_i x \leqslant h$ 成立，经线性化处理可转化为

$$\begin{aligned}
&\sum_i a_i x \leqslant b+(1-y_1)M \\
&\sum_i g_i x \leqslant h+(1-y_2)M \\
&y_2 \geqslant y_1 \\
&y_1,\ y_2 \in \{0,1\}
\end{aligned}$$

还有一种常见情形是先后作业（比如工序问题），通过两个 0-1 决策变量，想表示工序 1（对应 x_1）必须在工序 2（对应 x_2）之前，只需要用约束条件：

$$x_1 \leqslant x_2$$

7.1.3 分段线性函数建模

（1）固定成本约束

在生产或库存问题中，通常会考虑固定成本和可变成本，即只要产量 $x>0$，就有一个固定成本 c_0 和可变成本 cx。所以，成本函数就是：

$$z(x)=\begin{cases}0, & x=0\\ cx+c_0, & x>0\end{cases}$$

实际上，这是一个二选一约束，引入一个 0-1 变量 y 和一个足够大的数 M，可表示为

$$z(x)=cx+ky$$

$$\text{s.t.}\quad x\leqslant yM$$

（2）分段线性连续函数

许多实际问题涉及分段线性的连续函数。比如，当规模收益、边际成本等增加或减少时，就会出现分段线性函数。

设一个 n 段线性函数 $f(x)$ 的分点为 $b_1\leqslant\cdots\leqslant b_n\leqslant b_{n+1}$，引入 w_k 将 x 和 $f(x)$ 分别表示为

$$x=\sum_{k=1}^{n+1}w_k b_k$$

$$f(x)=\sum_{k=1}^{n+1}w_k f(b_k)$$

w_k 和 0-1 变量 z_k 满足：

$$w_1\leqslant z_1,\ w_2\leqslant z_1+z_2,\ \cdots,\ w_n\leqslant z_{n-1}+z_n,\ w_{n+1}\leqslant z_n$$

$$z_1+z_2+\ \cdots+z_n=1,\quad z_k\in\{0,1\}$$

$$w_1+w_2+\ \cdots+w_{n+1}=1,\quad w_k\geqslant 0$$

下面看一个具体例子：

$$y=\begin{cases}0.25x, & 0\leqslant x<0.4\\ x-0.3, & 0.4\leqslant x<0.7\\ 2x-1, & 0.7\leqslant x\leqslant 1\end{cases}$$

这是包含 3 个分段的非减连续函数，如图 7-1 所示。需要 4 个连续变量 w_k 和 3 个 0-1 变量 z_k；分点是 $b_1=0,\ b_2=0.4,\ b_3=0.7,\ b_4=1$；故令

$$x=\sum_{k=1}^{4}w_k b_k=0.4w_2+0.7w_3+w_4$$

$$f(x)=\sum_{k=1}^{4}w_k f(b_k)=0.1w_2+0.4w_3+w_4$$

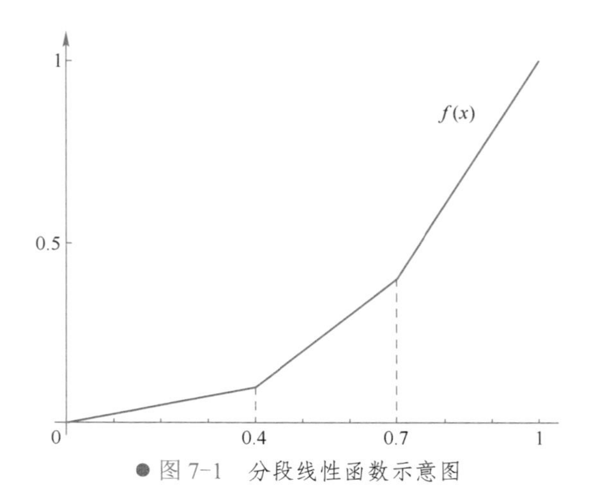

图 7-1 分段线性函数示意图

满足：

$$w_1 + w_2 + w_3 + w_4 = 1,\ \ w_k \geqslant 0$$

$$z_1 + z_2 + z_3 = 1,\ \ \ z_k \in \{0,1\}$$

$$w_1 \leqslant z_1,\ w_2 \leqslant z_1 + z_2,\ w_3 \leqslant z_2 + z_3,\ w_4 \leqslant z_3$$

可以验证，这种转换是正确的：

$$\begin{cases} w_1 = 0.3, w_2 = 0.7, w_3 = 0, w_4 = 0, z_1 = 1, z_2 = 0, z_3 = 0, x = 0.28, y = 0.07 \\ w_1 = 0, w_2 = 0.6, w_3 = 0.4, w_4 = 0, z_1 = 0, z_2 = 1, z_3 = 0, x = 0.52, y = 0.22 \\ w_1 = 0, w_2 = 0, w_3 = 0.4, w_4 = 0.6, z_1 = 0, z_2 = 0, z_3 = 1, x = 0.88, y = 0.76 \end{cases}$$

实际上，现在很多优化求解器（如 Gurobi、CPLEX 等）都支持分段线性函数建模（SOS-2 约束），不需要手动做这种转化。

另外，分段线性函数还可以用来近似逼近非线性函数。

7.2 案例：露天矿生产车辆安排

本节主要参阅文献[17]，以下是 **2003** 年国赛 **B** 题（稍有精简）：

许多现代化铁矿是露天开采的，它的生产主要是由电铲装车、自卸卡车运输来完成。提高电铲和卡车利用率是增加露天矿经济效益的首要任务。

露天矿里有若干个爆破生成的石料堆，每堆称为一个铲位，每个铲位已预先根据铁含量将石料分成矿石和岩石。一般来说，平均铁含量不低于 25%的为矿石，否则为岩石。每个铲位的矿石、岩石数量，以及矿石的平均铁含量（品位）都是已知的。每个铲位至多能安置一台电铲，电铲的平均装车时间为 **5min**。

卸货地点（卸点）有卸矿石的矿石漏、2 个铁路倒装场（倒装场）和卸岩石的岩石漏、岩场等，每个卸点都有各自的产量要求。从保护国家资源的角度及矿山的经济效益考虑，应该尽量把矿石按矿石卸点需要的铁含量（假设要求都为 **29.5%±1%**，称为品位限制）搭配起来送到卸点，搭配的量在一个班次（**8h**）内满足品位限制即可。从长远看，卸点可以移动，但一个班次内不变。卡车的平均卸车时间为 **3min**。

所用卡车载重量为 **154t**，平均时速 **28km/h**。卡车的耗油量很大，每个班次每辆车消耗近 **1t** 柴油。发动机点火时需要消耗相当多的电瓶能量，故一个班次中不能熄火。卡车在等待时所耗费的能量也是相当可观的，原则上在安排时不应发生卡车等待的情况。电铲和卸点都不能同时为两辆及两辆以上卡车服务。卡车每次都是满载运输。

每个铲位到每个卸点的道路都是专用的宽 60m 的双向车道，不会出现堵车现象，每段道路的里程都已知。

制订一个班次的生产计划：出动几台电铲，分别在哪些铲位上；出动几辆卡车，分别在哪些路线上各运输多少次（不用考虑排时计划）。一个合格的计划要在卡车不等待条件下满足产量和质量（品位）要求，而一个好的计划还应该考虑下面两个问题之一。

问题一：总运量（**t·km**）最小，同时出动最少的卡车，从而运输成本最小。

问题二：利用现有车辆运输，获得最大的产量（岩石产量优先；在产量相同的情况下，取总运量最小的解）。

请就以上两条原则分别建立数学模型，并给出一个班次生产计划的快速算法。针对下面的实例，给出具体的生产计划、相应的总运量及岩石和矿石产量。

某露天矿有铲位 **10** 个，卸点 **5** 个，现有铲车 **7** 台，卡车 **20** 辆。各卸点一个班次的产量要求：矿石漏为 **1.2** 万 **t**、倒装场Ⅰ为 **1.3** 万 **t**、岩场为 **1.3** 万 **t**、岩石漏为 **1.9** 万 **t**、倒装场Ⅱ为 **1.3** 万 **t**。

铲位和卸点位置的二维示意图如图 7-2 所示。

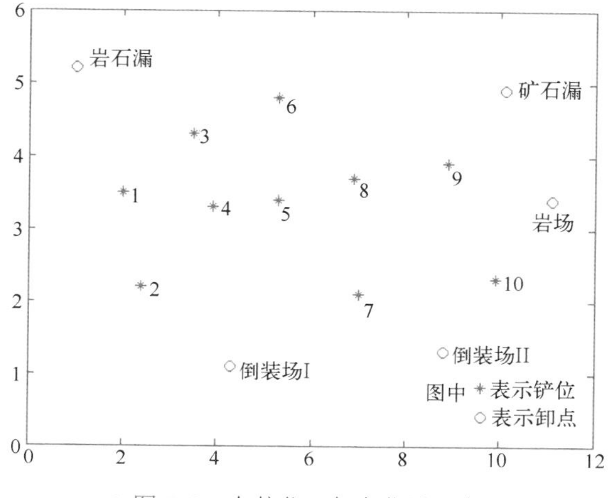

图 7-2　各铲位、卸点位置示意图

各铲位和各卸点之间的距离（单位：km）如表 7-1 所示。

表 7-1 铲位与卸点之间的距离 （单位：km）

	铲位 1	铲位 2	铲位 3	铲位 4	铲位 5	铲位 6	铲位 7	铲位 8	铲位 9	铲位 10
矿石漏	5.26	5.19	4.21	4.00	2.95	2.74	2.46	1.90	0.64	1.27
倒装场 I	1.90	0.99	1.90	1.13	1.27	2.25	1.48	2.04	3.09	3.51
岩场	5.89	5.61	5.61	4.56	3.51	3.65	2.46	2.46	1.06	0.57
岩石漏	0.64	1.76	1.27	1.83	2.74	2.60	4.21	3.72	5.05	6.10
倒装场 II	4.42	3.86	3.72	3.16	2.25	2.81	0.78	1.62	1.27	0.50

各铲位矿石、岩石数量（单位：万 t）和矿石的平均铁含量如表 7-2 所示。

表 7-2 铲位矿石量、岩石量和矿石的平均铁含量

	铲位 1	铲位 2	铲位 3	铲位 4	铲位 5	铲位 6	铲位 7	铲位 8	铲位 9	铲位 10
矿石量/万 t	0.95	1.05	1.00	1.05	1.10	1.25	1.05	1.30	1.35	1.25
岩石量/万 t	1.25	1.10	1.35	1.05	1.15	1.35	1.05	1.15	1.35	1.25
铁含量 (%)	30	28	29	32	31	33	32	31	33	31

首先仔细阅读题目，题目中的关键信息已做标记。

7.2.1 问题分析与假设

这是经典运输问题的扩展：

1）运输矿石与岩石两种物资。

2）产量大于销量。

3）有品位约束，矿石需要搭配运输。

4）产地、销地都有单位时间流量限制。

5）运输车辆相同，均满载，154t/车。

6）铲位数多于铲车数（7 台），需要选择不多于 7 个最优铲位。

7）求出各条路线上派出的车辆数及安排。

每个运输问题都对应着一个线性规划问题，条件 1）～4）可以通过变量设计、调整约束条件实现；条件 5）是整数要求，从而包含整数规划；条件 6）通过引入 **0-1** 决策变量来刻画。

从目标角度来看，这是一个多目标规划问题。

问题一的主要目标：①总运量最小；②总路程最小；③出动卡车最少。仔细分析可知，①与②是第一层目标（优先级更高），且二者基本等价，于是只用①作为第一层目标，根据其结果再优化③派车。

问题二的主要目标：④岩石产量最大；⑤矿石产量最大；⑥总运量最小。根据提意，优先级依次排列。

为了简化问题，做出如下假设：

假设 **1** 卡车在一个班次中不发生等待或熄火重启的情况。

假设 **2** 在铲位或卸点处因两条线路造成的冲突问题，只要在平均时间内能完成任务，就认为不冲突，不进行具体排时计划。

假设 **3** 空载和重载的速度都为 28km/h，但油耗相差很大。

假设 **4** 卡车可以提前退出系统。

7.2.2 基于整数规划的最优调运方案

1．引入变量符号

$i(=1,\cdots,10)$：表示 10 个铲位；

$j(=1,\cdots,5)$：表示 5 个卸点，即矿石漏、倒装场Ⅰ、岩场、岩石漏、倒装场Ⅱ（1、2、5 是矿石，3、4 是岩石）；

x_{ij}：从铲位 i 到卸点 j 的石料运量（车·次），运到岩石漏和岩场的是岩石，运到其余处的是矿石；

c_{ij}：从铲位 i 到卸点 j 的距离（km）；

t_{ij}：从铲位 i 到卸点 j 路线上运行一个周期平均所需时间（min）；

a_{ij}：从铲位 i 到卸点 j 最多能运行的平均卡车数（辆）；

b_{ij}：从铲位 i 到卸点 j，一辆车一个班次中最多可运行次数（次）；

$\boldsymbol{p}=[p_1,\cdots,p_{10}]$：$p_i$ 为铲位 i 矿石铁含量（%）；

$\boldsymbol{q}=[q_1,\cdots,q_5]$：$q_j$ 为卸点 j 任务需求（车·次）；

K_i：铲位 i 的铁矿石储量（万 t）；

Y_i：铲位 i 的岩石储量（万 t）；

$$z_i=\begin{cases}1, & \text{使用铲位 } i\\ 0, & \text{不使用铲位 } i\end{cases}$$

目标函数：重载运输的总运量（t · km）最小。

2．约束条件分析

- 道路能力约束

由于一个铲位（卸点）不能同时为两辆车服务，所以一条线路上最多同时运行的卡车数是受限制的。

卡车在从铲位 i 到卸点 j 的路线上运行一个周期平均所需时间为

$$t_{ij}=\frac{2\times \text{从铲位}i\text{ 到卸点}j\text{ 的距离}}{\text{平均速度}}+3+5=\frac{2c_{ij}}{28/60}+8\ (\text{min})$$

由于装车时间 5 min 大于卸车时间 3 min，所以，该线路上卡车不等待条件下最多同时运行的卡车数为

$$a_{ij}=\left\lfloor \frac{t_{ij}}{5} \right\rfloor$$

其中，$\lfloor \cdot \rfloor$ 为向下取整。比如 $t_{ij}=48\text{min}$ ，则最多不能超过 9 辆，否则会因装车而等待。

同理，可分析出每辆卡车一个班次中在该路线上最多可运行的次数为

$$b_{ij}=\left\lfloor \frac{8\times 60-(a_{ij}-1)\times 5}{t_{ij}} \right\rfloor$$

因为铲位只有一个电铲，这些车不能同时装车，所以要减去等待装车的时间，则在一个班次中，该固定线路上最多能运行的总车次大约为 $a_{ij}b_{ij}$ 。

- 电铲能力约束

因为一台电铲不能同时为两辆卡车服务，所以一台电铲在一个班次中的最大可能产量为

$$8\times(60/5)=96\ (\text{车})$$

- 卸点能力约束

卸点的最大吞吐量为每小时 60/3=20 车次，故一个卸点在一个班次最大可能的产量为 8×20=160（车）。

- 铲位储量约束：铲位的矿石和岩石产量都不能超过相应的储藏量。
- 卸点任务需求约束：各卸点的产量大于等于该卸点的任务要求：

$$\boldsymbol{q}=[q_1,\cdots,q_5]=[1.2,1.3,1.3,1.9,1.3]\times 10000/154$$

- 铁含量约束：各矿石卸点的平均品位要求都在指定的范围内。
- 电铲数量约束：通过引入 10 个 0-1 决策变量 z_i 来标志各个铲位是否有电铲。
- 卡车数量约束：卡车总数不超过 20 辆。
- 整数约束：车流量为非负整数， z_i 为 0-1 变量。

3. 建立整数规划模型

目标函数是总运量（t · km）最小。基于上述约束，建立如下的整数规划模型：

$$
\min \sum_{i=1}^{10}\sum_{j=1}^{5} 154 c_{ij} x_{ij}
$$

$$
\text{s.t.}\begin{cases}
x_{ij} \leqslant a_{ij} b_{ij}, & i=1,\cdots,10;\ j=1,\cdots,5 & \text{(道路能力约束)} \\
\sum_{j=1}^{5} x_{ij} \leqslant z_i \times 8 \times 60/5, & i=1,\cdots,10 & \text{(电铲能力约束)} \\
\sum_{i=1}^{10} x_{ij} \leqslant 8 \times 20, & j=1,\cdots,5 & \text{(卸点能力约束)} \\
x_{i1}+x_{i2}+x_{i5} \leqslant K_i \times 10000/154, & i=1,\cdots,10 & \text{(铲位储量约束：矿石)} \\
x_{i3}+x_{i4} \leqslant Y_i \times 10000/154, & i=1,\cdots,10 & \text{(铲位储量约束：岩石)} \\
\sum_{i=1}^{10} x_{ij} \geqslant q_j, & j=1,\cdots,5 & \text{(卸点任务需求约束)} \\
\sum_{i=1}^{10} x_{ij}\left(p_i-30.5\right) \leqslant 0, & j=1,2,5 & \text{(铁含量约束：上限)} \\
\sum_{i=1}^{10} x_{ij}\left(p_i-28.5\right) \geqslant 0, & j=1,2,5 & \text{(铁含量约束：下限)} \\
\sum_{i=1}^{10} z_i \leqslant 7, & & \text{(电铲数量约束)} \\
\sum_{i=1}^{10}\sum_{j=1}^{5} \dfrac{x_{ij}}{b_{ij}} \leqslant 20, & & \text{(卡车数量约束)} \\
x_{ij} \in \mathbb{Z}, & i=1,\cdots,10;\ j=1,\cdots,5 & \text{(整数约束)} \\
z_i \in \{0,1\}, & & \text{(0-1变量约束)}
\end{cases} \tag{7.1}
$$

4．Lingo 求解

Lingo 代码如下。

```
sets:
cai / 1..10 /: p, K, Y, z;
xie / 1..5 /: q;
link(cai, xie): a, b, c, t, x;
endsets
data:
v = 28;                                          ! 卡车平均车速;
q = 1.2 1.3 1.3 1.9 1.3 ;                        ! 各卸点任务需求;
! 距离矩阵，注意表格数据转置录入;
c = 5.26      1.9      5.89     0.64     4.42
    5.19      0.99     5.61     1.76     3.86
    4.21      1.9      5.61     1.27     3.72
    4         1.13     4.56     1.83     3.16
    2.95      1.27     3.51     2.74     2.25
    2.74      2.25     3.65     2.6      2.81
    2.46      1.48     2.46     4.21     0.78
```

```
    1.9         2.04       2.46       3.72       1.62
    0.64        3.09       1.06       5.05       1.27
    1.27        3.51       0.57       6.1        0.5;
K = 0.95 1.05 1.00 1.05 1.10 1.25 1.05 1.30 1.35 1.25;            ! 各铲位矿石量;
Y = 1.25 1.10 1.35 1.05 1.15 1.35 1.05 1.15 1.35 1.25;            ! 各铲位岩石量;
p = 30 28 29 32 31 33 32 31 33 31;                    ! 各铲位铁含量(%);
enddata
calc:
@for(link: t = 120 * c / v + 8;
        a = @floor(t / 5);
        b = @floor((485 - 5 * a) / t));
endcalc
min = @sum(link: x * 154 * c);                        ! 目标函数;
@for(link: x <= a * b);                               ! 道路能力约束;
@for(cai(i): @sum(xie(j): x(i, j)) <= z(i) * 96);                 ! 电铲能力约束;
@for(xie(j): @sum(cai(i): x(i, j)) <= 160);                       ! 卸点能力约束;
@for(cai(i): x(i,1) + x(i,2) + x(i,5) <= K(i) * 10000 / 154);     ! 铲位储量约束: 矿石;
@for(cai(i): x(i,3) + x(i,4) <= Y(i) * 10000 / 154);              ! 铲位储量约束: 岩石;
@for(xie(j): @sum(cai(i): x(i,j)) >= q(j) * 10000 / 154);         ! 卸点任务需求约束;
@for(xie(j)| j #eq# 1 #or# j #eq# 2 #or# j #eq# 5:
        @sum(cai(i): x(i,j) * (p(i) - 30.5)) <= 0;                ! 铁含量约束: 上限;
        @sum(cai(i): x(i,j) * (p(i) - 28.5)) >= 0);               ! 铁含量约束: 下限;
@sum(cai: z)<=7;                                      ! 电铲数量约束;
@sum(link: x / b) <= 20;                              ! 卡车数量约束;
@for(link: @gin(x));                                  ! 整数约束;
@for(cai: @bin(z));                                   ! 0-1 变量约束;
```

运行结果如下。

```
Global optimal solution found.
  Objective value:                 85628.62
  Total solver iterations:         214
  Elapsed runtime seconds:         0.16
```

最优目标值总运量为 85628.62，随后的结果展示了最优解，但可读性不好（二维结果也是按一维输出），所以有必要与 Excel 做数据交互。

5. Lingo 与 Excel 交互数据

Lingo 结果不方便读，也不方便后续使用，因此需要修改代码，实现与 Excel 交互数据。只需要修改数据段，改为从 Excel 读入数据和导出最优解结果到 Excel。

```
data:
v = 28;                              !卡车平均车速;
q = 1.2 1.3 1.3 1.9 1.3 ;            !各卸点任务需求;
c = @ole(datas.xlsx, B2:F11);        !距离矩阵;
K = @ole(datas.xlsx, B15:K15);       !各铲位矿石量;
Y = @ole(datas.xlsx, B16:K16);       !各铲位岩石量;
p = @ole(datas.xlsx, B17:K17);       !各铲位铁含量(%);
! 将结果写入 results1.xlsx;
```

```
@ole(results1_1.xlsx, B3:F12) = x;
@ole(results1_1.xlsx, H3:L12) = t;
@ole(results1_1.xlsx, N3:R12) = b;
Enddata
```

特别注意：Lingo 与 Excel 交互数据时，务必要保证所操作的 Excel 文件是打开状态。

运行结果得到运量、每趟时间、最大运算次数，分别见表 7-3、表 7-4、表 7-5。

表 7-3　运量 x　　（单位：车 · 次）

	卸点 1	卸点 2	卸点 3	卸点 4	卸点 5
铲位 1	0	0	0	81	0
铲位 2	13	42	0	0	13
铲位 3	0	0	0	43	2
铲位 4	0	43	0	0	0
铲位 5	0	0	0	0	0
铲位 6	0	0	0	0	0
铲位 7	0	0	0	0	0
铲位 8	54	0	0	0	0
铲位 9	0	0	70	0	0
铲位 10	11	0	15	0	70

表 7-4　每趟时间 t　　（单位：min）

卸点 1	卸点 2	卸点 3	卸点 4	卸点 5
30.54	16.14	33.24	10.74	26.94
30.24	12.24	32.04	15.54	24.54
26.04	16.14	32.04	13.44	23.94
25.14	12.84	27.54	15.84	21.54
20.64	13.44	23.04	19.74	17.64
19.74	17.64	23.64	19.14	20.04
18.54	14.34	18.54	26.04	11.34
16.14	16.74	18.54	23.94	14.94
10.74	21.24	12.54	29.64	13.44
13.44	23.04	10.44	34.14	10.14

表 7-5　最大运输次数 b

卸点 1	卸点 2	卸点 3	卸点 4	卸点 5
14	29	13	44	17
15	38	14	30	18
17	29	14	35	19

（续）

卸点 1	卸点 2	卸点 3	卸点 4	卸点 5
18	36	16	29	21
22	35	20	23	26
23	26	19	24	23
25	33	25	17	41
29	28	25	19	31
44	21	37	15	35
35	20	45	13	46

注：数值结果自动写出，文字说明是手动增加的。

6. 用 MATLAB 做进一步计算

将运行结果（二维矩阵）x、t、b 写入 Excel 文件后，需要做一些后续计算，由于 Lingo 计算不方便，因此转到 MATLAB 中进行。

```
% 从第 i 铲位到第 j 卸点的运量
x = xlsread('datas/ch8/results1_1.xlsx', 'sheet1', 'B3:F12');
% 从第 i 铲位到第 j 卸点一个周期需要的时间
t = xlsread('datas/ch8/results1_1.xlsx', 'sheet1', 'H3:L12');
% 一个班次中从第 i 铲位到第 j 卸点最多可运行的次数
b = xlsread('datas/ch8/results1_1.xlsx', 'sheet1', 'N3:R12');
c = xlsread('datas/ch8/datas.xlsx', 'sheet1', 'B2:F11');   % 距离矩阵
% 一个班次从第 i 铲位到第 j 卸点一辆车最多能跑的趟数
n = floor(60 * 8 ./ t);
total = sum(sum(x));                          % 总车次数
che_all = sum(sum(x ./ b));                   % 需要的卡车数
che_k = sum(sum(x(:,[1 2 5])));               % 运矿石的车数
che_y = sum(sum(x(:,3:4)));                   % 运岩石的车数
dun_k = 154 * che_k;                          % 运矿石的吨数
dun_y = 154 * che_y;                          % 运岩石的吨数
che = x ./ n;                                 % 每条线路需要的车数
% 保存数据结果
[I,J] = find(x ~= 0);
Ind = find( x~=0 );
rlts = table(I, J, x(Ind), c(Ind), t(Ind), n(Ind), che(Ind), 'VariableNames' = 
{'I','J','运量','距离','时间','趟数','车数'});
rlts.ZhengCheShu = floor(rlts.CheShu);
rlts.YuShu = rlts.CheShu - floor(rlts.CheShu);
rlts = sortrows(rlts, 'I');
rlts.ID = [1:12]';
rlts.Properties.VariableNames = {'铲位','卸点','运量','距离','时间','趟数','车数', '整车数','
余数','ID'}
writetable(rlts, 'results1_2.xlsx');
```

运行结果稍加整理，得到表 7-6。

表 7-6　模型 I 结果整理

铲位	卸点	运量	距离	时间	趟数	车数	整车数	余数	ID
1	4	81	0.64	10.743	44	1.841	1	0.841	1
2	1	13	5.19	30.243	15	0.867	0	0.867	2
2	2	42	0.99	12.243	39	1.077	1	0.077	3
2	5	13	3.86	24.543	19	0.684	0	0.684	4
3	4	43	1.27	13.443	35	1.229	1	0.229	5
3	5	2	3.72	23.943	20	0.100	0	0.100	6
4	2	43	1.13	12.843	37	1.162	1	0.162	7
8	1	54	1.9	16.143	29	1.862	1	0.862	8
9	3	70	1.06	12.543	38	1.842	1	0.842	9
10	1	11	1.27	13.443	35	0.314	0	0.314	10
10	3	15	0.57	10.443	45	0.333	0	0.333	11
10	5	70	0.5	10.143	47	1.489	1	0.489	12

7.2.3　最优调运方案下的派车计划

1. 问题分析

前文是让运输的总运量（t · km）最小，得到的最优调运方案，还需要进一步给出具体的派车计划：即出动多少卡车？分别在哪些线路上各运输多少次（不要求排时，只需给出各条路线上的卡车数及安排）？

最优调运方案中，共有 12 条路线上有运量，故派车方案只需针对这 12 条路线即可。

从表 7-6 可知，各路线上需要的卡车数都小于 2，最大为 1.867，若安排 2 辆卡车，则不需要 8h 就能完成运输任务。

铲位 i 到卸点 j 的路线记为 (i, j)，其上一辆卡车 8h 最多允许趟数为 b_{ij}，令 $w_{ij} = x_{ij} / b_{ij}$ 为路线 (i, j) 上需要的卡车数，若恰好是整数，则该线路安排 w_{ij} 辆卡车；若不是整数，先安排 $\lfloor w_{ij} \rfloor$ 辆卡车（向下取整），即先安排 7 辆卡车（它们在一个班次内固定在一条路线运行）。

对余数部分 $\tilde{w}_{ij} = w_{ij} - \lfloor w_{ij} \rfloor$（均小于 1）进行优化派车。让一辆卡车在一个班次内分别去不同路线完成这些路线上的零碎任务（指不足一辆车运输 8h 的任务），使这些零碎任务加起来接近 1 但不超过 1，也就是对零碎任务进行“组合”优化，每组的和不超过 1，使总的组数最少。

因为总共需要的卡车数为 12.801，故如果能安排 13 辆卡车来运输，则一定可以完成任务。可以将该问题想象成一个装箱问题：

现有 12 个小于 1 的 $\tilde{w}_k\left(k=1,\cdots,12\right)$，现对它们进行分组，每组包括大小不等的若干个，每组的和不超过 1（派 1 辆卡车）或 2（派 2 辆卡车），这里限制每个任务最多由 2 辆车合作完成。

2．装箱问题

这是一个一维装箱问题：有 12 个小于 1 的 $\tilde{w}_k\left(k=1,\cdots,12\right)$ 的物品和若干个尺寸为 1 或 2 的箱子，把所有物品全部装入箱子，使得所用箱子的长度之和尽可能小。

装箱问题可以用整数规划来求解，引入决策变量：

$$s_{ij}=\begin{cases}1, & \text{第 } i \text{ 件物品放入第 } j \text{ 个箱子} \\ 0, & \text{第 } i \text{ 件物品不放入第 } j \text{ 个箱子}\end{cases} \qquad i,j=1,\cdots,12$$

建立装箱问题的规划模型：

$$\min z=\sum_{j=1}^{12} y_j$$
$$\text{s.t.}\begin{cases}\sum\limits_{i=1}^{12}\tilde{w}_{ij}s_{ij}\leqslant y & j=1,\cdots,12 \\ \sum\limits_{j=1}^{12}s_{ij}=1 & i=1,\cdots,12 \\ y_j\in\{0,1,2\} & j=1,\cdots,12 \\ s_{ij}=0 \text{ 或 } 1 & i,j=1,\cdots,12\end{cases} \tag{7.2}$$

Lingo 求解，代码如下。

```
sets:
num/ 1..12 /: y, w;
link(num, num): s;
endsets
data:
w = 0.841 0.867 0.077 0.684 0.229 0.1 0.162 0.862 0.842 0.314 0.333 0.489;
@ole(results1_3.xlsx, A1:L12) = s;
enddata
min = @sum(num: y);
@for(num(j): @sum(num(i): w(i) * s(i,j)) <= y(j));
@for(num(i): @sum(num(j): s(i,j)) = 1);
@for(link: @bin(s));
@for(num: y <= 2; @gin(y));
```

运行结果如下。

```
Global optimal solution found.
        Objective value:                            6.000000
        Objective bound:                            6.000000
        Infeasibilities:                            0.000000
        Extended solver steps:                      79
        Total solver iterations:                    1138
        Elapsed runtime seconds:                    0.10
```

最优目标值为 6，即需要安排 6 辆卡车便可完成任务。将最优解结果继续写入 Excel，然后到 MATLAB 中做进一步的汇总计算。

```
%% 读入装箱问题结果
s = xlsread('datas/ch8/results1_3.xlsx', 'sheet1', 'A1:L12');
y = xlsread('datas/ch8/results1_3.xlsx', 'sheet1', 'A15:L15');
w = xlsread('datas/ch8/results1_3.xlsx', 'sheet1', 'A18:L18');
[I,J] = find(s == 1);
rlts2 = table(I, J, y(J)', w(I)', 'VariableNames', {'ID', '箱', '车数', 'w'})
```

运行结果如下。

```
ID    箱     车数        w
__    __    ____    ______
7     2      1      0.1622
11    2      1      0.3333
12    2      1      0.4894
2     3      1      0.8667
6     3      1         0.1
1     7      2      0.8409
9     7      2      0.8421
10    7      2      0.3143
4     8      1      0.6842
5     8      1      0.2286
3     9      1      0.0769
8     9      1      0.8621
```

所以，任务{7,11,12}装入箱 2，派 1 辆卡车；

任务{2,6}装入箱 3，派 1 辆卡车；

任务{1,9,10}装入箱 7，派 2 辆卡车；

任务{4,5}装入箱 8，派 1 辆卡车；

任务{3,8}装入箱 9，派 1 辆卡车。

那么每个箱的总任务量是多少呢？下面做分组汇总：

```
grpstats(rlts2,'箱','sum','DataVars','w')
```

运行结果如下。

```
箱    GroupCount    sum_w
__    __________    ______
2         3         0.9849
3         2         0.9667
7         3         1.9973
8         2         0.9128
9         2         0.939
```

这就是5辆卡车各自的运量，每辆都很接近1，几乎没有浪费卡车资源。

最后，还要确定每个任务对应的路线，即根据任务号对应回前面的结果表，找到对应的铲位和卸点：

```
rlts1 = readtable('results1_2.xlsx', 'VariableNamingRule', 'preserve');
rlts1 = rlts1(:, {'ID','铲位','卸点'});
rlts3 = join(rlts2, rlts1, 'Keys', 'ID')
```

运行结果如下。

```
ID   箱   车数     w      铲位   卸点
__   __   ____   ______   ____   ____
7    2     1     0.1622    4      2
11   2     1     0.3333    10     3
12   2     1     0.4894    10     5
 2   3     1     0.8667    2      1
 6   3     1     0.1       3      5
 1   7     2     0.8409    1      4
 9   7     2     0.8421    9      3
10   7     2     0.3143    10     1
 4   8     1     0.6842    2      5
 5   8     1     0.2286    3      4
 3   9     1     0.0769    2      2
 8   9     1     0.8621    8      1
```

根据该结果，就可以安排具体的卡车运输方案了。

7.2.4 多目标规划模型的序贯解法

1. 问题分析

问题二是：利用现有车辆运输，获得最大的产量（岩石产量优先，在产量相同的情况下，取总运量最小的解）。

按照该问题，可以建立一个多目标规划模型。在问题一模型的基础上，去掉关于卸点需求的约束条件。

目标函数有3个：1）岩石产量最大；2）矿石产量最大；3）总运量（t · km）最小。

综上，建立多目标规划模型：

$$\max \sum_{i=1}^{10}(x_{i3}+x_{i4})$$

$$\max \sum_{i=1}^{10}(x_{i1}+x_{i2}+x_{i5})$$

$$\min \sum_{i=1}^{10}\sum_{j=1}^{5}154c_{ij}x_{ij}$$

$$\text{s.t.}\begin{cases}
x_{ij} \leqslant a_{ij}b_{ij}, & i=1,\cdots,10;\ j=1,\cdots,5 & (\text{道路能力约束})\\
\sum_{j=1}^{5}x_{ij} \leqslant z_i \times 8 \times 60/5, & i=1,\cdots,10 & (\text{电铲能力约束})\\
\sum_{i=1}^{10}x_{ij} \leqslant 8 \times 20, & j=1,\cdots,5 & (\text{卸点能力约束})\\
x_{i1}+x_{i2}+x_{i5} \leqslant K_i \times 10000/154, & i=1,\cdots,10 & (\text{铲位储量约束：矿石})\\
x_{i3}+x_{i4} \leqslant Y_i \times 10000/154, & i=1,\cdots,10 & (\text{铲位储量约束：岩石})\\
\sum_{i=1}^{10}x_{ij}(p_i-30.5) \leqslant 0, & j=1,2,5 & (\text{铁含量约束：上限})\\
\sum_{i=1}^{10}x_{ij}(p_i-28.5) \geqslant 0, & j=1,2,5 & (\text{铁含量约束：下限})\\
\sum_{i=1}^{10}z_i \leqslant 7, & & (\text{电铲数量约束})\\
\sum_{i=1}^{10}\sum_{j=1}^{5}\frac{x_{ij}}{b_{ij}} \leqslant 20, & & (\text{卡车数量约束})\\
x_{ij} \in \mathbb{Z}, & i=1,\cdots,10;\ j=1,\cdots,5 & (\text{整数约束})\\
z_i \in \{0,1\}, & & (0\text{-}1\text{约束})
\end{cases} \tag{7.3}$$

2．Lingo 求解

题目已经给出三个目标的优先级别，适合用序贯法求解，其核心是根据优先级的先后次序，将目标规划问题分解成一系列的单目标规划问题，然后再依次求解。序贯法一般步骤如下。

① 确定目标的优先级；

② 求出第 1 级目标最优值；

③ 以第 1 级单目标等于最优值为约束，求第 2 级目标最优值；

④ 以第 1、2 级单目标等于其最优值为约束，求第 3 级目标最优。以此类推。

以下 Lingo 代码如下来自文献[17]，给出了序贯法求解多用标规划的一般范式编程。

```
model:
sets:
level /1..3/: g;
cai /1..10/: p, K, Y, z;
```

```
xie /1..5 /: q;
link(cai, xie): a, b, c, t, x;
endsets
data:
v = 28;                                         ! 卡车平均车速;
c = @ole(datas.xlsx, B2:F11);                   ! 距离矩阵;
K = @ole(datas.xlsx, B15:K15);                  ! 各铲位矿石量;
Y = @ole(datas.xlsx, B16:K16);                  ! 各铲位岩石量;
p = @ole(datas.xlsx, B17:K17);                  ! 各铲位铁含量(%);
@text() = @table(x);                            ! 在结果中以二维表形式输出 x;
enddata
calc:
@for(link: t = 120 * c / v + 8;
           a = @floor(t / 5);
           b = @floor((485 - 5 * a) / t));
endcalc
submodel obj1:                        ! 目标函数 1;
[mobj1] max = @sum(link(i, j) | j #eq# 3 #or# j #eq# 4: x(i,j));
endsubmodel
submodel obj2:                        ! 目标函数 2;
[mobj2] max = @sum(link(i,j) | j #eq# 1 #or# j #eq# 2 #or# j #eq# 5: x(i,j));
endsubmodel
submodel obj3:                        ! 目标函数 3;
[mobj3] min = @sum(link: 154 * c * x);
endsubmodel
submodel con:                         ! 原始约束;
@for(link: x <= a * b);                                          ! 道路能力约束;
@for(cai(i): @sum(xie(j): x(i,j)) <= z(i) * 96);                 ! 电铲能力约束;
@for(xie(j): @sum(cai(i): x(i,j)) <= 160);                       ! 卸点能力约束;
@for(cai(i): x(i,1) + x(i,2) + x(i,5) <= K(i) * 10000 / 154);    ! 铲位储量约束 1: 矿石;
@for(cai(i): x(i,3) + x(i,4) <= Y(i) * 10000 / 154);             ! 铲位储量约束 2: 岩石;
@for(xie(j) | j #eq# 1 #or# j #eq# 2 #or# j #eq# 5:
        @sum(cai(i): x(i,j) * (p(i) - 30.5)) <= 0;               ! 铁含量约束 1: 上限;
        @sum(cai(i): x(i,j) * (p(i) - 28.5)) >= 0);              ! 铁含量约束 2: 下限;
@sum(link: x / b) <= 20;                                         ! 卡车数量约束;
@sum(cai: z) <= 7;                                               ! 电铲数量约束;
@for(link: @gin(x));                                             ! 整数约束;
@for(cai: @bin(z));                                              ! 0-1 变量约束;
endsubmodel
submodel con1:                                                   ! 将目标 1 作为约束;
@sum(link(i,j) | j #eq# 3 #or# j #eq# 4: x(i,j)) = g(1);
endsubmodel
submodel con2:                                                   ! 将目标 2 作为约束;
@sum(link(i,j) | j #eq# 1 #or# j #eq# 2 #or# j #eq# 5: x(i,j)) = g(2);
endsubmodel
calc:
@solve(obj1, con);  g(1) = mobj1;
@solve(obj2, con, con1);  g(2) = mobj2;
```

```
@solve(obj3, con, con1, con2);
endcalc
end
```

运行结果如下。

```
Global optimal solution found.
 Objective value:                              320.0000
Global optimal solution found.
 Objective value:                              342.0000
Global optimal solution found.
 Objective value:                              142539.3
 Extended solver steps:                              45
 Total solver iterations:                           683
 Elapsed runtime seconds:                          0.28
           1          2          3          4          5
   1  0.000000  20.00000  0.000000  76.00000  0.000000
   2  0.000000  67.00000  0.000000  28.00000  1.000000
   3  7.000000  4.000000  0.000000  32.00000  53.00000
   4  0.000000  68.00000  0.000000  24.00000  0.000000
   5  0.000000  0.000000  0.000000  0.000000  0.000000
   6  0.000000  0.000000  0.000000  0.000000  0.000000
   7  0.000000  0.000000  0.000000  0.000000  0.000000
   8  21.00000  1.000000  12.00000  0.000000  62.00000
   9  0.000000  0.000000  74.00000  0.000000  16.00000
  10  0.000000  0.000000  74.00000  0.000000  22.00000
```

得到最优解对应的岩石产量为 320 车 · 次，矿石产量为 342 车 · 次，最小总运量为 142539.3t · km。上面的矩阵就是最优调用方案。具体的派车计划，可以像 8.4 节那样求解（略）。

上面的矩阵就是最优调用方案，具体的派车计划留给读者作为练习。

思考题 7

1. 编程实现本章最后省略的派车计划。
2. 选用另一种多目标规划的求解方法对本章的多目标规划模型进行求解。

评价模型篇

综合评价非常常见，小到学生的综合绩点、选购产品，大到大学排名、就业质量、综合国力等都是综合评价。综合评价，是对被评价对象进行的客观、公正、合理的全面评价。综合评价有如下 5 个要点。

（1）评价对象

属于同一类的，多个样本；比如评价 n 个学生的综合绩点。

（2）评价指标体系

要评价每个评价对象，需要考虑到能够反映它的不同的方面，不同方面可能又需要细化到下一级更具体的指标，围绕本评价所展开的整个树状的指标层次结构，就是评价指标体系；比如评价学生综合绩点，可构建如图 8-1 所示的评价指标体系。

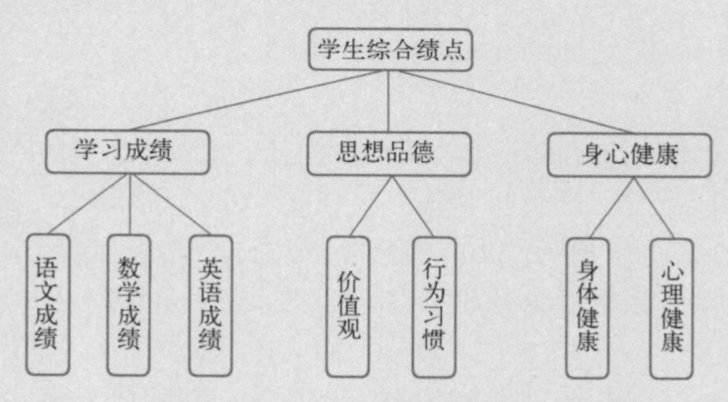

● 图 8-1　评价指标体系示例

构建评价指标体系是综合评价的基础。评价指标体系科学与否，直接影响到评价结果的准确性和客观性。构建指标体系时应遵循以下原则。

- 系统性：指标的设置要从各个方面全面完整地反映出评价对象的各个主要影响因素，在不影响指标系统性的原则下，尽量减少指标数量。
- 可比性：同一指标对所有的评价对象应具有相同的标准尺度，便于评价对象间相互比较和分析。
- 通用性：指标的选取要能够尽量满足各样本的要求，避免选取某些仅对部分样本适用的特殊指标。
- 独立性：指标要简洁准确，含义明确具体，避免指标之间内容的相互交叉和重复。
- 可观测性：指标数据可从统计年鉴、网络资源等途径获得；对部分无法获取数据的定性指标，需要合理量化。

构建指标体系，一般来说有自顶向下和自底向上两种方法。

- 自顶向下：更常用，是一种正向思考的过程，根据要评价的对象，考虑它的不同组成部分或反映它的不同侧面，并逐步细分，直到可以通过具体的指标进行量化。总指标细分为一级指标时最好参考相关的成熟理论或者公认的行业知识。
- 自底向上：是将分散信息进行分类组合的过程，对已经存在的一些指标群按一定的标准进行聚类或合成，使之体系化。

总结来说，构建指标体系的关键是不要从指标数据是否容易或能够获取来考虑，而是从全面反映评价对象、指标层次结构明晰合理、符合逻辑的角度出发来构建评价指标体系。因为对于不容易或不能够获取的指标数据，可以先用定性指标构建评价指标体系，当需要指标数据的时候，再考虑对定性指标做量化处理。

（3）收集指标数据并预处理

收集每个评价对象的、每个底层指标的数据，假设有 n 个评价对象，m 个底层指标，则得到 $n \times m$ 数据矩阵，对于定量指标数据可直接收集，定性指标就需要合理量化；数据还必须做预处理，以解决数据量纲不同、方向不同的问题。

（4）确定指标权重

确定每个指标对其上一级指标的重要程度（占的比重），一般有主观赋权法、客观赋权法；比如学习成绩占 40%，思想品德占 30%，身心健康占 30%。

（5）融入评价算法

有了每个评价对象的指标数据和指标权重，最简单的做法就是逐级向上做加权合成，得到每个评价对象的综合得分，更好的做法是融入评价算法，如模糊综合评价、TOPSIS 法、DEA 投入产出效率、灰色关联度等。

经典评价模型

综合评价的算法步骤是从数据指标预处理、主客观赋权法开始的，本章将首先具体讨论它们所涉及的各细节步骤，再介绍两种经典的评价算法：理想解法、数据包络分析（DEA）。

8.1 数据指标预处理

收集评价指标体系的各底层指标的数据，得到指标数据矩阵（也称决策矩阵），记为 $\boldsymbol{X}_{n\times m}$，每一列对应一个指标：$x_1,x_2,\cdots,x_m$ 为 m 个指标，每一行是关于一个评价对象的各指标的具体取值。

这些指标数据是不能直接用于综合评价的，原因如下。

- 可能方向不同："正向指标"（取值越大越好）、"负向指标"（取值越小越好）、"居中型指标"（取中间值最好）、"区间型指标"（取值落在某个区间内最好）等，这需要进行一致性变换。
- 可能数值的量纲不同，即存在着各自不同的单位和数量级，比如有的列的取值成千上万，有的列的取值只是不足 1 的小数，这就需要进行无量纲化处理。
- 可能只是定性指标，取值是离散值，比如优、良、中、差，这就需要做定性指标量化处理。

8.1.1 指标的一致性处理

一个指标的数据是一列，比如第 j 列 $\boldsymbol{x}_j=[x_{1j},x_{2j},\cdots,x_{nj}]^{\mathrm{T}}$。

（1）正向指标

值越大越好，如成绩、GDP、利润等，不用处理。

（2）负向指标

值越小越好，如费用、失业率、污染值等，可通过倒数变换 $x'_{ij}=1/x_{ij}$，或者极小极大化变换 $x'_{ij}=\max\limits_{1\leqslant i\leqslant n}x_{ij}-x_{ij}$ 转化为正向指标，MATLAB 代码如下。

```
x(:,j) = 1 ./ x(:,j);                              % 倒数变换
x(:,j) = max(x(:,j)) - x(:,j);                     % 极小极大化变换
```

（3）居中型指标

指标值越接近某个中间值越好，如 pH 值，通常按如下公式变换：

$$x'_{ij}=1-\frac{|x_i-x_{\text{best}}|}{M} \tag{8.1}$$

其中，$M=\max\limits_{1\leqslant i\leqslant n}\{|x_i-x_{\text{best}}|\}$。

例如，水质评估指标 pH 值数据为{6，7，8，9}，pH=7 时水质最好，即 $x_{\text{best}}=7$；$M=\max\{|6-7|,\ |7-7|,\ |8-7|,\ |9-7|\}=2$。从而可计算变换后的 pH 值分别为{0.5, 1, 0.5, 0}。

先定义一个居中型转换函数，MATLAB 代码如下。

```
function y = MiddleType(x,m)
% 居中型数据转换，m 为唯一的最优值
M = max(x - m);
y = 1 - abs(x - m) / M;
```

再调用函数转换 pH 值数据：

```
PH = 6:9;
MiddleType(PH',7)
```

运行结果如下。

```
ans  =  0.5000  1.0000   0.5000   0
```

（4）区间型指标

指标值在某个确定的区间$[a,b]$范围内为最好，如体温、水中植物性营养物含量等，通常做如下变换：

$$x'_{ij}=\begin{cases}1-\dfrac{a-x_{ij}}{M},x_{ij}<a\\ 1, \qquad a\leqslant x_{ij}\leqslant b\\ 1-\dfrac{x_{ij}-b}{M},x_{ij}>b\end{cases} \tag{8.2}$$

其中，$M=\max\{a-\min\limits_i x_{ij},\ \max\limits_i x_{ij}-b\}$。

例如：人体体温数据$T=\{35.2,35.8,37.1,37.8,38.4\}$，体温最优区间为[36,37]，故$a=36,b=37$；

$$M = \max\{36 - \min T,\ \max T - 37\} = \max\{36 - 35.2,\ 38.4 - 37\}$$
$$= \max\{0.8,\ 1.4\} = 1.4$$

从而可以计算变换后的 T 值。

先定义一个区间型转换函数，MATLAB 代码如下。

```
function y = IntervalType(x,a,b)
% 区间型数据转换, [a,b]为最优区间
M = max(a-min(x), max(x)-b);
n = size(x);
for i=1:n
    if x(i) < a
       y(i) = 1 - (a-x(i))/M;
    elseif x(i) <= b
       y(i) = 1;
    else
       y(i) = 1 - (x(i)-b)/M;
    end
end
y = y';
```

该函数的函数体包含了分支结构（if-else）和循环结构（for），这两种结构是编程中最常用的结构化语句，读者应当仔细体会并学会使用它们。下面调用该函数转换温度数据：

```
T = [35.2 35.8 36.6 37.1 37.8 38.4]';
IntervalType(T,36,37)
```

运行结果如下。

```
ans  =  0.4286   0.8571   1.0000   0.9286   0.4286   0
```

8.1.2　指标的无量纲化处理

指标数据要先做一致化处理，之后不同指标的数据由于仍有着各自不同的单位和数量级，使得这些指标之间存在着不可公度性。如果不对这些指标做相应的无量纲化处理，则在综合评价过程中就会出现“大数吃小数”的错误结果，从而导致最后得到错误的评价结论。

无量纲化处理，又称为指标数据的标准化或规范化处理。常用方法：标准差法、极值差法和功效系数法等。

（1）标准化

$$x'_{ij} = \frac{x_{ij} - \overline{x}_j}{s_j}, \qquad i = 1, \cdots n; j = 1, \cdots, m \tag{8.3}$$

其中，$\overline{x}_j$ 和 s_j 分别为指标 j 数据的均值和标准差。经过标准化处理后的数据，其均值和标准差

分别为 0 和 1。

MATLAB 自带的 zscore()函数，可以实现向量或矩阵（各列）标准化。

注：数据只减去均值，不除以标准差，称为中心化。

（2）归一化

归一化是将数据线性变换（平移+放缩）到区间[0,1]，一般还同时考虑指标一致化，将正向指标和负向指标都变成正向。

正向指标：

$$x'_{ij} = \frac{x_{ij} - \min\limits_i x_{ij}}{\max\limits_i x_{ij} - \min\limits_i x_{ij}}, \qquad i = 1,\cdots n; j = 1,\cdots,m \tag{8.4a}$$

负向指标：

$$x'_{ij} = \frac{\max x_{ij} - x_{ij}}{\max\limits_i x_{ij} - \min\limits_i x_{ij}}, \qquad i = 1,\cdots n; j = 1,\cdots,m \tag{8.4b}$$

根据需要也可以线性放缩到区间$[c, c+d]$（也称为功效系数法）：

$$x'_{ij} = c + \frac{x_{ij} - \min\limits_i x_{ij}}{\max\limits_i x_{ij} - \min\limits_i x_{ij}} d, \qquad i = 1,\cdots n; j = 1,\cdots,m \tag{8.5}$$

其中，c 和 d 均为确定的常数，分别表示“平移量”和“放缩量”。比如若取 $c = 60$，$d = 40$，则 $x'_{ij} \in [60,100]$。

```
function y = rescale(x, type, a, b)
% 将向量 x 归一化到[a,b]，默认[0,1]，type=1 正向指标(默认)，type=2 负向指标
if (nargin == 1)
    type = 1; a = 0; b = 1;
end
if (nargin == 2)
    a = 0; b = 1;
end
m = min(x);
M = max(x);
if type == 1
    y = (b-a) * (x-m)/(M-m) + a;
else
    y = (b-a) * (M-x)/(M-m) + a;
end
```

注意：为了方便使用，将参数 type、a、b 设置为默认值，就是说，调用函数 rescale()时，若不提供这 3 个参数，将自动使用默认值。

测试一下：

```
x = [1,2,3,5]';
rescale(x, 1)
```

运行结果如下。

```
ans  =  0
        0.2500
        0.5000
        1.0000
```

注：标准化一般用于数据相差很大的情况，可以避免归一化“大数吃小数”。

8.1.3 定性指标的量化

在实际中，很多问题都涉及定性或模糊指标的量化处理，例如思想品德、各种满意度、学习能力等。

有的指标是五个等级：A、B、C、D、E，如何将其量化？若是 A−、B+、C−、D+等，又该如何合理量化？

根据实际问题，构造模糊隶属函数的量化方法是一种可行有效的方法。隶属，可以理解为隶属于某等级的程度（更多内容请参阅 9.1 节）。

（1）线性量化

比如对某事物“满意度”的评价可分为

{很不满意，不太满意，较满意，满意，很满意}

简单地将以上 5 个等级依次对应为 0.2、0.4、0.6、0.8、1，就是一种线性量化，如图 8-2 所示。

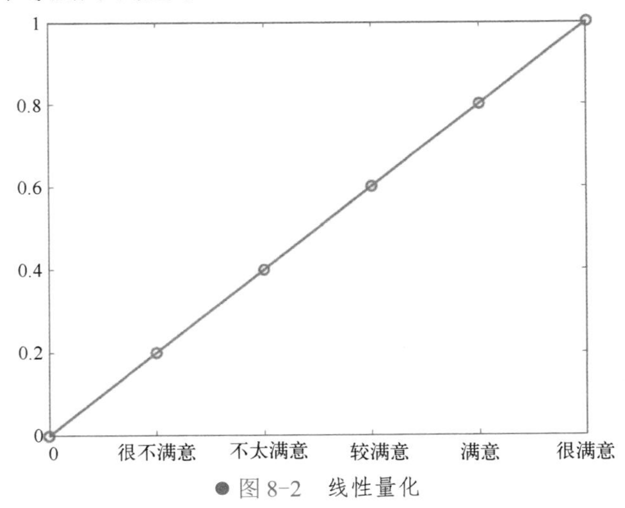

图 8-2　线性量化

这实际上不止量化了 5 个点，而是量化了所有等级之间，比如说度量“较满意”与“满意”之间的 1/5 处，其量化值就是 0.64。

（2）偏大型量化

线性量化是一种“等比例映射”“平均主义”的量化，在有些情形下可能并不合理。比如，对应聘者的评语集为

$$\{很差，差，一般，好，很好\}$$

对应的量化数值为{0.01,0.55,0.8,0.91,1}，这是一种偏大型量化。

偏大型量化可采用模糊数学中的偏大型柯西分布和对数函数作为隶属函数：

$$f(x)=\begin{cases}[1+\alpha(x-\beta)^{-2}]^{-1}, & 1\leqslant x<3\\ a\ln x+b, & 3\leqslant x\leqslant 5\end{cases} \tag{8.6}$$

其中，α、β、a、b 为待定常数。要确定这 4 个待定常数，就需要 4 个方程，比如根据实际情况按照如下方式进行量化取值：

- “很差”，隶属度量化为 0.01，即 $f(1)=0.01$。
- “一般”，隶属度量化为 0.8，即 $f(3)=0.8$（用于两个方程）。
- “很好”，隶属度量化为 1，即 $f(5)=1$。

由 4 个未知数，4 个方程，可以用 MATLAB 解出：

$$\alpha=1.1086,\ \beta=0.8942,\ a=0.3915,\ b=0.3699$$

于是，得到用于量化的隶属函数：

$$f(x)=\begin{cases}[1+1.1086(x-0.8942)^{-2}]^{-1}, & 1\leqslant x<3\\ 0.3915\ln x+0.3699, & 3\leqslant x\leqslant 5\end{cases} \tag{8.7}$$

绘图展示该偏大型量化，如图 8-3 所示。

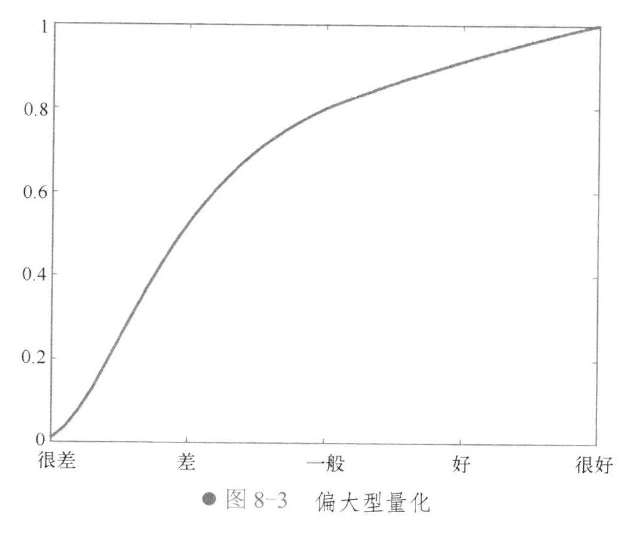

图 8-3　偏大型量化

可见，偏大型量化取值更倾向于取更大的值。实际中选用偏大型还是偏小型是根据具体的

主观倾向确定的，多数情况下适合偏大型。

8.2 主客观赋权法

对于上级指标来说，各评价指标之间的相对重要性是不同的，它们是用权重来刻画的。

若用 w_j 表示指标 x_j 的权重，则应有 $w_j \geqslant 0(j=1,2,\cdots,m)$，且 $\sum_{j=1}^{m} w_j = 1$。

评价指标体系建立之后，加权合成法得到的综合评价结果完全依赖于权重值，故确定权重的合理与否，直接关系到综合评价结果的可信度，甚至影响到最后决策的正确性。

赋权法大体上分为两类。

- 主观赋权法：只依赖于专家或评判者的主观判断，再通过综合汇总得到，代表性的有层次分析法、德尔菲法（专家调查法）等。
- 客观赋权法：只依赖于指标数据本身结构信息，比如离散程度，通过数学计算得到，代表性的有熵权法、主成分分析法、CRITIC 权重等。

当然，更建议采用主客观相结合的综合赋权法。

特别注意：做加权合成时，只有相互独立的指标才能做线性加权。

评价问题实际上没有标准答案，所遵循的标准是合理。除了按加法加权合成，有时候还可以采用乘积合成。比如，韩中庚在 2020 年全国大学生数学建模竞赛 C 题“中小微企业的信贷策略”中[21]，根据企业综合实力与信誉指标的乘积评价信贷安全得分，正好吻合信誉评级为 D 且有违约记录（量化成信誉指标为 0）的企业，信贷安全得分为 0。进一步，将信贷安全得分经过 Sigmoid 变换映射到区间[0,1]，最后再用 1 减去它，得到信贷风险得分。

以上每个指标的权重都是确定的，如果让每个指标的权重都随指标值而变化，即是指标值的函数 $w_j(x_{ij})$，则称为动态加权法。动态加权法更加符合实际，是建议采用的方法。

8.2.1 层次分析法

层次分析法是最常用的主观赋权法之一，本书 2.2 节已详细讨论过，这里只简单提一下。层次分析法赋权，不需要指标数据，只需要有指标名字。评价指标体系已经给出了指标层次结构，相对于其上层指标，两两比较指标之间的相对重要性，得到判断矩阵，再代入层次分析法计算各指标权重即可。

注意：在数学建模中，仅凭自己主观判断给出的判断矩阵是不可靠的，层次分析法最好是采用来自多位专家的判断矩阵；在无法咨询专家的情况下，建议采用主客观相结合的赋权法，避免只使用层次分析法确定权重。

8.2.2 熵权法

在信息论中，熵是对不确定性的一种度量。不确定性越大，熵就越大，包含的信息量越大；不确定性越小，熵就越小，包含的信息量就越小。

根据熵的特性，可以通过计算熵值来判断一个事件的随机性及无序程度，也可以用熵值来判断某个指标的离散程度，指标的离散程度越大，该指标对综合评价的影响（权重）越大。想象一下，比如样本数据在某指标下取值都相等，则该指标对总体评价的影响（贡献）为 0，故其权重也应该为 0。

熵权法是一种客观赋权法，因为它仅依赖于数据本身的离散性。

1. 算法步骤

设有 n 个评价对象（样本），m 个评价指标，x_{ij} 为第 i 个评价对象、第 j 个指标的具体取值 $(i=1,2,\cdots,n; j=1,2,\cdots,m)$ 。

1）数据预处理，同时做一致化和归一化。为了简单，预处理之后的数据 x'_{ij} 仍记为 x_{ij} 。

2）计算第 j 个指标下第 i 个样本指标值占的比重。

$$p_{ij}=\frac{x_{ij}}{\sum_{i=1}^{n}x_{ij}},\qquad i=1,\cdots,n; j=1,\cdots,m$$

3）计算第 j 个指标的熵值。

$$e_j=-\frac{1}{\ln n}\sum_{i=1}^{n}p_{ij}\ln p_{ij},\qquad i=1,\cdots,n; j=1,\cdots,m$$

4）计算信息熵的冗余度。

$$d_j=1-e_j,\qquad j=1,\cdots,m$$

5）归一化得到各个指标的权重。

$$w_j=\frac{d_j}{\sum_{j=1}^{m}d_j},\qquad j=1,\cdots,m$$

6）（不是必须）只根据熵权做加权合成，计算各样本的综合得分。

$$s_i=\sum_{j=1}^{m}w_j x_{ij},\qquad i=1,\cdots,n$$

2. MATLAB 实现

按上述算法步骤，编写 MATLAB 函数实现熵权法。

注意，熵权法中涉及对数运算 $\ln(\cdot)$，所以归一化时不能出现 0 和 1，为此，把区间[0,1]收缩为[0.002, 0.996]。

下面自定义实现熵权法的函数，MATLAB 代码如下。

```
function [s,w] = shang(X, index)
% 实现用熵权法计算各指标(列)的权重及各数据行的得分
% X 为指标数据，一行代表一个样本，每列对应一个指标
% index 指示向量，指示各列是正向指标还是负向指标，1 表示正向指标，2 表示负向指标
% s 返回各行（样本）得分，w 返回各列权重
[n,m] = size(X); % n 个样本, m 个指标
%% 数据归一化到[0.002,0.996]
for j=1:m
    if index(j)==1   % 正向指标归一化
        X(:,j) = rescale(X(:,j),1, 0.002, 0.996);
    else             % 负向指标归一化
        X(:,j) = rescale(X(:,j),2, 0.002, 0.996);
    end
end
%% 计算第 j 个指标下，第 i 个样本值占该指标的比重
for j=1:m
    p(:,j) = X(:,j) / sum(X(:,j));
end
%% 计算第 j 个指标的熵值
k = 1/log(n);
for j=1:m
    e(j) = -k * sum(p(:,j) .* log(p(:,j)));
end
d = 1 - e;                 % 计算信息熵冗余度
w = d ./ sum(d);           % 归一化得到权重
s = 100 * w * X';          % 计算综合得分
```

现有数据 shang_datas.mat，为 2014 年 31 个地区的就业与劳动保障数据，包含 5 个指标：社会养老保险参保率、医疗保险参保率、失业保险参保率、工伤保险参保率、工伤事故发生率，其中第 5 个指标为负向指标。

测试 shang 函数：

```
load Employment.mat
ind = [1 1 1 1 2];
[s,w] = shang(X, ind)
```

运行结果如下。

```
s =32.0263   95.4273   45.9653   16.1772   25.2726   21.7485   42.1872   27.3849
   24.2703   66.9309   43.0643   65.3858    9.3924   30.8704   20.1076   34.4128
   20.6635   21.8988   23.6046   68.8115   10.8006   36.0991   35.5698
   20.4158   11.3374   10.6856   23.2583   12.5243   16.4323   21.6246   27.3803
w  =  0.0896    0.2195    0.3330    0.3073    0.0506
```

8.2.3 主成分法

主成分分析（Principal Component Analysis，PCA），是在损失很少信息的前提下，把多个指

标转化为几个综合指标的多元统计分析方法，它的核心是数据降维思想，即通过降维的手段实现多指标向综合指标的转化，而转化后的综合指标称为主成分。其中，每个主成分都是众多原始变量的线性组合，且每个主成分之间互不相关，这使得主成分比原始变量具有某些更为优越的性能。

主成分法赋权主要通过对原始数据自身特征（相关性）的分析来确定权重系数，是一种完全客观的定量分析方法，而且能够通过数学变换把给定的一组相关变量通过线性变换转成另一组相互独立的变量。

若做综合评价时选取的指标较多，且指标之间有一定的相关性，则所反映的信息在一定程度上会有重叠。使用主成分法赋权可以在一定程度上有效避免主观随机因素的干扰和指标部分重叠的问题，使得评价指标体系更加科学客观。

在所有的线性组合中所选取的 F_1 是方差最大的，称其为第一主成分。如果第一主成分不足以代表原来所有指标的信息，再考虑选取第二个线性组合 F_2，称为第二主成分。为了有效地反映原有信息，F_1 中已有的信息就不需要再出现在 F_2 中，用数学语言表达就是要求 $\mathrm{Cov}(F_1,F_2)=0$。依此类推可以构造出第 3 个、第 4 个、……、第 p 个主成分。

1. PCA 赋权算法步骤

设有 n 个样本，每个样本有 p 个指标（变量）：$\boldsymbol{X}_1,\cdots,\boldsymbol{X}_p$，得到原始数据矩阵：

$$\boldsymbol{X}=\begin{bmatrix} x_{11} & x_{12} & \cdots & x_{1p} \\ x_{21} & x_{22} & \cdots & x_{2p} \\ \vdots & \vdots & & \vdots \\ x_{n1} & x_{n2} & \cdots & x_{np} \end{bmatrix}=\left[\boldsymbol{X}_1,\boldsymbol{X}_2,\cdots,\boldsymbol{X}_p\right]$$

1）对原始指标数据矩阵 $\boldsymbol{X}$ 做标准化（或中心化）处理，并计算标准化样本数据矩阵的协方差矩阵 $\boldsymbol{\Sigma}=(s_{ij})_{p\times p}$，其中

$$s_{ij}=\frac{1}{n-1}\sum_{k=1}^{n}(x_{ki}-\overline{x}_i)(x_{kj}-\overline{x}_j),\quad i,j=1,\cdots,p$$

2）求出 $\boldsymbol{\Sigma}$ 的特征值 $\lambda_1>\lambda_2>\ldots>\lambda_p>0$ 和相应的特征向量，以及相应的正交化单位特征向量：

$$\boldsymbol{a}_1=\begin{bmatrix} a_{11} \\ a_{21} \\ \vdots \\ a_{p1} \end{bmatrix},\boldsymbol{a}_2=\begin{bmatrix} a_{12} \\ a_{22} \\ \vdots \\ a_{p2} \end{bmatrix},\cdots,\boldsymbol{a}_p=\begin{bmatrix} a_{1p} \\ a_{2p} \\ \vdots \\ a_{pp} \end{bmatrix}$$

3）选择主成分。在已确定的全部 p 个主成分中合理选择 m 个来实现最终的评价分析。一般用方差贡献率

$$c_i=\lambda_i\Big/\sum_{i=1}^{p}\lambda_i$$

解释主成分 F_i 所反映的信息量的大小，m 的确定是以累计贡献率

$$r_m = \sum_{i=1}^{m} \lambda_i / \sum_{k=1}^{p} \lambda_k$$

达到足够大（一般在 85%以上）为原则。另外，也可以考虑特征值大于 1、陡坡图、平行分析等原则。前 m 个主成分表示为

$$\boldsymbol{F}_i = a_{1i}\boldsymbol{X}_1 + a_{2i}\boldsymbol{X}_2 + \cdots + a_{pi}\boldsymbol{X}_p, \qquad i = 1, \cdots, m$$

其中，$a_{ji}(j=1,\cdots,p)$ 称为因子载荷。

4）计算指标在不同主成分线性组合中的系数：

$$b_{ji} = \frac{a_{ji}}{\sqrt{\lambda_i}}, \qquad j = 1, \cdots, p$$

5）以主成分的方差贡献率对 b_{ji} 做加权平均，再做归一化得到各指标权重：

$$\beta_j = \sum_{i=1}^{m} c_i b_{ji} \bigg/ \sum_{i=1}^{m} c_i, \qquad j = 1, \cdots, p$$

$$w_j = \beta_j \bigg/ \sum_{j=1}^{p} \beta_j, \qquad j = 1, \cdots, p$$

2．算法实现

主成分法赋权分两个阶段，先做主成分分析，再根据其结果计算权重。

由于 MATLAB 自带的 pca()函数的计算结果总是与 R 和 SPSS 不一致，因此选择用 R 语言实现。

- 先利用 psych 包中的函数 principal()做主成分分析。
- 再对其返回结果对象编写 PCA_Weight()函数计算 PCA 权重。

R 语言代码如下。

```
PCA_Weight = function(pc) {
# 输入参数 pc 为 psych 包的主成分分析函数 principal()的返回结果
# 返回结果为 PCA 权重及中间结果
  A = matrix(pc$loadings, ncol = pc$factors)
  lambda = pc$values[1:ncol(A)]
  B = A / sqrt(matrix(rep(lambda, times = nrow(A)), ncol = ncol(A), byrow = TRUE))
  varP = pc$Vaccounted[2,]
  beta = abs(B %*% varP) / sum(varP)
  w = beta / sum(beta)
  list(lambda = lambda, B = B, beta = beta[,1], w = w[,1])
}
```

选择 iris 数据中的前 4 个数值变量来测试：

```
library(psych)
df = iris[,-5]
pc = principal(df, nfactors = 2, rotate = "varimax")
PCA_Weight(pc)
```

运行结果如下。

```
$lambda
[1] 2.9184978 0.9140305
$B
           [,1]        [,2]
[1,]  0.56153409  0.05055796
[2,] -0.08463322  1.03016985
[3,]  0.55269591 -0.31761778
[4,]  0.54580808 -0.26839097
$beta
[1] 0.4108222 0.2441769 0.2959977 0.3056609
$w
[1] 0.3269165 0.1943066 0.2355437 0.2432332
```

最后，简单介绍一下关于主客观相结合的赋权法。

- 主观赋权法：虽然主观，但是能够从指标间的内在影响机理上“如实”地反映对其上级指标的影响程度，因为主观判断时是自然会考虑到这一点的，此时的各个评价对象的综合得分是有大小含义的；
- 客观赋权法：虽然客观，但是完全依赖于数据，且指标间的内在影响机理是完全不被考虑的，此时的各个评价对象的综合得分的大小含义并没有多少意义，但相互区分的意义是存在的。

所以，更建议采用主客观相结合的赋权法，能够兼顾二者的优点，既考虑到了指标间的影响机理，又考虑到了从数据本身上的区分。那么，怎么相结合？最简单的方法就是，主观权重和客观权重各占一定比例，比如 50%与 50%，即两种权重取加权平均。还可以考虑借助优化模型的最优组合赋权（略）。

8.2.4 动态加权法

通常所说的综合评价中的各指标权重均为常数，这对较简单的评价问题是可行的，但是主观性强、科学性差，有些时候不能很好地为决策提供有效的依据。

比如有的评价指标，既要考虑“质差”又要考虑“量差”，也就是说既要能体现不同指标之间的差异，也要能体现同指标的数量差异。例如，在评价长江水质时，考虑反映水质污染程度的最主要的四项指标：溶解氧（DO）、高锰酸盐指数（CODMn）、氨氮 (NH3-N) 和 pH 值；前三项指标又都根据标准值的区间范围分为 I 类、II 类、III类、Ⅳ类、V 类、劣 V 类。各项指标的各类标准限值如表 8-1 所示。

表 8-1 《地表水环境质量标准》（GB 3838—2002）中 4 个主要项目指标的标准限值 （单位：mg/L）

指标	I 类	II 类	III类	Ⅳ类	V 类	劣 V 类
溶解氧(DO)	[7.5,∞)	[6,7.5)	[5,6)	[3,5)	[2,3)	[0,2]
高锰酸盐指数(CODMn)	(0,2]	(2,4]	(4,6]	(6,10]	(10,15]	(15, ∞)

（续）

指标	Ⅰ类	Ⅱ类	Ⅲ类	Ⅳ类	Ⅴ类	劣Ⅴ类
氨氮（NH3-N）	(0,0.15]	(0.15,0.5]	(0.5,1]	(1,1.5]	(1.5,2]	(2, ∞)
pH 值（无量纲）	[6 , 9]					

不同类别的水质有很大的差别，而且同一类别的水在污染物的含量上也有一定的差别。这时就要考虑到不同类别水的“质差”和同类别水的“量差”。

这就需要变权 $w_j(x)$ ，称为动态加权函数，通过指标值 x 的大小来反映“量差”对权重的影响，有了动态加权函数，做加权综合合成只需

$$z_i = \sum_{j=1}^{m} w_j(x_j) x_{ij}, \qquad i = 1, \cdots, n \tag{8.8}$$

定权的指标权重是常数，无论指标值怎么变化，都是等高的一条直线；变权就是让权重随指标值的变化而变化起来。这完全类似于上节定性指标的量化处理，可以取线性变化，也可以取偏大型变化（即更偏爱大的权值，如分段变幂函数、偏大型正态分布函数、S 形分布函数）、偏小型变化，即确定含待定参数的函数形式；再找几个特殊的指标值-权值对，解方程组求出待定参数，从而确定权函数表达式。

另一种适合动态赋权的场景是，下级指标对上级指标的影响明显不是线性影响的情况。例如，韩中庚在 2020 年全国大学生数学建模竞赛 C 题“中小微企业的信贷策略”中认为，企业的综合实力与上游业务量、下游业务量、毛利润不是线性关系，而是可以采用 S 形分布的动态加权函数：

$$w_i(x_i) = \begin{cases} 2 - \mathrm{e}^{-3|x_i|}, & x_i \geqslant 0 \\ \mathrm{e}^{-3|x_i|}, & x_i < 0 \end{cases} \qquad i = 1, 2, 3 \tag{8.9}$$

该函数的图形如图 8-4 所示。

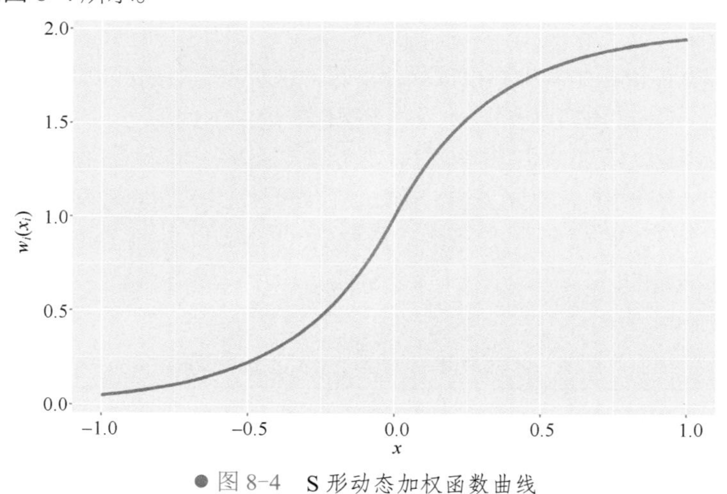

图 8-4　S 形动态加权函数曲线

现实中，应具体问题具体分析，选择合适的动态加权函数，不同的指标可以取相同的加权函数，也可以取不同的加权函数。

8.3 理想解法

理想解法，也称为 TOPSIS 法，它是一种多目标决策方法，能充分利用原始数据的信息，结果能精确地反映各评价对象之间的差距。其基本原理如下。

- 将 m 个评价指标看成 m 条坐标轴，由此可以构造出一个 m 维空间，则每个评价对象依照其各项指标值就对应 m 维空间中的一个坐标点；
- 针对各项指标从所有评价对象中选出该指标的最优值（正理想解，对应最优坐标点）和最差值（负理想解，对应最差坐标点），依次求出各个待评价对象的坐标点分别到最优坐标点和最差坐标点的距离；
- 距离正理想解越近越好，距离负理想解越越远越好，为此构造指标：相对接近度，每个评价对象的相对接近度，就是一种综合评价指标，可据此确定评价对象的优劣。

8.3.1 算法原理

设 $\boldsymbol{A}_{n\times m}=(a_{ij})_{n\times m}$ 为 n 个评价对象（样本）、m 个评价指标的数据构成的决策矩阵，每一列为一个指标的数据，每一行为一个样本的各个指标值。

先对数据做预处理：一致化，对于负向、居中型、区间型指标，先用 8.1 节中相应的方法，处理为一致的数据，得到的数据，仍记为 $\boldsymbol{A}$。

（1）数据无量纲化处理

规范化

$$b_{ij}=\frac{a_{ij}}{\sqrt{\sum_{i=1}^{n}{a_{ij}}^2}},\qquad i=1,\cdots,n;j=1,\cdots,m$$

记 $\boldsymbol{B}_{n\times m}=(b_{ij})_{n\times m}$ 为规范化决策矩阵。规范化法处理后，同一评价指标的各样本值的平方和为 1，适合 TOPSIS 法中计算欧氏距离。

（2）计算加权决策矩阵

每个指标对评价结果的贡献程度是不同的，可根据 8.2 节介绍的赋权法赋以合理的权重 $\boldsymbol{w}=[\boldsymbol{w}_1,\boldsymbol{w}_2,\cdots,\boldsymbol{w}_m]$，将 $\boldsymbol{B}$ 的第 j 列乘以其权重 $\boldsymbol{w}_j$，得到加权规范矩阵：

$$\boldsymbol{C}_{n\times m}=\boldsymbol{B}_{n\times m}\cdot*\begin{bmatrix}\boldsymbol{w}\\ \vdots\\ \boldsymbol{w}\end{bmatrix}_{n\times m}$$

其中，$\cdot *$ 表示同型矩阵的对应元素做乘法。

（3）确定正理想解 $\boldsymbol{C}^*$ 和负理想解 $\boldsymbol{C}^0$

因为已经完成一致化，各指标值都是越大越好，故 $\boldsymbol{C}^*$ 就是取各列最大值，$\boldsymbol{C}^0$ 就是取各列最小值：

$$\boldsymbol{C}^* = (\max_i c_{i1}, \max_i c_{i2}, \cdots, \max_i c_{im}) \triangleq (c_1^*, c_2^*, \cdots, c_m^*)$$

$$\boldsymbol{C}^0 = (\min_i c_{i1}, \min_i c_{i2}, \cdots, \min_i c_{im}) \triangleq (c^0, c_2^0, \cdots, c_m^0)$$

（4）计算各个样本到正理想解 $\boldsymbol{C}^*$ 和负理想解 $\boldsymbol{C}^0$ 的欧氏距离，

即分别计算 $\boldsymbol{C}$ 的每一行 $\boldsymbol{c}_i$ 到 $\boldsymbol{C}^*$ 和 $\boldsymbol{C}^0$ 的欧氏距离：

$$d_i^* = d(\boldsymbol{c}_i, \boldsymbol{C}^*) = \sqrt{\sum_{j=1}^m (c_{ij} - c_j^*)^2}, \qquad i = 1, \cdots, n$$

$$d_i^0 = d(\boldsymbol{c}_i, \boldsymbol{C}^0) = \sqrt{\sum_{j=1}^m (c_{ij} - c_j^*)^2}, \qquad i = 1, \cdots, n$$

（5）计算每个样本到理想解的相对接近度

到正理想解的距离越近越好，即 d_i^* 越小越好；到负理想解的距离越远越好，即 d_i^0 越大越好。为此，定义相对接近度如下：

$$f_i = \frac{d_i^0}{d_i^0 + d_i^*}, \qquad i = 1, \cdots, n$$

若有必要，可以继续对 f_i 做归一化，根据 f_i 就可以评判各个评价对象的优劣。

按照上述算法步骤，编写 MATLAB 函数实现 TOPSIS 算法。

```
function f = TOPSIS(A,w)
% 实现用 TOPSIS 法
% A 为决策矩阵，w 为各指标的权重向量
% ind 指示向量，1 表示正向指标，2 表示负向指标
[n,m] = size(A);
for j=1:m
    B(:,j) = A(:,j) / norm(A(:,j));          % 规范化处理
end
C = B .* repmat(w,n,1);                      % 加权规范矩阵
Cstar = max(C);                              % 按列取最大值，求正理想解
C0 = min(C);                                 % 按列取最小值，求负理想解
for i=1:n
Sstar(i) = norm(C(i,:) - Cstar);             % 求各样本到正理想解的距离
    S0(i) = norm(C(i,:) - C0);               % 求各样本到负理想解的距离
end
f = S0 ./ (S0 + Sstar);                      % 相对接近度
```

```
f = 100 * f / sum(f);                          % 归一化到[0,100]
```

8.3.2 案例：河流水质评价

例 8.1 河流水质评价（TOPSIS 法）

现有 20 条河流的水质情况数据，如表 8-2 所示。

表 8-2 河流水质数据

河流	含氧量(ppm)	pH 值	细菌总数(个/mL)	植物性营养物量(ppm)
1	4.69	6.59	51	11.94
2	2.03	7.86	19	6.46
3	9.11	6.31	46	8.91
4	8.61	7.05	46	26.43
5	7.13	6.5	50	23.57
6	2.39	6.77	38	24.62
7	7.69	6.79	38	6.01
8	9.3	6.81	27	31.57
9	5.45	7.62	5	18.46
10	6.19	7.27	17	7.51
11	7.93	7.53	9	6.52
12	4.4	7.28	17	25.3
13	7.46	8.24	23	14.42
14	2.01	5.55	47	26.31
15	2.04	6.4	23	17.91
16	7.73	6.14	52	15.72
17	6.35	7.58	25	29.46
18	8.29	8.41	39	12.02
19	3.54	7.27	54	3.16
20	7.44	6.26	8	28.41

已知：含氧量越高越好（正向指标）；pH 值越接近 7 越好（居中型指标）；细菌总数越少越好（负向指标）；植物性营养物量介于 10～20 之间最佳（区间型指标）。

用 TOPSIS 法对这些河流的水质做出综合评价。

（1）数据预处理

先读入数据，MATLAB 代码如下：

```
X = xlsread('datas/20 条河流水质数据.xlsx');
X = X(:,2:5);
```

含氧量是正向指标，无须处理。

pH 值是居中型指标，最佳值为 7，做一致化处理：

```
X(:,2) = MiddleType(X(:,2),7);
```

细菌总数是负向指标，采用极小极大化变换：

```
X(:,3) = max(X(:,3)) - X(:,3);
```

植物性营养物量是区间型指标，最优区间为 [10, 20]，做一致化处理：

```
X(:,4) = IntervalType(X(:,4),10,20);
```

（2）确定指标权重

为了简单，这里只采用熵权法赋权：

```
ind = ones(1,4);              % 预处理完都是正向指标
[~,w] = shang(X, ind)         % 熵权法赋权
```

运行结果如下。

```
w  =   0.3157    0.1805    0.3511    0.1526
```

（3）TOPSIS 综合评价

```
f = TOPSIS(X, w)
```

运行结果如下。

```
f  =  3.2901    5.1415    4.3327    4.4157    3.5894    3.7443    4.9111
      5.9585    7.4127    7.0460    8.0580    6.2846    5.8732    1.5071
      5.0954    3.5953    5.5012    4.3495    2.6471    7.2465
```

得到的结果是这 20 条河流依次的综合得分。

8.4 数据包络分析

数据包络分析（Data Envelopment Analysis，DEA）是以相对（技术）效率概念为基础，以凸分析和线性规划为工具的一种评价方法，它利用线性规划模型计算比较决策单元之间的相对效率，并对评价对象做出评价，它能充分考虑对于决策单元本身最优的投入产出方案，因而能够更理想地反映评价对象自身的信息和特点；同时，它对于评价复杂系统的多投入多产出分析也具有独到之处。

DEA 模型的优点：

1）适用于多指标输入-多指标输出的有效性综合评价问题。

2）无须对数据进行无量纲化处理，因为 DEA 并不直接对数据进行综合，故决策单元的最优效率指标与投入指标值及产出指标值的量纲选取无关。

3）无须任何权重假设，而是以决策单元输入输出的实际数据求得最优权重，排除了很多主观因素，具有很强的客观性。

4）DEA 假定每个输入都关联到一个或者多个输出，且输入输出之间确实存在某种联系，但

不必确定这种关系的显式表达式。

DEA 模型的缺点：

1）DEA 计算的投入产出效率依赖于收集到的数据，最优效率来自收集到的样本点或其凸组合。

2）DEA 对技术有效单元无法进行比较，并且由于未考虑系统中随机因素的影响，当样本中存在特殊点时，DEA 的技术效率结果将会受到影响。

DEA 已广泛应用到生产、行政各部门的绩效评价；也可以用来研究多种方案之间的相对有效性（例如投资项目评价）；用来研究如何在做决策之前去预测，以及一旦做出决策后它的相对效果会如何；也可以用来进行政策评价。

8.4.1 DEA 相关概念

假设有 n 个部门或决策单元（Decision Making Unit，DMU），每个决策单元有 m 个输入变量和 q 个输出变量。为了清晰表示，按图 8-5 列出来。

	m个投入				q个产出			
DMU/指标	x_1	x_2	$\cdots$	x_m	y_1	y_2	$\cdots$	y_q
1	x_{11}	x_{12}	$\cdots$	x_{1m}	y_{11}	y_{12}	$\cdots$	y_{1q}
2	x_{21}	x_{22}	$\cdots$	x_{2m}	y_{21}	y_{22}	$\cdots$	y_{2q}
$\vdots$	$\vdots$	$\vdots$		$\vdots$	$\vdots$	$\vdots$		$\vdots$
n	x_{n1}	x_{n2}	$\cdots$	x_{nm}	y_{n1}	y_{n2}	$\cdots$	y_{nq}
	↑	↑		↑	↑	↑		↑
权重	v_1	v_2	$\cdots$	v_m	u_1	u_2	$\cdots$	u_m

● 图 8-5　DEA 数据结构及符号表示示意图

用 $i=1,\cdots,n$ 表示决策单元的索引；$j=1,\cdots,m$ 表示输入指标的索引；$r=1,\cdots,q$ 表示输出指标的索引。

用向量形式表示：记

$$\boldsymbol{X}_i=[x_{i1},x_{i2},\cdots,x_{im}],\ \ \boldsymbol{Y}_i=[y_{i1},y_{i2},\cdots,y_{iq}],\quad i=1,\cdots,n$$

$$\boldsymbol{v}=[v_1,\cdots,v_m],\quad \boldsymbol{u}=[u_1,\cdots,u_q]$$

则 $\boldsymbol{X}_i$、$\boldsymbol{Y}_i$ 分别为第 i 个决策单元的输入向量、输出向量，$\boldsymbol{v}$、$\boldsymbol{u}$ 分别为输入权重、输出权重。

DEA 评价的是技术效率，是指一个决策单元的生产过程达到本行业技术水平的程度。一般来说，技术效率可以用产出和投入的比例来衡量，但这种衡量方式一般仅适用于单投入单产出的情形。在 m 个投入和 q 个产出的情况下，对于第 k 个决策单元的技术效率，可以用加权方式确定其综合的投入产出：

$$h_k=\frac{\sum_{r=1}^{q}u_r y_{kr}}{\sum_{j=1}^{m}v_j x_{kj}}$$

关于投入与产出导向：

在径向 DEA 中，无效率往往是通过投入和产出的等比例变化定义的，因此既可以在给定投入的情况下最大化产出（产出导向），也可以在给定产出的情况下最小化投入（投入导向）。

对于不同的规模收益假设，不同导向的效率分析结果可能存在一定差异。对于规模收益不变（CRS）模型，两种导向的效率结果是一样的；而对于可变规模收益（VRS）模型，二者的效率结果是不同的。

在实践中，对投入和产出导向的选择并没有明确的要求，实际选择时最好是根据具体生产活动，看是投入倾向于固定不变还是产出倾向于固定不变。

DEA 模型的编程实现：

MATLAB 有 DEAMATLAB 工具箱、R 语言有 deaR 包等可以用来实现 DEA 模型。当然，也可以手动编程实现，因为本质上就是求解线性规划问题，在模型公式确定后，其编程过程可遵循如下步骤。

1）确定参数列向量。

2）将模型表示为线性规划标准形式。

3）改成用矩阵语言表示，梳理出各矩阵、向量（方法见附录 D）。

4）调用线性规划求解器进行求解。

下面介绍 5 种最常用的 DEA 模型及 MATLAB 编程实现，更多细节可参阅参考文献[22]。

8.4.2 CCR 模型

即规模收益不变假设下的径向 DEA 模型。

1. 投入导向的 CCR 模型

投入导向的 CCR 模型，是在给定投入的条件下最大化产出。使用前面加权方式的投入产出技术效率，再将其范围限制为 $[0,1]$，则得到最基本的 DEA 模型：投入导向的 CCR 模型。

$$\max \frac{\sum_{r=1}^{q} u_r y_{kr}}{\sum_{j=1}^{m} v_j x_{kj}}$$

$$\text{s.t.} \begin{cases} \dfrac{\sum_{r=1}^{q} u_r y_{kr}}{\sum_{j=1}^{m} v_j x_{kj}} \leqslant 1 \\ v_j \geqslant 0,\ u_r \geqslant 0, \quad j=1,\cdots,m;\ r=1,\cdots,q \end{cases}$$

对每个决策单元 $k=1,\cdots,n$。该模型不是线性规划，可以用 7.1 节介绍过的方法将其转化为线性规划：

$$
\max \sum_{r=1}^{q} \mu_r y_{kr}
$$

$$
\text{s.t.} \begin{cases} \sum_{r=1}^{q} \mu_r y_{kr} - \sum_{j=1}^{m} v_j x_{kj} \leqslant 0 \\ \sum_{j=1}^{m} v_j x_{kj} = 1 \\ \mu_r \geqslant 0,\ v_j \geqslant 0, \quad j=1,\cdots,m;\ r=1,\cdots,q \end{cases}
$$

对每个决策单元 $k=1,\cdots,n$ 。

相对于这一形式，我们更关心对偶模型，因为对偶模型的决策变量中包含效率值。上述问题的对偶形式为

$$
\min \theta
$$

$$
\text{s.t.} \begin{cases} \sum_{i=1}^{n} \lambda_i x_{ij} \leqslant \theta x_{kj} \\ \sum_{i=1}^{n} \lambda_i y_{ir} \geqslant y_{kr} \\ \lambda_i \geqslant 0, \quad j=1,\cdots,m;\ r=1,\cdots,q \end{cases} \qquad \text{(CCR-IN)}
$$

对每个决策单元 $k=1,\cdots,n$ 。

该对偶模型中，$\lambda_i (i=1,\cdots,n)$ 表示 DMU 的线性组合系数，参数 θ 的最优解 θ^* 即为效率值，其范围在 0～1 之间。该模型的含义相当于用加权方法构造出一个不存在的 DMU，其投入不大于待评价的 DMU，产出不小于待评价的 DMU，即 $x=\sum_{i=1}^{n}\lambda_i x_{ij}$，$y=\sum_{i=1}^{n}\lambda_i x_{ir}$ 。

为了便于求解，进一步改写为矩阵形式。注意，模型的决策变量向量为 $[\lambda_1,\cdots,\lambda_n,\theta]^{\mathrm{T}}$ 。

$$
\min[0,\cdots,0,1][\lambda_1,\cdots,\lambda_n,\theta]^{\mathrm{T}}
$$

$$
\text{s.t.} \begin{cases} \begin{bmatrix} x_{11} & x_{21} & \cdots & x_{n1} & -x_{i1} \\ x_{12} & x_{22} & \cdots & x_{n2} & -x_{i2} \\ \vdots & \vdots & & \vdots & \vdots \\ x_{1m} & x_{2m} & \cdots & x_{nm} & -x_{im} \end{bmatrix} \begin{bmatrix} \lambda_1 \\ \vdots \\ \lambda_n \\ \theta \end{bmatrix} \leqslant \begin{bmatrix} 0 \\ 0 \\ \vdots \\ 0 \end{bmatrix} \\ \begin{bmatrix} -y_{11} & -y_{21} & \cdots & -y_{n1} & 0 \\ -y_{12} & -y_{22} & \cdots & -y_{n2} & 0 \\ \vdots & \vdots & & \vdots & \vdots \\ -y_{1q} & -y_{2q} & \cdots & -y_{nq} & 0 \end{bmatrix} \begin{bmatrix} \lambda_1 \\ \vdots \\ \lambda_n \\ \theta \end{bmatrix} \leqslant \begin{bmatrix} -y_{i1} \\ -y_{i2} \\ \vdots \\ -y_{iq} \end{bmatrix} \end{cases}
$$

注意两个系数矩阵的主体部分都是原始指标数据的转置，约束条件还可以对应地按分块矩阵合并来写：

$$\text{s.t.}\begin{bmatrix} \boldsymbol{X}^{\mathrm{T}} \\ -\boldsymbol{Y}^{\mathrm{T}} \end{bmatrix}_{2\times 1} \lambda_{1\times 1} \leqslant \begin{bmatrix} \mathbf{0} \\ -\boldsymbol{y}^{\mathrm{T}} \end{bmatrix}_{2\times 1}$$

至此，可以非常方便地用 MATLAB 的 linprog 函数来求解了。

例 **8.2**（**DEA** 模型）数据是 2011 年各地区医院的部分投入和产出指标。以床位数和卫生技术人员数作为投入指标，以诊疗人次数和入院人数作为产出指标，如表 8-3 所示。

表 8-3　2011 年各地区医院的部分投入产出指标

DMU	床位数（万个）	卫技人员数（万个）	诊疗人次数（万人次）	入院人数（万人）	医疗废弃物（万套）
安徽	14.0997	13.2739	6334.4221	439.1516	122.7839
北京	8.7596	12.8644	10434.0626	188.2593	68.2413
福建	8.9947	9.3898	7205.9496	308.7618	103.2709
甘肃	6.6661	5.3127	2771.9369	171.0826	11.0686
广东	24.605	28.9388	29378.4406	799.3062	74.0398
广西	95.7752	10.5773	6444.9855	325.8438	18.1712
贵州	7.8368	6.932	2910.5344	243.337	79.0556
海南	2.1367	2.632	1269.2336	61.1621	45.2855
河北	18.7504	18.3683	8248.9933	567.5067	256.6291
河南	23.9793	23.1149	11407.6405	704.3628	98.7092
黑龙江	12.9449	12.7358	4796.2073	299.297	121.3853
湖北	15.2062	14.7628	8400.6816	480.5124	114.79
湖南	16.8428	15.2904	6323.8363	539.3968	184.5905
吉林	9.4636	8.6278	3808.7139	225.9264	24.6665
江苏	22.1674	21.4938	16694.4454	643.3837	8.4973
江西	8.7184	9.3287	4638.3376	300.0964	16.2039
辽宁	17.1032	15.6893	7027.0696	403.2159	48.54
内蒙古	7.2871	7.4177	3137.9522	174.7905	25.5581
宁夏	2.2037	2.183	1237.3335	60.2227	27.6831
青海	1.8586	1.6689	891.8596	46.9811	65.4446
山东	28.0385	28.1654	13471.9233	835.4234	133.6184
山西	11.0741	11.666	3739.0228	233.2714	5.4658
陕西	11.4339	12.3537	5269.2308	323.6715	14.0372
上海	8.7548	9.5198	11366.9022	228.2773	99.8449
四川	21.1524	19.4752	11047.5915	648.9314	129.1706
天津	4.0787	5.3543	5216.4779	103.7054	170.5363

（续）

DMU	床位数（万个）	卫技人员数（万个）	诊疗人次数（万人次）	入院人数（万人）	医疗废弃物（万套）
西藏	0.6314	0.5843	399.8564	12.0766	36.6357
新疆	9.7436	8.4202	3738.3273	311.5413	136.809
云南	12.6905	9.033	6232.7579	373.6495	52.9453
浙江	16.2905	18.7137	18166.3463	489.931	112.1992
重庆	7.4827	6.6653	3872.6559	211.6631	27.3634

注：表中未统计我国港澳台地区的相关医疗数据。

下面分别用 5 种最常用的 DEA 模型计算投入产出效率。MATLAB 代码如下。

```
%% 准备数据
dat = xlsread('datas/dea_data.xlsx');
X = dat(:,1:2)';        % 投入指标数据，做转置
Y = dat(:,3:4)';        % 产出指标数据，做转置
n = size(X,2);          % 决策单元数
m = size(X,1);          % 投入指标数
q = size(Y,1);          % 产出指标数
%% 投入导向 CCR
w = [];
for i = 1:n
    f = [zeros(1,n) 1];          % 定义目标函数
    Aeq = [];                    % 没有等式约束
    beq = [];
    LB = zeros(n+1,1);           % 指定下界
    UB = [];
    A = [X -X(:,i); -Y zeros(q,1)];                  % 设定不等式约束
    b = [zeros(m,1); -Y(:,i)];
    w(:,i) = linprog(f,A,b,Aeq,beq,LB,UB);           % 模型求解
end
crs_in = w(n+1,:)';              % 提取结果
```

2．产出导向的 CCR 模型

产出导向的 CCR 模型，是在给定产出条件下最小化投入，具体推导过程略，只列出最终的对偶模型：

$$\max \phi$$
$$\text{s.t.}\begin{cases}\sum_{i=1}^{n}\lambda_i x_{ij} \leqslant x_{kj} \\ \sum_{i=1}^{n}\lambda_i y_{ir} \geqslant \phi y_{kr} \\ \lambda_i \geqslant 0, \quad j=1,\cdots,m;\ r=1,\cdots,q\end{cases} \qquad \text{(CCR-OUT)}$$

对每个决策单元 $k=1,\cdots,n$。

该模型的效率为 $1/\phi$，改写矩阵形式作为练习留给读者，MATLAB 代码如下。

```
w = [];
for i = 1:n
    f = [zeros(1,n) -1];       % 定义目标函数
    Aeq = [];
    beq = [];                  % 无等式约束
    LB = zeros(n+1,1);         % 指定下界
    UB = [];
    A = [X zeros(m,1);-Y Y(:,i)];                 % 设定不等式约束
    b = [X(:,i)' zeros(1,q)]';
    w(:,i) = linprog(f,A,b,Aeq,beq,LB,UB);        % 求解模型
end
w = 1./w;                      % 计算效率
crs_out = w(n+1,:)';           % 提取结果
```

可见，两种导向的 CCR 模型的计算结果完全相同。其中福建、广东、江西、上海、新疆、云南的投入产出最有效率，均为 1。

8.4.3 BCC 模型

在 DEA 模型中，对规模收益（RTS）的设定决定了前沿[㊀]的形状，CCR 模型是假设规模收益不变（CRS），即模型中的 λ 满足 $\lambda \geqslant 0$，此时 DEA 技术集是以射线 OB 为前沿面的集合，如图 8-6 左图所示。但在实际生产过程中，生产技术的规模收益并非 CRS，若采用 CRS 假设（CCR 模型），得出的技术效率并非完全是纯技术效率，而是包含了规模效率成分的综合效率。

一般来说，生产技术的规模收益要先后经历规模收益递增（IRS）、规模收益不变（CRS）、规模收益递减（DRS）三个阶段。如果无法确定研究样本处于哪个阶段，则评价技术效率时应选择可变规模收益（VRS）模型，即模型中的 λ 满足 $\sum\lambda=1$，此时 DEA 参照集是以线段 $ABCD$ 以及 A、D 往坐标轴的垂线为前沿（凸组合），如图 8-6 右图所示。VRS 模型得出的技术效率是纯技术效率。

BCC 模型即规模收益可变（VRS）假设下的径向 DEA 模型，它与 CCR 模型的区别就是增加了等式约束 $\sum\lambda=1$。

投入导向的 BCC（对偶）模型：

$$
\min \theta
$$

$$
\text{s.t.}\begin{cases}
\sum\limits_{i=1}^{n}\lambda_i x_{ij} \leqslant \theta x_{kj} \\
\sum\limits_{i=1}^{n}\lambda_i y_{ir} \geqslant y_{kr} \\
\sum\limits_{i=1}^{n}\lambda_i = 1 \\
\lambda_i \geqslant 0, \quad j=1,\cdots,m;\ r=1,\cdots,3q
\end{cases} \qquad \text{(BBC-IN)}
$$

㊀ 效率为 1 的决策单元+规模收益假设决定了前沿，位于前沿以内的决策单元效率小于 1，其值就是相对于自身在前沿上的投影点。

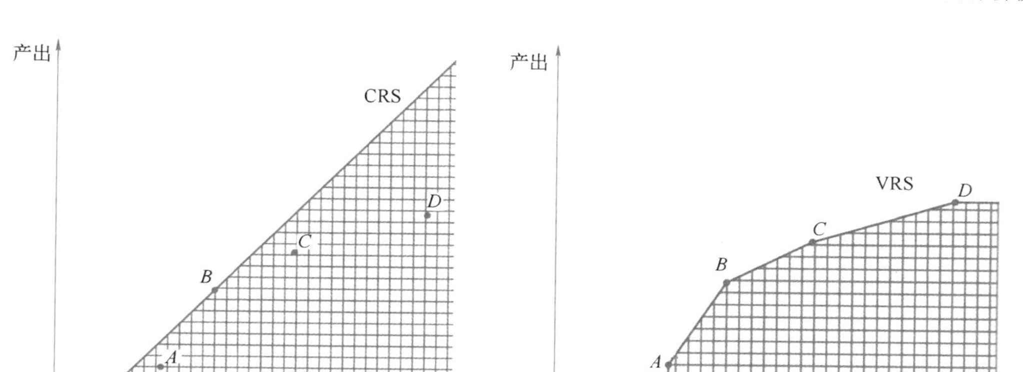

● 图 8-6 对比 CRS（左图）与 VRS（右图）规模收益下的前沿

对每个决策单元 $k=1,\cdots,n$ 。

产出导向的 BCC（对偶）模型：

$$\max \phi$$

$$\text{s.t.}\begin{cases}\sum_{i=1}^{n}\lambda_i x_{ij}\leqslant x_{kj}\\ \sum_{i=1}^{n}\lambda_i y_{ir}\geqslant \phi y_{kr}\\ \sum_{i=1}^{n}\lambda_i=1\\ \lambda_i\geqslant 0,\quad j=1,\cdots,m;\ r=1,\cdots,3q\end{cases}\qquad\text{(BBC-OUT)}$$

对每个决策单元 $k=1,\cdots,n$ 。

将两个模型改写成矩阵形式留给读者作为练习，MATLAB 代码如下。

```
%% 投入导向 BCC
w = [];
for i = 1:n
   f = [zeros(1,n) 1];                          % 定义目标函数
   A = [X -X(:,i); -Y zeros(q,1)];              % 指定不等式约束
   b = [zeros(1,m) -Y(:,i)']';
   Aeq = [ones(1,n) 0];                         % 定义等式约束
   beq = 1;
   LB =[zeros(n+1,1)];                          % 指定下界
   UB = [];
   w(:,i) = linprog(f,A,b,Aeq,beq,LB,UB);       % 模型求解
end
vrs_in = w(n+1,:)';                             % 提取结果
%% 产出导向 BCC
```

```
w = [];
for i = 1:n
   f = [zeros(1,n) -1];                        % 指定目标函数
   A = [X zeros(m,1);-Y Y(:,i)];               % 指定不等式约束
   b = [X(:,i)' zeros(1,q)]';
   Aeq = [ones(1,n) 0];                        % 指定等式约束
   beq = 1;
   LB = zeros(n+1,1);                          % 指定下界
   UB = [];
   w(:,i) = linprog(f,A,b,Aeq,beq,LB,UB);      % 模型求解
end
vrs_out = 1./w(n+1,:)';                        % 提取结果
```

8.4.4 带非期望产出的 SBM 模型

在径向模型中，效率改善主要指的是投入或产出的等比例线性放缩，同时忽略了平行于坐标轴的弱有效的情形，而 SBM 模型纳入无效率的松弛改进，保证最终的结果是强有效的。基本的 SBM 模型形式为

$$\min \rho = \frac{1-\frac{1}{m}\sum_{j=1}^{m} s_j^- / x_{kj}}{1+\frac{1}{q}\sum_{r=1}^{q} s_r^- / y_{kr}}$$

$$\text{s.t.}\begin{cases} X\lambda + s^- = x_k \\ Y\lambda - s^+ = y_k \\ \lambda, s^-, s^+ \geqslant 0, \quad j=1,\cdots,m;\ r=1,\cdots,q \end{cases} \tag{SBM}$$

对每个决策单元 $k=1,\cdots,n$ 。

目标函数最优解中 ρ^* 表示效率值，该模型同时从投入和产出两个方面考察无效率的表现，故称为非径向模型。但这是非线性规划，采用钱争鸣提出的方式[23]转化为线性规划，同时向模型中加入非期望产出：

$$\tau^* = \min\left(t - \frac{1}{m}\sum_{j=1}^{m}\frac{s_j^-}{x_{kj}}\right)$$

$$\text{s.t.}\begin{cases} t + \frac{1}{s_1+s_2}\left(\sum_{r=1}^{s_1}\frac{s_r^g}{y_{kr}^g} + \sum_{r=1}^{s_2}\frac{s_r^b}{y_{kr}^g}\right) = 1 \\ x_k t = X\Lambda + S^- \\ y_k^g t = X\Lambda - S^g \\ y_k^b t = X\Lambda + S^b \\ \Lambda, S^-, S^g, S^b \geqslant 0 \\ t > 0 \end{cases} \tag{SBM-unOut}$$

对每个决策单元 $k=1,\cdots,n$ 。

该模型已是矩阵形式，其中包含投入矩阵 $\boldsymbol{X}_{n\times m}$ 的转置，期望产出矩阵 $\boldsymbol{Y}_{n\times s_1}^{g}$ 的转置，非期望产出 $\boldsymbol{Y}_{n\times s_2}^{b}$ 的转置，模型参数主要包括投影变量 Λ，松弛变量 S^{-}、S^{g}、S^{b} 和 t 。该模型中的参数共有 $n+m+s_1+s_2+1$ 个。

MATLAB 代码如下。

```
%% 非期望产出 SBM
Y_g = dat(:,3:4)';              % 期望产出指标数据，转置
Y_b = dat(:,5)';                % 非期望产出指标数据，转置
[m,n] = size(X);
s1 = size(Y_g,1);
s2 = size(Y_b,1);
c = 1/(s1+s2);

rho = [];
w = [];
for i = 1:n
    f = [-1./(m*X(:,i)') zeros(1,s1) zeros(1,s2) zeros(1,n) 1];
    A = [];
    b = [];
    UB = [];
    LB = zeros(m+s1+s2+n+1,1);
    Aeq = [zeros(1,m) c*1./Y_g(:,i)' c*1./Y_b(:,i)' zeros(1,n) 1;
          eye(m) zeros(m,s1) zeros(m,s2) X -X(:,i);
          zeros(s1,m) -eye(s1) zeros(s1,s2) Y_g -Y_g(:,i);
          zeros(s2,m) zeros(s2,s1) eye(s2) Y_b -Y_b(:,i)];
    beq = [1 zeros(m,1)' zeros(s1,1)' zeros(s2,1)']';
    [w(:,i) rho(i)] = linprog(f,A,b,Aeq,beq,LB,UB);
end
```

将前面计算的 5 种 DEA 效率合并到一起，并增加一列地区行名，以展示结果：

```
%% 结果输出
name = {'安徽','北京','福建','甘肃','广东','广西','贵州','海南','河北','河南','黑龙江','湖北','湖南','吉林','江苏','江西','辽宁','内蒙古','宁夏','青海','山东','山西','陕西','上海','四川','天津','西藏','新疆','云南','浙江','重庆'};
table(crs_in, crs_out, vrs_in, vrs_out, rho', 'RowNames',name,...
    'VariableNames', {'crs_in', 'crs_out', 'vrs_in', 'vrs_out', 'sbm_unOut'})
```

运行结果：`ans = 31×5 table`

	crs_in	crs_out	vrs_in	vrs_out	sbm_unOut
安徽	0.94424	0.94424	0.95488	0.95682	0.68462
北京	0.91743	0.91743	0.91849	0.91749	0.65368
福建	1	1	1	1	1
甘肃	0.83383	0.83383	0.85505	0.84864	0.7534
广东	1	1	1	1	1
广西	0.79526	0.79526	0.79667	0.80186	0.442

```
贵州    0.96309    0.96309    0.97083    0.96976    0.6761
海南    0.83313    0.83313    0.94146    0.93229    0.55611
河北    0.90387    0.90387    0.93906    0.94515    0.60711
河南    0.88262    0.88262    0.96151    0.9698     0.68527
黑龙江  0.68934    0.68934    0.69003    0.70195    0.46273
湖北    0.94694    0.94694    0.97035    0.97238    0.7488
湖南    0.98402    0.98402    1          1          0.71983
吉林    0.73382    0.73382    0.74184    0.73437    0.57625
江苏    0.91013    0.91013    0.96028    0.96786    1
江西    1          1          1          1          1
辽宁    0.7232     0.7232     0.73143    0.74916    0.57232
内蒙古  0.70576    0.70576    0.72149    0.71103    0.54086
宁夏    0.813      0.813      0.91007    0.8977     0.60166
青海    0.78401    0.78401    0.90741    0.89181    0.55619
山东    0.88123    0.88123    1          1          0.66347
山西    0.61303    0.61303    0.61901    0.62578    0.51555
陕西    0.82264    0.82264    0.82812    0.84061    0.64717
上海    1          1          1          1          1
四川    0.93916    0.93916    1          1          0.75562
天津    0.98505    0.98505    1          1          0.71967
西藏    0.68185    0.68185    1          1          0.49163
新疆    1          1          1          1          1
云南    1          1          1          1          1
浙江    0.94798    0.94798    0.95056    0.95001    0.78741
重庆    0.87968    0.87968    0.89226    0.88824    0.73858
```

由结果可见，两组 CCR 模型的结果完全相同，福建、广东、江西、上海、新疆、云南效率均为最高的 1。

注意，效率之间满足分解关系：**CRS** 效率=**VRS** 效率*规模效率。故进一步可以计算规模效率（略）。

更多的 DEA 模型还有：放开最大效率为 1 的限制的超效率模型；考虑不同时期效率变化的 DEA-malmquist 模型；考虑环境因素和随机噪声对决策单元效率影响的三阶段 DEA 模型；固定前沿生产函数的参数法随机前沿模型；以及以效率为因变量，研究效率的影响因素的 Tobit 回归模型。

思考题 8

1. 搜集相关数据，并做预处理，再利用主成分赋权+TOPSIS 法，构建旗舰手机的评价模型，给手机购买者提供购买参考。
2. CRITIC 权重是一种客观赋权法，查阅相关资料编写函数实现该算法。
3. 变异系数法是类似熵权法的一种客观赋权法，查阅相关资料编写函数实现该算法。

模糊理论

本章继续探讨评价模型。用数学的眼光看世界，现象分为确定性现象、随机现象、模糊现象（如“今天天气有点冷”“小伙子很高”等）。模糊理论的基本思想是，用属于程度代替严格的属于或不属于（如某人属于高个子的程度为 0.8）。

为什么要使用模糊逻辑呢？

- 模糊逻辑使用的是语言变量，其值是词语而不是数值的变量。模糊计算可以看作是用词语而不是数值进行计算的方法。尽管词语本质上不如数值精确，但是它们的使用更接近于人类的直觉。
- 模糊计算可以容许不精确，从而能降低解决方案的复杂度。正如 Zadeh 所说：“几乎在每种情况下，您都可以在不是模糊逻辑的情况下生产相同的产品，但是使用模糊逻辑的速度更快，成本更低。”

总之，模糊逻辑是将输入空间映射到输出空间的便捷方法，是快速有效地处理不精确性和非线性的强大工具。

模糊综合评价，是利用模糊数学中的隶属度理论把定性评价转化为定量评价，即用模糊数学对多种因素制约下的事物或对象给出一个总体的评价。它具有结果清晰、系统性强的特点，能较好地解决模糊的、难以量化的问题，适合各种非确定性问题的综合评价。

与模糊相似的一个概念是灰色，按照灰色理论，灰色（只能知道部分或少量信息）是介于白色（知道全部信息）和黑色（不知道任何信息）之间。

本章将介绍灰色关联分析，它是通过计算多个序列与参考序列的灰色关联度，来探索各个因素对目标影响程度的大小，基于此可以产生一种基于灰色关联度的评价方法。另外，第 10 章中介绍的灰色预测，将涉及更多的灰色理论。

本章编程用 MATLAB 实现。

9.1 模糊理论基础

9.1.1 模糊集与隶属函数

经典集合语言：经典集，是完全包含或完全排除任何给定元素的容器。任意元素只有两种情况，要么 $x \in A$，要么 $x \notin A$，用特征函数 $\chi(\cdot): A \to \{0,1\}$ 表示。

$$\chi(x)=\begin{cases}1, & x \in A \\ 0, & x \notin A\end{cases} \tag{9.1}$$

模糊集合语言：模糊集，是没有清晰、明确边界的容器，可以包含部分隶属于该容器的元素，借助隶属函数表示。

$$\mu(\cdot): A \to [0,1] \tag{9.2}$$

它确定了 X 上的一个模糊集

$$A: \{x, \mu_A(x): x \in X\}$$

其中 $\mu_A(x)$ 表示 x 对集合 A 的隶属度，该值越接近 1，表明 x 属于 A 的程度越大。

注意：**经典集与特征函数，模糊集与隶属函数，都是一一对应的，是同一个事物的两种表示。下面部分内容参阅 MATLAB 帮助文档。**

例如，考虑全集：周几={周一，周二，…，周日}，在经典集语义下，某子集可以表示为周末={周六，周日}。

- 周几是否属于周末是完全确定的：是或否。
- 从非周末到周末，是突变过去的。

从实际来说（不同人的看法，统计结果来看），周末并没有严格的界限，周五、周一甚至周四都有一部分也属于周末。这正好符合模糊集语义：

- 周几是否属于周末，可能是完全属于、部分属于、完全不属于，比如周五属于周末的程度 $=0.8$。
- 从非周末到周末，是连续变化过去的。

关于周末的经典集与模糊集描述示意图如图 9-1 左图和右图所示。

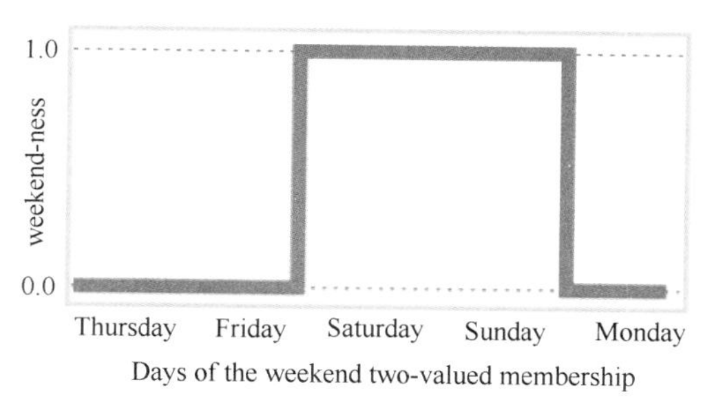

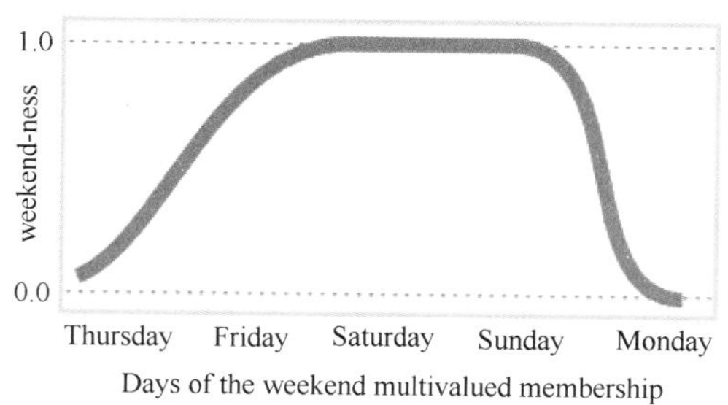

● 图 9-1 周末的经典集与模糊集描述

隶属函数 $\mu_A(x), x \in X$ 将 X 中的每个元素映射到 [0,1] 上某个隶属度值。

例如，图 9-1 的右图就是周几隶属于周末的程度的隶属函数曲线，根据该函数可以计算周几的任一时刻属于周末的程度是多少。

注意：**经典集、特征函数、特征函数曲线，可以分别看作是模糊集、隶属函数、隶属函数曲线的特例，二者是推广的关系。**

隶属函数必须真正满足的唯一条件是，它必须在 0 到 1 之间变化。该函数本身可以是任意曲线，其形状可以人为定义，只要简单、方便、快速和高效。

准确地确定隶属函数是定量刻化模糊概念的基础，也是利用模糊方法解决各种实际问题的关键。常用隶属函数确定方法包括二元对比排序法、模糊统计法、拟合模糊分布法、最小模糊度法、专家经验法。

MATLAB 的模糊逻辑工具箱提供了 11 种类型的内置隶属函数，它们有共同参数 x 和 params，以下各图都是取 x=0:0.1:10, params 为图中的 P 向量，代入相应隶属函数计算 y，再通过绘图得到的。

1. 三角隶属函数 trimf()和梯形隶属函数 trapmf()

这是由直线段构成的最简单的隶属函数。

三角隶属函数：

$$f(x;a,b,c,d) = \max\left(\min\left(\frac{x-a}{b-a}, \frac{c-x}{c-b}\right), 0\right) \tag{9.3}$$

梯形隶属函数：

$$f(x;a,b,c,d) = \max\left(\min\left(\frac{x-a}{b-a}, 1, \frac{d-x}{d-c}\right), 0\right) \tag{9.4}$$

三角隶属函数和梯形隶属函数的示意图分别如图 9-2 左图和右图所示。

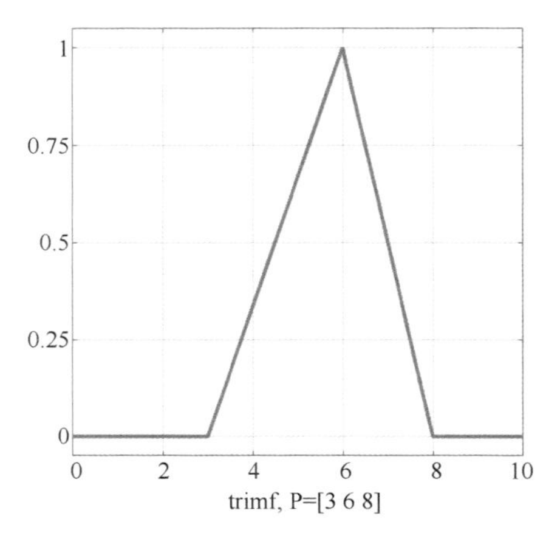

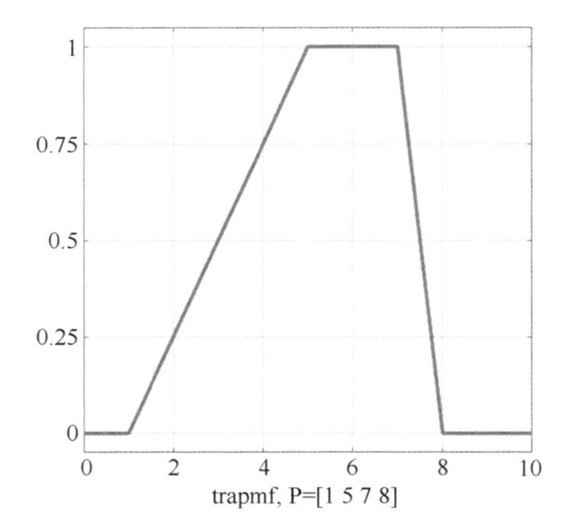

● 图 9-2　三角隶属函数、梯形隶属函数

2．高斯隶属函数 gaussmf()和 gauss2mf()以及广义贝尔隶属函数 gbellmf()

它们具有平滑、非零、简单的特点，贝尔隶属度函数比高斯隶属函数多一个参数，可通过调整该自由参数来逼近非模糊集。

高斯隶属函数：

$$f(x;\sigma,c)=\mathrm{e}^{-\frac{(x-c)^2}{2\sigma^2}} \tag{9.5}$$

双高斯函数隶属，两个半边分别用两组不同的参数。

广义贝尔隶属函数：

$$f(x;a,b,c)=\frac{1}{1+\left|\dfrac{x-c}{a}\right|^{2b}} \tag{9.6}$$

高斯型、双高斯型、广义贝尔隶属函数示意图分别如图 9-3 左图、中图和右图所示。

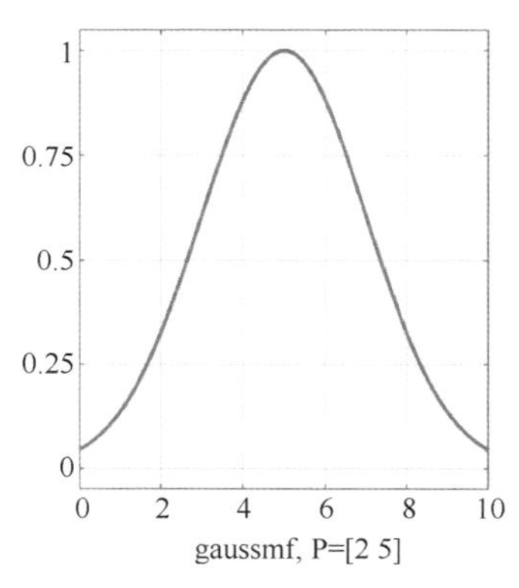

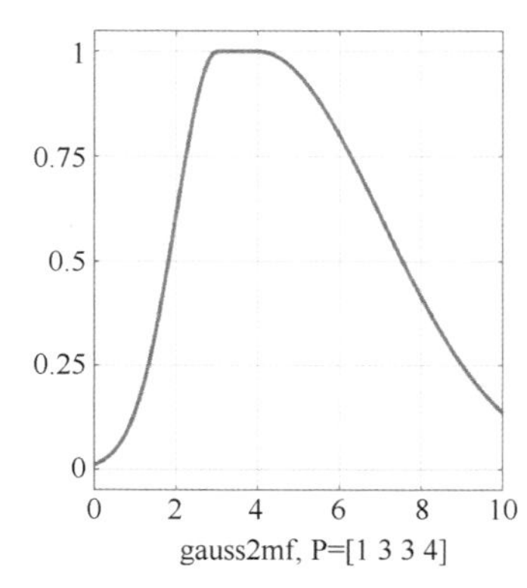

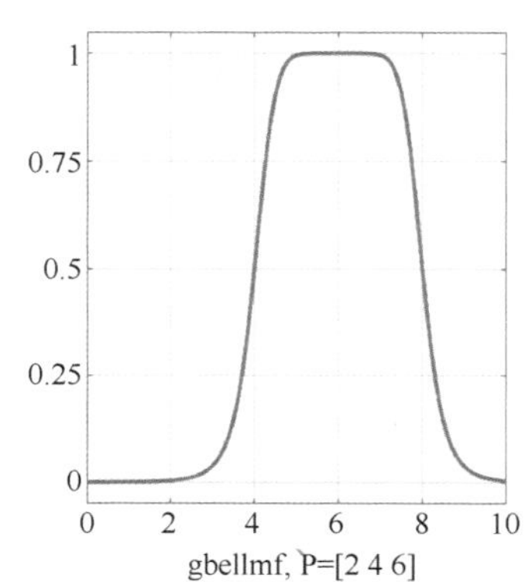

● 图 9-3　高斯型隶属函数

3．S 形隶属函数 sigmf()、dsigmf()、psigmf()

S 形函数为

$$f(x;a,c)=\frac{1}{1+\mathrm{e}^{-a(x-c)}} \tag{9.7}$$

sigmf()、dsigmf()、psigmf()这三个函数分别表示单个 S 形函数、两个 S 形函数的差、两个 S 形函数的乘积。

它们可以向左或向右打开、合成非对称和闭合曲线（不向左右开放）。

S 形、S 形之差、S 形之积隶属函数示意图分别如图 9-4 左图、中图和右图所示。

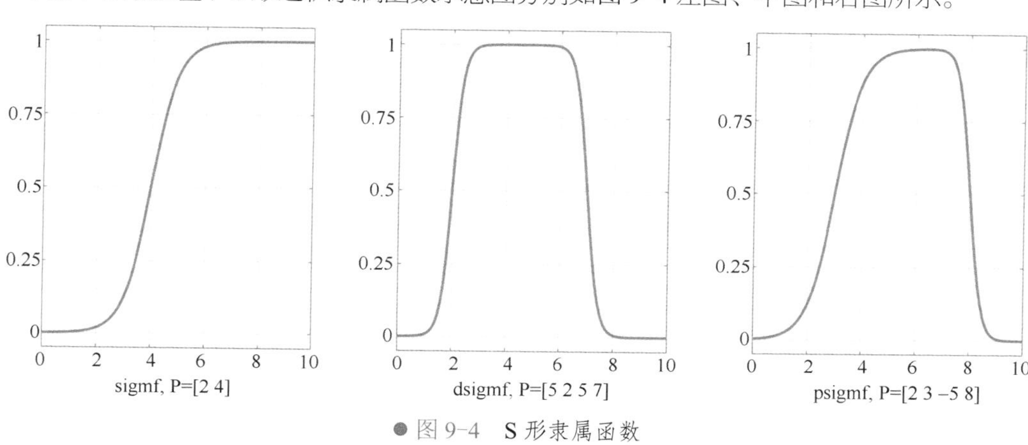

● 图 9-4　S 形隶属函数

4．基于多项式的隶属函数 zmf()、pimf()、smf()

这三个函数的曲线形状分别像 Z、π、S，具体函数表达式可参阅 MATLAB 文档。

多项式 Z 形、π 形、S 形隶属函数分别如图 9-5 左图、中图和右图所示。

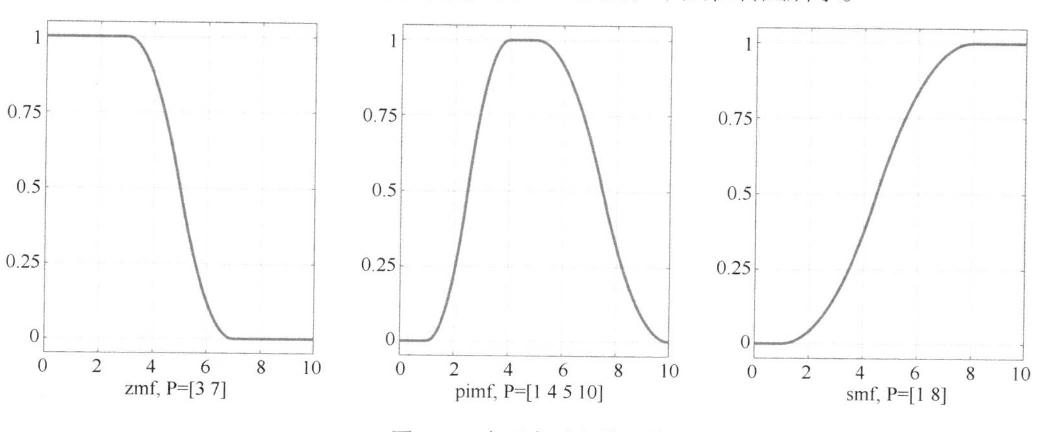

● 图 9-5　多项式型隶属函数

这些隶属函数不仅可用于本章后文定义隶属函数，将它们的形状适当调整后，还可以应用到定性指标量化和动态加权函数的曲线。

9.1.2 模糊运算

1．模糊逻辑运算

模糊逻辑运算是标准布尔逻辑运算的推广。

先回顾标准布尔逻辑运算，如图 9-6 所示。

AND

A	B	A AND B
0	0	0
0	1	0
1	0	0
1	1	1

OR

A	B	A OR B
0	0	0
0	1	1
1	0	1
1	1	1

NOT

A	NOT A
0	1
1	0

● 图 9-6　标准布尔运算

本来是只能是 0 和 1 的运算，想要推广到也适用于 0 到 1 之间的实数。只需这样改一下运算，如图 9-7 所示。

AND

A	B	min(A,B)
0	0	0
0	1	0
1	0	0
1	1	1

OR

A	B	max(A,B)
0	0	0
0	1	1
1	0	1
1	1	1

NOT

A	1−A
0	1
1	0

● 图 9-7　改写的标准布尔运算

模糊集与隶属函数（曲线）一一对应，所以，很自然地，模糊集的逻辑运算就等同于隶属函数（曲线）的逻辑运算，从图形对比着来看就是图 9-8。

2．模糊合成

设 $\boldsymbol{R}=(r_{ij})_{m\times n}$ 为矩阵，若满足 $0\leqslant r_{ij}\leqslant 1$，则称为模糊矩阵，当 r_{ij} 只取 0 或 1 时，称为布尔矩阵。

模糊综合评价涉及模糊变换，即将模糊评价矩阵作用到向量，得到新向量：

$$\boldsymbol{B}_{m\times 1}=\boldsymbol{R}_{m\times n}\circ\boldsymbol{A}_{n\times 1} \tag{9.8}$$

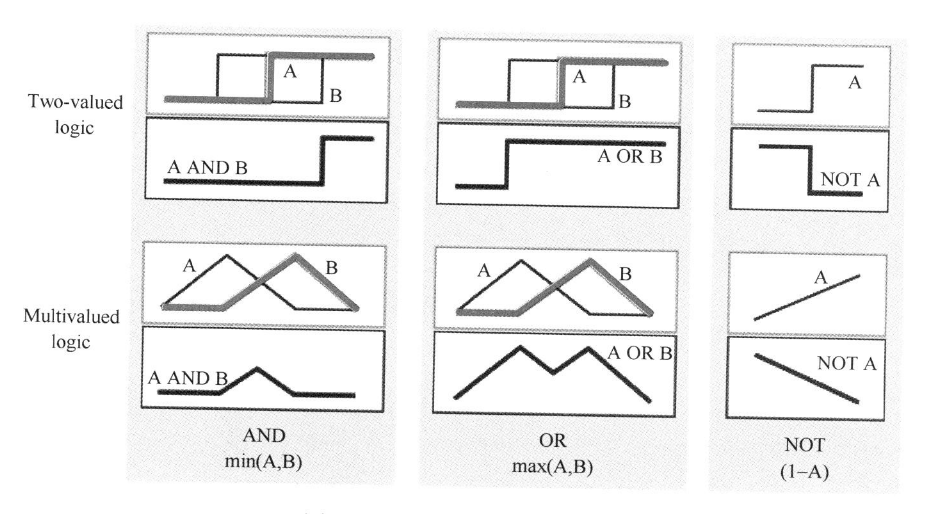

● 图 9-8　从布尔运算到模糊运算

其中，$\circ$为模糊合成算子，记 $\boldsymbol{A}=[a_1,\cdots,a_m]^{\mathrm{T}}$，$\boldsymbol{B}=[b_1,\cdots,b_m]^{\mathrm{T}}$。

模糊变换根据目的不同，可以选择不同的模糊合成算子[24]：

（1）取小取大，主因素决定型

$$b_j=\max_i\{\min\{a_i,r_{ij}\}\},\qquad j=1,\cdots,m \tag{9.9}$$

通常用的算子，其评判结果只取决于在总评价中起主要作用的那个因素，其余因素均不影响评判结果，比较适用于单项评判最优就能作为综合评判最优的情况。

（2）乘积最大，主因素突出型

$$b_j=\max_i\{a_i\cdot r_{ij}\},\qquad j=1,\cdots,m \tag{9.10}$$

与取小取大相近，但更精细些，不仅突出了主要因素，也兼顾了其他因素。此模型适用于模型失效（不可区别），需要“加细”的情况。

（3）乘加，加权平均型

$$b_j=\sum_{i=1}^{n}a_i\cdot r_{ij},\qquad j=1,\cdots,m \tag{9.11}$$

该算子依权重的大小对所有因素均衡兼顾，比较适用于求总和最大的情形。

（4）取小上界和型

$$b_j=\min\left\{1,\ \sum_{i=1}^{n}\min\{a_i,r_{ij}\}\right\},\qquad j=1,\cdots,m \tag{9.12}$$

在使用此算子时，需要注意：各个 a_i 不能取得偏大，否则可能出现 b_j 均等于 1 的情形；各个 a_i 也不能取得太小，否则可能出现 b_j 均等于各个 a_i 之和的情形，这将使单因素评判的有关信息丢失。

（5）均衡平均型

$$b_j = \sum_{i=1}^{n}\left(a_i \wedge \frac{r_{ij}}{r_0}\right), \qquad j = 1,\cdots,m \tag{9.13}$$

其中，$r_0 = \sum_{k=1}^{m} r_{kj}$，该算子实际上先对模糊评价矩阵 $\boldsymbol{R}$ 中的列向量做了归一化处理，适用于 $\boldsymbol{R}$ 中元素偏大或偏小的情形。

为了便于使用，定义 MATLAB 函数实现这 5 种模糊合成，可根据具体类型选用，MATLAB 代码如下。

```
function B = fce(A, R, type)
% 实现模糊合成算子的计算
% A 为因素集各因素的权重(列)向量，R 为模糊评价矩阵，要求 R 的列数等于 A 的行数
% type 选择模糊合成算子的类型，1-5 分别对应前文的 5 种不同算子
% B 返回归一化的综合评价结果
[m,n] = size(R);
B = zeros(m,1);
for j=1:m
    switch type
        case 1       % 取小取大，主因素决定型
            B(j) = max(min([A'; R(j,:)]));
        case 2       % 乘积最大，主因素突出型
            B(j) = max(A' .* R(j,:));
        case 3       % 乘加，加权平均型
            B(j) = sum(A' .* R(j,:));
        case 4        % 取小上界和型
            B(j) = min(1, sum(min([A'; R(j,:)])));
        case 5        % 均衡平均型
            r0 = sum(R(j,:));
            B(j) = sum(min([A'; R(j,:) ./ r0]));
    end
end
B = B ./ sum(B);         % 归一化
```

9.2 模糊综合评价

9.2.1 算法步骤

1. 确定因素集及权重向量

设某事物的评价因素有 n 个，记作 $U = \{u_1,\cdots,u_n\}$，称为因素集。由于各种因素所处地位和

作用的不同，考虑用权重向量来衡量，实际中该权重向量可以借助 9.2 节介绍的主客观赋权法来得到。

例如，某人要购买一件衣服，她要考虑 4 个因素：

u_1=“色彩”，u_2 =“做工”，u_3=“品牌”，u_4=“款式”

4 个因素在评价过程中的权重向量为 $\boldsymbol{A}=[0.3,0.3,0.3,0.1]^{\mathrm{T}}$。

2．确定评语集

设所有可能的评语有 m 个，记为 $V=\{v_1,\cdots,v_m\}$，称为评语集。

例如，对衣服的评语集有

v_1=“好”，v_2=“一般”，v_3=“差”

3．建立模糊评价矩阵

先对该事物的每个因素隶属于各个评语的程度进行评价（评委打分或隶属函数）。

例如，某件衣服，对于“色彩”，80% 的评委认为是“好”，10% 的评委认为是“一般”，10% 的评委认为是“差”，则该件衣服的因素 1“色彩”隶属于评语集每个评语“好”“一般”“差”的隶属度为

$$\boldsymbol{r}_1=[0.8,0.1,0.1]^{\mathrm{T}}$$

同样，因素 2“做工”隶属于每个评语“好”“一般”“差”的隶属度为

$$\boldsymbol{r}_2=[0.7,0.2,0.1]^{\mathrm{T}}$$

因素 3“品牌”隶属于每个评语“好”“一般”“差”的隶属度为

$$\boldsymbol{r}_3=[0.6,0.2,0.2]^{\mathrm{T}}$$

因素 4“款式”隶属于每个评语“好”“一般”“差”的隶属度为

$$\boldsymbol{r}_4=[0.7,0.1,0.2]^{\mathrm{T}}$$

于是，得到模糊评价矩阵

$$\boldsymbol{R}=[\boldsymbol{r}_1,\boldsymbol{r}_2,\boldsymbol{r}_3,\boldsymbol{r}_4]=\begin{bmatrix}0.8 & 0.7 & 0.6 & 0.7\\0.1 & 0.2 & 0.2 & 0.1\\0.1 & 0.1 & 0.2 & 0.2\end{bmatrix}$$

4．做模糊综合合成，再去模糊化得到综合评价

基于合适的模糊合成算子计算总评价：$\boldsymbol{B}=\boldsymbol{R}\circ\boldsymbol{A}$，一般对 $\boldsymbol{B}$ 进行归一化处理。

这里的 $\boldsymbol{R}$ 是分别的评价和模糊的评价（隶属程度），再综合各因素占的权重 $\boldsymbol{A}$，所以叫作模糊综合评价。

采用最常用的最小最大法做模糊合成，MATLAB 代码如下。

```
A = [0.3 0.3 0.3 0.1]';
```

```
R = [0.8 0.7 0.6 0.7;
    0.1 0.2 0.2 0.1;
    0.1 0.1 0.2 0.2];
fce(A,R,1)
```

运行结果如下。

```
B  =  0.4286   0.2857   0.2857
```

结果 B 是模糊集，分别是属于 3 个评语："好""一般""差"的隶属度，该件衣服到底属于哪一类评语呢？还需要做一步去模糊化，这里采用最简单、最常用的最大隶属度原则：最大隶属度对应的评语，即为最终综合评价的结果。

本例最大隶属度 0.4286 出现在第一个位置，对应的评语为"好"，故该衣服最终评价结果为"好"。

9.2.2 案例：耕作方案模糊评价

看一个更综合、更一般的例子，特别是涉及隶属函数的处理。

例 9.1 耕作方案的模糊综合评价

某平原产粮区进行耕作制度改革，制定了甲（三种三收）、乙（两茬平作）、丙（两年三熟）3 种方案。主要评价指标选取 5 项：粮食亩产量、农产品质量、每亩用工量、每亩纯收入、生态环境影响。根据当地实际情况，这 5 个因素的权重分别为 0.2、0.1、0.15、0.3、0.25，其评价等级如表 9-1 所示。

表 9-1 耕作方案评价指标数据的等级划分

分数	亩产量/kg	产品质量（级）	亩用工量（工日）	亩纯收入（元）	生态环境影响（级）
优	550 以上	1	20 以下	130 以上	1
良	450～550	2	20～40	90～130	2
中	350～450	3	40～60	50～90	3
差	350 以下	4	60 以上	50 以下	4

经过调查并应用各种参数进行计算预测，发现 3 种方案的 5 项指标的具体数据如表 9-2 所示。

表 9-2 三种耕作方案的指标数据

方案	亩产量/kg	产品质量（级）	亩用工量（工日）	亩纯收入（元）	生态环境影响（级）
甲	592.5	3	55	72	4
乙	529	2	38	105	3
丙	412	1	32	85	2

问究竟应该选择哪种方案？下面用模糊综合评价法求解。

1. 确定因素集及相应权重向量

因素集：$U=\{u_1,u_2,u_3,u_4,u_5\}$

u_1=“粮食亩产量”，u_2=“农产品质量”，u_3=“每亩用工量”，u_4=“每亩纯收入”，u_5=“生态环境影响”

权重向量：$A=[0.2,\ 0.1,\ 0.15,\ 0.3,\ 0.25]$。

2. 确定评语集

评语集：$V=\{“优”,“良”,“中”,“差”\}$

3. 确定各个因素对评语集的隶属函数

隶属函数是把因素所有取值映射到隶属于评语的隶属度的函数，有了它代入某方案某因素的具体值，就能计算属于某评语的隶属度，进而才能构造模糊评价矩阵。

（1）因素 1：“粮食亩产量”对各评语的隶属函数

由于粮食亩产量是分段表示的，适合用梯形隶属函数。

1）“粮食亩产量”对评语“差”的隶属函数。

350 以下是“差”，故区间 [0, 350] 应该 100%属于“差”，从而隶属度为 1；相邻的区间 [350, 450]，认为是部分属于“差”，使隶属度值从 350 处的 1，线性递减到 450 处的 0；更远的区间，就认为完全不属于“差”，从而隶属度为 0。

于是，可以画出隶属函数草图，再给出定义为

$$\mu_{差}(u_1)=\begin{cases}1, & u_1\leqslant 350\\ \dfrac{450-u_1}{450-350}, & 350<u_1<450\\ 0, & u_1\geqslant 450\end{cases}$$

实际上并不需要该表达式，只需要用 MATLAB 自带的梯形隶属函数 trapmf() 生成即可。不过这是半个梯形（右梯形），需要适当调整参数值，MATLAB 代码如下。

```
x = 0:800;
mf11 = @(x)trapmf(x, [0,0,350,450]);   % 右梯形
subplot(2,2,1)
plot(x, mf11(x),'linewidth',2)
xlabel('差')
ylim([-0.05 1.05]), grid on
set(gca,'YTick',0:0.25:1);
```

2）“粮食亩产量”对评语“中”的隶属函数。

[350,450] 是完全属于“中”，隶属度为 1；两侧的相邻区间 [0,350] 和 [450,550] 部分属于“中”，使隶属度从 1 线性递减到 0；其他更远的区间，完全不属于“中”，从而隶属度为 0。

于是，可以画出隶属函数草图，再给出定义为

$$\mu_{中}(u_1)=\begin{cases}\dfrac{u_1-250}{350-250}, & 250\leqslant u_1<350\\ 1, & 350\leqslant u_1<450\\ \dfrac{550-u_1}{550-450}, & 450\leqslant u_1<550\\ 0, & u_1<250\text{ 或 }u_1\geqslant 550\end{cases}$$

这是标准的梯形隶属函数，用 trapmf()来生成，MATLAB 代码如下。

```
mf12 = @(x)trapmf(x, [250,350,450,550]);
subplot(2,2,2)
plot(x, mf12(x),'linewidth',2)
xlabel('中')
ylim([-0.05 1.05]), grid on
set(gca,'YTick',0:0.25:1);
```

3）“粮食亩产量”对评语“良”的隶属函数

[450,550] 是完全属于“良”，隶属度为 1；两侧的相邻区间[350,450]和[550,650]是部分属于“良”，使隶属度从 1 线性递减到 0；其他更远区间，是完全不属于“良”，隶属度为 0；于是，可以画出隶属函数草图，再给出定义为

$$\mu_{良}(u_1)=\begin{cases}\dfrac{u_1-350}{450-350}, & 350\leqslant u_1<450\\ 1, & 450\leqslant u_1<550\\ \dfrac{650-u_1}{650-550}, & 550\leqslant u_1<650\\ 0, & u_1<350\text{ 或 }u_1\geqslant 650\end{cases}$$

这是标准的梯形隶属函数，用 trapmf() 来生成，MATLAB 代码如下。

```
mf13 = @(x)trapmf(x, [350,450,550,650]);
subplot(2,2,3)
plot(x, mf13(x),'linewidth',2)
xlabel('良')
ylim([-0.05 1.05]), grid on
set(gca,'YTick',0:0.25:1);
```

4）“粮食亩产量”对“优”的隶属函数

550 以上是完全属于“优”，隶属度为 1；相邻区间[450,550]是部分属于“优”，使隶属度线性递减到 0；其他更远区间，是完全不属于“优”，隶属度为 0；于是，可以画出隶属函数草图，再给出定义为

$$\mu_{优}(u_1)=\begin{cases}0, & u_1\leqslant 450\\ \dfrac{u_1-450}{550-450}, & 450<u_1<550\\ 1, & u_1\geqslant 550\end{cases}$$

该函数曲线是半个梯形（左梯形），用梯形隶属函数 trapmf()调整参数可实现，MATLAB 代码如下。

```
mf14 = @(x)trapmf(x, [450,550,800,800]);    % 左梯形
subplot(2,2,4)
plot(x, mf14(x),'linewidth',2)
xlabel('优')
ylim([-0.05 1.05]), grid on
set(gca,'YTick',0:0.25:1);
```

图形结果如图 9-9 所示。

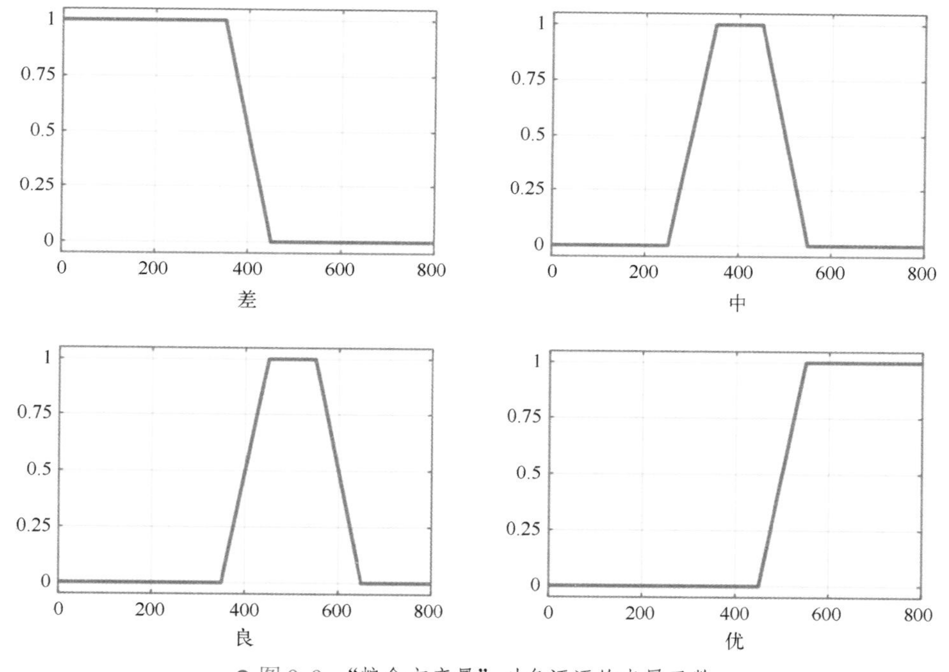

图 9-9 “粮食亩产量”对各评语的隶属函数

（2）因素 2“农产品质量”对各评语的隶属函数

由于粮食亩产量是用单值表示的，因此适合用三角形隶属函数。

1）“农产品质量”对评语“差”的隶属函数。

$u_2=4$ 是完全属于“差”，隶属度为 1；相邻区间[3.5,4]是部分属于“差”，使隶属度单调递减到 0；其他更远区间是完全不属于“差”，隶属度为 0；于是，可以画出隶属函数草图，再给出定义为

$$\mu_{差}(u_2)=\begin{cases}0, & u_2\leqslant 3.5\\ \dfrac{4-u_2}{4-3.5}, & 3.5<u_2\leqslant 4\\ 1, & u_2>4\end{cases}$$

该函数曲线是半个梯形（左梯形），用 trapmf() 调整参数可实现，MATLAB 代码如下。

```
x = 0:0.01:5;
mf21 = @(x)trapmf(x, [3.5,4,5,5]);
figure
subplot(2,2,1)
plot(x, mf21(x),'linewidth',2)
xlabel('差')
ylim([-0.05 1.05]), grid on
set(gca,'YTick',0:0.25:1, 'XTick',0:5);
```

2）“农产品质量”对评语“中”的隶属函数。

$u_2 = 3$ 是完全属于“中”，隶属度为 1；相邻区间 $[2.5,3.5]$ 是部分属于“中”，使隶属度单调递减到 0；其他更远区间是完全不属于“中”，隶属度为 0；于是，可以画出隶属函数草图，再给出定义为

$$\mu_{中}(u_2) = \begin{cases} 0, & u_2 < 2.5 \text{ 或 } u_2 > 3.5 \\ \dfrac{u_2 - 2.5}{3 - 2.5}, & 2.5 < u_2 < 3 \\ \dfrac{3.5 - u_2}{3.5 - 3}, & 3 \leqslant u_2 \leqslant 3.5 \end{cases}$$

该函数曲线是个三角形，用 MATLAB 自带的三角隶属函数 trimf() 实现，MATLAB 代码如下。

```
mf22 = @(x)trimf(x, [2.5,3,3.5]);
subplot(2,2,2)
plot(x, mf22(x),'linewidth',2)
xlabel('中')
ylim([-0.05 1.05]), grid on
set(gca,'YTick',0:0.25:1, 'XTick',0:5);
```

3）“农产品质量”对评语“良”的隶属函数。

$u_2 = 2$ 是完全属于“良”，隶属度为 1；相邻区间 $[1.5, 2.5]$ 是部分属于“良”，使隶属度单调递减到 0；其他更远区间是完全不属于“良”，隶属度为 0；于是，可以画出隶属函数草图，再给出定义为

$$\mu_{良}(u_2) = \begin{cases} 0, & u_2 < 1.5 \text{ 或 } u_2 > 2.5 \\ \dfrac{u_2 - 1.5}{2 - 1.5}, & 1.5 < u_2 < 2 \\ \dfrac{2.5 - u_2}{2.5 - 2}, & 2 \leqslant u_2 \leqslant 2.5 \end{cases}$$

该函数曲线是个三角形，用三角隶属函数 trimf() 实现，MATLAB 代码如下。

```
mf23 = @(x)trimf(x, [1.5,2,2.5]);
subplot(2,2,3)
plot(x, mf23(x),'linewidth',2)
xlabel('良')
ylim([-0.05 1.05]), grid on
```

```
set(gca,'YTick',0:0.25:1, 'XTick',0:5);
```

4）“农产品质量”对评语“优”的隶属函数。

$u_2=1$ 是完全属于“优”，隶属度为 1；相邻区间 [0.5,1.5] 是部分属于“优”，使隶属度单调递减到 0；其他更远区间是完全不属于“优”，隶属度为 0。于是，可以画出隶属函数草图，再给出定义为

$$\mu_{优}(u_2)=\begin{cases}1, & u_2<1\\ \dfrac{1.5-u_2}{1.5-1}, & 1<u_2\leqslant 1.5\\ 0, & u_2\geqslant 1.5\end{cases}$$

该函数曲线是半个梯形（右梯形），用梯形隶属函数 trapmf() 调整参数可以实现，MATLAB 代码如下。

```
mf24 = @(x)trapmf(x, [0 0 1 1.5]);
subplot(2,2,4)
plot(x, mf24(x),'linewidth',2)
xlabel('优')
ylim([-0.05 1.05]), grid on
set(gca,'YTick',0:0.25:1, 'XTick',0:5);
```

图形结果如图 9-10 所示。

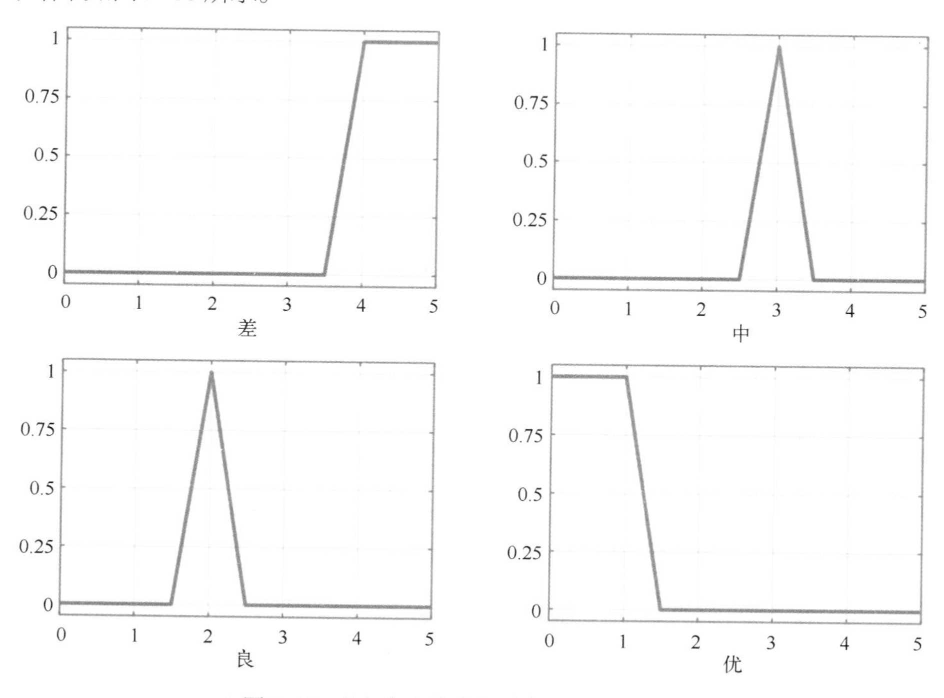

图 9-10 “农产品质量”对各评语的隶属函数

（3）因素 3“亩用工量”对各评语的隶属函数（类似（1））

（4）因素 4“亩纯收入”对各评语的隶属函数（类似（1））

（5）因素 5“对生态的影响”对各评语的隶属函数（同（2））

注意，在用三角形隶属函数模糊处理两个等级度量因素时，取的模糊跨度是 0.5，实际上是不会有模糊效果的，要想有模糊效果，需要大于 1，读者可自行尝试体会。

4．计算模糊评价矩阵

将评价对象的各因素的具体取值代入相应的隶属函数，就能计算出构成模糊评价矩阵的各个单独的隶属度值。

以方案甲为例，因素 1“粮食亩产量”为$u_1 = 592.5$，代入它隶属于评语集“差”“中”“良”“优”的隶属函数，得

$$\boldsymbol{r}_1 = [\mu_{差}(u_1), \mu_{中}(u_1), \mu_{良}(u_1), \mu_{优}(u_1)]^{\mathrm{T}} = [0, 0, 0.575, 1]^{\mathrm{T}}$$

因素 2“农产品质量”为$u_2 = 3$，代入它隶属于评语集“差”“中”“良”“优”的隶属函数，得

$$\boldsymbol{r}_2 = [\mu_{差}(u_2), \mu_{中}(u_2), \mu_{良}(u_2), \mu_{优}(u_2)]^{\mathrm{T}} = [0, 1, 0, 0]^{\mathrm{T}}$$

因素 3“每亩用工量”为$u_3 = 55$，代入它隶属于评语集“差”“中”“良”“优”的隶属函数，得

$$\boldsymbol{r}_3 = [\mu_{差}(u_3), \mu_{中}(u_3), \mu_{良}(u_3), \mu_{优}(u_3)]^{\mathrm{T}} = [0.75, 1, 0.25, 0]^{\mathrm{T}}$$

因素 4“每亩纯收入”为$u_4 = 72$，代入它隶属于评语集“差”“中”“良”“优”的隶属函数，得

$$\boldsymbol{r}_4 = [\mu_{差}(u_4), \mu_{中}(u_4), \mu_{良}(u_4), \mu_{优}(u_4)]^{\mathrm{T}} = [0.45, 1, 0.55, 0]^{\mathrm{T}}$$

因素 5“生态环境影响”为$u_5 = 4$，代入它隶属于评语集“差”“中”“良”“优”的隶属函数，得

$$\boldsymbol{r}_5 = [\mu_{差}(u_5), \mu_{中}(u_5), \mu_{良}(u_5), \mu_{优}(u_5)]^{\mathrm{T}} = [1, 0, 0, 0]^{\mathrm{T}}$$

从而，得到方案甲的模糊评价矩阵：

$$\boldsymbol{R}_1 = [\boldsymbol{r}_1, \boldsymbol{r}_2, \boldsymbol{r}_3, \boldsymbol{r}_4, \boldsymbol{r}_5] = \begin{bmatrix} 0 & 0 & 0.75 & 0.45 & 1 \\ 0 & 1 & 1 & 1 & 0 \\ 0.575 & 0 & 0.25 & 0.55 & 0 \\ 1 & 0 & 0 & 0 & 0 \end{bmatrix}$$

同理，可以计算方案乙和方案丙的模糊评价矩阵：

$$R_2=\begin{bmatrix}0&0&0&0&0\\0.21&0&0.9&0.625&1\\1&1&1&1&0\\0.79&0&0.1&0.375&0\end{bmatrix},\quad R_3=\begin{bmatrix}0.38&0&0&0.125&0\\1&0&0.6&1&0\\0.62&0&1&0.875&1\\0&1&0.4&0&0\end{bmatrix}$$

为了简化代码，将针对耕作方案的各指标值计算模糊评价矩阵定义成函数，MATLAB 代码如下。

```
% 先列出其他三组隶属函数
mf31 = @(x) trapmf(x,[40 60 80 80]);
mf32 = @(x) trapmf(x,[20 40 60 80]);
mf33 = @(x) trapmf(x, [0 20 40 60]);
mf34 = @(x) trapmf(x,[0 0 20,40]);
mf41 = @(x) trapmf(x, [0 0 50 90]);
mf42 = @(x) trapmf(x, [0 50 90 130]);
mf43 = @(x) trapmf(x, [50 90 130 170]);
mf44 = @(x) trapmf(x, [90 130 170 170]);
mf51 = @(x) trapmf(x, [3.5 4 5 5]);
mf52 = @(x) trimf(x, [2.5 3 3.5]);
mf53 = @(x) trimf(x, [1.5 2 2.5]);
mf54 = @(x) trapmf(x, [0 0 1 1.5]);
%定义函数针对一种耕作方案的各指标值计算模糊评价矩阵
CalFEM = @(x) [
    mf11(x(1)), mf21(x(2)), mf31(x(3)), mf41(x(4)), mf51(x(5));
    mf12(x(1)), mf22(x(2)), mf32(x(3)), mf42(x(4)), mf52(x(5));
    mf13(x(1)), mf23(x(2)), mf33(x(3)), mf43(x(4)), mf53(x(5));
    mf14(x(1)), mf24(x(2)), mf34(x(3)), mf44(x(4)), mf54(x(5))];
x = [592.5 3 55 72 4;
     529 2 38 105 3;
     412 1 32 85 2];
R1 = CalFEM(x(1,:))
R2 = CalFEM(x(2,:))
R3 = CalFEM(x(3,:))
```

运行结果如下。

```
R1   =        0         0         0.7500    0.4500    1.0000
              0    1.0000         1.0000    1.0000         0
         0.5750         0         0.2500    0.5500         0
         1.0000         0              0         0         0

R2   =        0         0              0         0         0
         0.2100         0         0.9000    0.6250    1.0000
         1.0000    1.0000         1.0000    1.0000         0
         0.7900         0         0.1000    0.3750         0
```

```
R3  =      0.3800        0          0        0.1250        0
           1.0000        0        0.6000     1.0000        0
           0.6200        0        1.0000     0.8750     1.0000
                0     1.0000      0.4000          0        0
```

5. 模糊合成，得到综合评价

为了兼顾各个因素，我们采用加权平均型合成来计算总评价，并对结果做归一化处理，MATLAB 代码如下。

```
A = [0.2 0.1 0.15 0.3 0.25]';
type = 3;                                  % 选择加权平均型
B1 = fce(A, R1, type)
B2 = fce(A, R2, type)
B3 = fce(A, R3, type)
```

运行结果如下。

```
B1  =  0.3179    0.3514     0.2029    0.1278
B2  =       0    0.3724     0.4545    0.1730
B3  =  0.0688    0.3576     0.4767    0.0970
```

仍采用最大隶属度原则进行去模糊化处理，B1 最大值 0.3514 位置对应评语“中”，故方案甲的评价结果为“中”；B2 最大值 0.4545 位置对应评语“良”，故方案乙的评价结果为“良”；B3 最大值 0.4767 位置对应评语“良”，故方案丙的评价结果为“良”。

也可以考虑将“差”“中”“良”“优”量化成分数，比如 30 分、60 分、75 分、90 分，B 向量的隶属度就是隶属相应分数的程度（权重），计算出综合得分即可作为最终的评价结果：

```
w = [30 60 75 90];
s1 = w * B1
s2 = w * B2
s3 = w * B3
```

运行结果如下。

```
s1  =   57.3403
s2  =   72.0091
s3  =   67.9955
```

关于本案例的流行解法的解释：本案例在很多模糊理论的书中以及各种模糊综合评价算法的讲义中出现，但笔者发现这种广为流传的原做法是错误的。原做法是直接将三种方案作为评语集，那么在第三、四步，确定隶属度，即指标值隶属于评语集（三种方案）的程度时，逻辑上是不通的，比如方案甲：能说它隶属于方案甲、乙、丙的程度是多少吗？即使勉强认可这么说，但具体过程（隶属函数）是根据该指标的范围（350 以下，600 以上）来做的，这与各方案有又有什么关系呢。

9.3 灰色关联分析

灰色关联分析源于几何直观，实质上是一种曲线间几何形状的比较：几何形状越接近，则发展变化趋势越接近，关联程度也就越大，如图 9-11 所示。

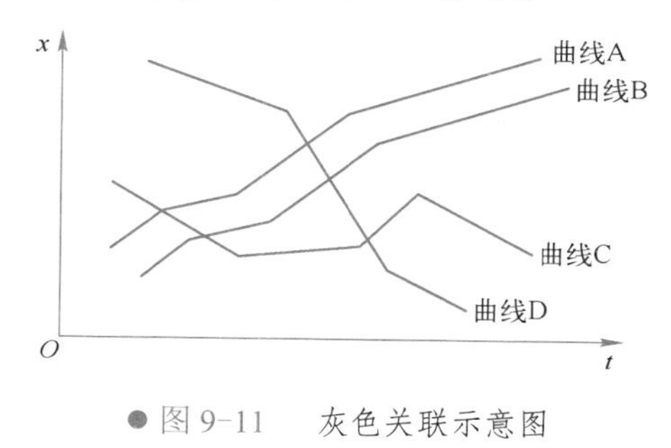

图 9-11　灰色关联示意图

曲线 A 与 B 相对平行，则认为 A 与 B 的关联程度大；曲线 C 与 A 随时间变化的方向很不一致，则认为 A 与 C 的关联程度较小；曲线 A 与 D 相差最大，则认为两者的关联程度最小。

9.3.1 算法原理

（1）计算关联系数

设参考序列为

$$X_0 = \{x_0(1), x_0(2), \cdots, x_0(m)\}$$

比较序列为

$$X_i = \{x_i(1), x_i(2), \cdots, x_i(m)\}, \qquad i = 1, \cdots, n$$

比较序列 X_i 对参考序列 X_0 在 k 处的关联系数定义为

$$\eta_i(k) = \frac{\min_s \min_t |x_0(t) - x_s(t)| + \rho \max_s \max_t |x_0(t) - x_s(t)|}{|x_0(k) - x_i(k)| + \rho \max_s \max_t |x_0(t) - x_s(t)|} \tag{9.14}$$

其中，$\min_s \min_t |x_0(t) - x_s(t)|$ 和 $\max_s \max_t |x_0(t) - x_s(t)|$ 分别称为两级最小差、两级最大差；ρ 称为分辨系数，其值越大分辨率越大，一般采用 $\rho = 0.5$。

对单位不一，初值不同的序列，在计算关联系数之前应首先进行初值化，即将该序列的所有数据分别除以首项数据，将变量化为无单位的相对数值。

负向数据需要做正向化，若用取倒数变换，可以和初值化一起做，即用首项数据除以所有数据；

也可以做数据均值化，所有数据都除以均值；

也可以做数据百分比化，所有数据都除以最大值；

还可以做数据归一化。

（2）计算灰色关联度

关联系数只表示了各个位置参考序列和比较序列之间的关联程度，为了从总体上了解序列之间的关联程度，必须求出它们的平均值，即灰色关联度：

$$r_i = \frac{1}{n}\sum_{k=1}^{n}\eta_i(k) \tag{9.15}$$

注：若各指标有不同的权重，可以对进行加权平均，得到灰色加权关联度。

- $r \in [0, 0.35)$，称为弱关联。
- $r \in [0.35, 0.65)$，称为中度关联。
- $r \in [0.65, 1]$，称为强关联。

按照上述算法步骤，编写 MATLAB 函数实现计算灰色加权关联度，MATLAB 代码如下。

```
function r = gray_corr(ck,bj,rho,w)
% 计算灰色关联度
% ck 为参考序列, bj 为比较序列, rho 为分辨系数
% w 为加权关联度的权重向量
if (nargin == 3)
    [n,m] = size(bj);
    w = ones(1,n) / n;
end
for j=1:m                                  % 每个比较序列与参考序列作差
    t(:,j) = bj(:,j) - ck;
end
min2 = min(min(abs(t)));                   % 求两级最小差
max2 = max(max(abs(t)));                   % 求两级最大差
eta = (min2 + rho*max2) ./ (abs(t) + rho*max2);  % 求关联系数
r = w * eta;
```

为了方便使用，将权重参数 w 设置为默认参数，就是说，调用函数 gray_corr() 时，若不提供第 4 个参数，将使用默认值 [1/n,⋯, 1/n]，即计算不加权的灰色关联度。

9.3.2 案例：运动员训练与成绩

例 9.2　本例来自参考文献[25]。对某健将级女子铅球运动员的跟踪调查，获得其 1982 年至 1986 年每年最好成绩及 16 项专项素质和身体素质的数据如表 9-3 所示。

表 9-3　1982 年至 1986 年每年 16 项专项素质和身体素质的最好成绩

年份	铅球 x0	4kg 前抛 x1	4kg 后抛 x2	4kg 原地 x3	立定跳远 x4	高翻 x5	抓举 x6	卧推 x7
1982	13.6	11.5	13.76	12.41	2.48	85	55	65
1983	14.01	13	16.36	12.7	2.49	85	65	70
1984	14.54	15.15	16.9	13.96	2.56	90	75	75
1985	15.64	15.3	16.56	14.04	2.64	100	80	85
1986	15.69	15.02	17.3	13.46	2.59	105	80	90

年份	3kg 前抛 x8	3kg 后抛 x9	3kg 原地 x10	3kg 滑步 x11	三级跳 x12	全蹲 x13	挺举 x14	30m 跑 x15	100mx16
1982	12.8	15.3	12.71	14.78	7.64	120	80	4.2	13.1
1983	15.3	18.4	14.5	15.54	7.56	125	85	4.25	13.42
1984	16.24	18.75	14.66	16.03	7.76	130	90	4.1	12.85
1985	16.4	17.95	15.88	16.87	7.54	140	90	4.06	12.72
1986	17.05	19.3	15.7	17.82	7.7	140	95	3.99	12.56

做灰色关联分析，看哪些指标与铅球成绩关联度更高？从而进行更加有针对性的训练。

首先读入数据，并做预处理。

铅球成绩以及前 14 个指标都是正向指标，用各项数据同除以首项数据做初值化；

后 2 个指标是反向指标，用首项数据同除以各项数据做初值化，MATLAB 代码如下。

```
dat = xlsread('datas/sport_datas.xlsx');
% 预处理数据
for i=2:16
    dat(:,i) = dat(:,i) / dat(1,i);
end
for i=17:18
    dat(:,i) = dat(1,i) ./ dat(:,i);
end
```

再提取参考序列和比较序列，做灰色关联分析，MATLAB 代码如下。

```
ck = dat(:,2);          % 参考序列
bj = dat(:,3:end);      % 比较序列
r = gray_corr(ck,bj,0.5)
```

运行结果如下。

```
r  =    0.5881    0.6627    0.8536    0.7763    0.8549    0.5022
        0.6592    0.5820    0.6831    0.6958    0.8955    0.7047
        0.9334    0.8467    0.7454    0.7261
```

可见，全蹲与铅球成绩关联度最高（为 0.9334），其次是 3kg 滑步（为 0.8955）。

9.3.3 优势分析

灰色关联分析的参考序列只有一个，当参考序列不止一个时，让比较序列和各个参考序列都做一遍灰色关联分析，得到灰色关联度矩阵，这叫作优势分析。

设有 m 个参考序列（母因素），记为 $y_1,\cdots,y_m$，有 l 个比较序列（子因素），记为 $x_1,\cdots,x_l$，则这 l 个比较序列对每一个参考序列都有 1 个关联度，记 r_{ij} 表示比较序列 x_j 对参考序列 y_i 的关联度，可得到关联度矩阵 $\boldsymbol{R}=(r_{ij})_{m\times l}$。

根据矩阵 $\boldsymbol{R}$ 的各元素的大小，可分析判断出哪些因素起主要影响（优势因素），哪些因素起次要影响；进一步，当某一列元素大于其他列元素时，称此列对应的因素为优势子因素；当某一行元素均大于其他行元素时，称此行所对应的母因素为优势母因素。

若矩阵 $\boldsymbol{R}$ 的某个元素达到最大，则该行对应的母因素被认为是所有母因素中影响最大的（为了便于分析，常将较小的元素近似为 0）。

例 9.3（优势分析）某地区有 5 个子因素：x1 表示固定资产投资、x2 表示工业投资、x3 表示农业投资、x4 表示科技投资、x5 表示交通投资；6 个母因素：y1 表示国民收入、y2 表示工业收入、y3 表示农业收入、y4 表示商业收入、y5 表示交通收入、y6 表示建筑业收入，相应数据如表 9-4 所示。

表 9-4　某地区分行业的投资与收入数据

年份	x1	x2	x3	x4	x5	y1	y2	y3	y4	y5	y6
1979	308.58	195.4	24.6	20	18.98	170	57.55	88.56	11.19	4.03	13.7
1980	310	189.9	21	25.6	19	174	70.74	70	13.28	4.26	15.6
1981	295	187.2	12.2	23.3	22.3	197	76.8	85.38	16.82	4.34	13.77
1982	346	205	15.1	29.2	23.5	216.4	80.7	99.83	18.9	5.06	11.98
1983	367	222.7	14.57	30	27.655	235.58	89.85	103.4	22.8	5.78	13.95

MATLAB 代码如下。

```
dat = xlsread('datas/economy_datas.xlsx');
% 预处理数据
for i=2:12
   dat(:,i) = dat(:,i) / dat(1,i);
end
mu = dat(:,7:end);            % 母因素
zi = dat(:,2:6);              % 子因素
R = zeros(6,5);
for i=1:6
   R(i,:) = gray_corr(mu(:,i), zi, 0.5);
end
```

```
R
```

运行结果如下。

```
R = 0.8017    0.7611    0.5567    0.8096    0.9349
    0.6887    0.6658    0.5287    0.8854    0.8004
    0.8910    0.8581    0.5786    0.5773    0.6749
    0.6776    0.6634    0.5675    0.7800    0.7307
    0.8113    0.7742    0.5648    0.8038    0.9205
    0.7432    0.7663    0.5616    0.6065    0.6319
```

结果说明如下。

从关联度矩阵 ***R*** 可以看出：

1）第 4 行元素都比较小，表明各种投资对商业收入影响不大，即商业是一个不太需要依赖外部投资而能自行发展的行业。从消耗投资上看，这是劣势，但从少投资多收入的效益观点看，商业是优势。

2）各行最大值反映了哪个子因素对该行对应的母因素影响最大，例如，$r_{15}=0.9349$ 最大，表明交通投资（x_5）对国民收入（y_1）的影响最大。

3）第一行和第五行除了第 3 个元素外都较大，说明国民收入、交通收入是较综合性的行业，除了农业投资外其他投资的影响都较大。

9.3.4 灰色关联评价

灰色关联评价，类似于理想解法。

- 对指标数据预处理：一致化、规范化后，得到规范矩阵。
- 由于各个指标对综合评价的权重不同，需要根据指标权重对规范矩阵做加权，得到加权规范矩阵。
- 构造参考样本，为“正理想样本”，即各个指标取最大值，构成的最佳样本。
- 将每个样本（评价对象）看作是比较序列，将参考样本作为参考序列，代入灰色关联分析算法，计算灰色关联度。

根据该灰色关联度，就可以排序或评价样本的优劣。

编写 MATLAB 函数实现灰色关联评价算法，该函数调用前面的灰色关联度函数，MATLAB 代码如下。

```
function f = gray_corr_eval(X,w)
% 实现用灰色关联评价
% X 为决策矩阵，w 为各指标的权重向量
[n,m] = size(X);
for j=1:m
    X(:,j) = X(:,j) / norm(X(:,j));          % 规范化处理
end
X = X .* repmat(w,n,1);                      % 加权规范矩阵
```

```
ck = max(X);
f = gray_corr(ck',X',0.5);
f = 100 * f / sum(f);                              % 归一化
```

仍以 8.3 节介绍的河流水质评价为例。

数据预处理和指标权重采用完全一样的数据，只需把最后综合评价时调用的 TOPSIS()函数换成该灰色关联评价函数：

```
f = gray_corr_eval(X, w)
```

运行结果如下。

```
f  =   4.8290   4.5704   5.2741   5.2930   4.7652
       4.5689   5.1868   5.3601   5.9125   5.4516
       5.7787   5.0652   5.1445   3.6963   4.9053
       4.9389   4.6323   4.9613   4.3231   5.3429
```

思考题 9

利用模糊综合评价法或灰色关联分析，构建评价人才吸引力的模型，选择具有代表性的省份，计算其人才吸引力得分。

预测模型篇

预测模型是根据系统发展变化的实际数据和历史数据，运用现代的科学理论和方法，以及各种经验、判断和知识，对事物在未来一定时期内的可能变化情况，进行推测、估计和分析。

预测模型在实际生活中的应用非常广泛，例如，预测某行业未来的发展趋势、根据舆情和相关影响因素预测股票价格、根据身体指标预测未来健康状况或疾病等。

预测模型有很多，可大致按如下分类，如图 10-1 所示。

- 预测模型
  - 因果关系预测
    - 回归分析
    - 灰色预测
    - 机器在学习算法：回归/分类
  - 时间序列分析
    - 确定性分解
    - 指数平滑
    - ARIMA
    - 马尔可夫预测

● 图 10-1　预测方法分类

常用预测模型的适用条件及优缺点如表 10-1 所示。

表 10-1　几种预测模型适用条件及优缺点

模型方法	适用场景	优点	缺点
回归分析	适合探索因变量与多个自变量之间的影响关系	只要采用的模型和数据相同，通过标准的统计方法可以计算出唯一的结果；可以做中长期预测	要注意影响机理，避免建立伪回归模型
灰色预测	不是使用原始数据，而是通过求累加、累减、均值等方法生成的序列进行建模，预测之后再还原回去	需要少量数据即可，能够解决历史数据少、序列完整性及可靠性低的问题	只适用于指数增长的中短期预测
马尔可夫预测	系统未来时刻的情况只与现在时刻有关，与历史数据无关的情况	对过程的状态预测效果良好，可考虑用于生产现场危险状态的预测	不适宜于中长期预测
时间序列预测	对一定时期内发展变化的趋势与波动规律进行建模，对未来变化进行有效预测	适合对经济、金融等变化很不规则的数据建模	主要考虑时间因素而不考虑外界因素影响，当遇到外界发生较大变化时，往往会有较大偏差；只适合中短期预测

机器学习领域的两大类问题：回归、分类，都属于预测，因变量为连续数据的预测，就叫作回归；因变量为类别数据的预测，就叫作分类。通常所说的回归分析，狭义上来说指的是多元线性回归，广义上来说，可以扩展到各种机器学习的回归、分类算法，原理上是一致的。

常规预测模型

本章讨论如下常用的预测模型，编程用 MATLAB 实现。

- 回归分析：从简单的多元线性回归开始，扩展到非线性回归、逐步回归、广义线性模型。
- 灰色预测：只讲解最简单常用的 GM(1,1) 模型。

10.1 线性回归

回归分析，是统计学的核心算法，是机器学习最基本算法，也是数学建模最常用的算法之一。

回归分析是确定两种或两种以上变量间相互依赖的定量关系的一种统计分析方法，具体是通过多组自变量和因变量的样本数据，拟合出最佳的函数关系。如果该关系是线性函数关系，就是线性回归。

机器学习中的回归算法都可以看作是线性回归的扩展。

10.1.1 一元线性回归

1. 最小二乘法

以工作年限与工资数据为例，用 MATLAB 读入 csv 数据，查看部分数据，绘制散点图，MATLAB 代码如下。

```
dat = readtable('Salary_Data.csv', 'PreserveVariableNames', true);
dat(1:3, :)
scatter(dat.Year,dat.Salary,'*')
```

运行结果如下。

```
ans    =   1.1000    3.9343
           1.3000    4.6205
           1.5000    3.7731
```

图形结果如图 10-2 所示。

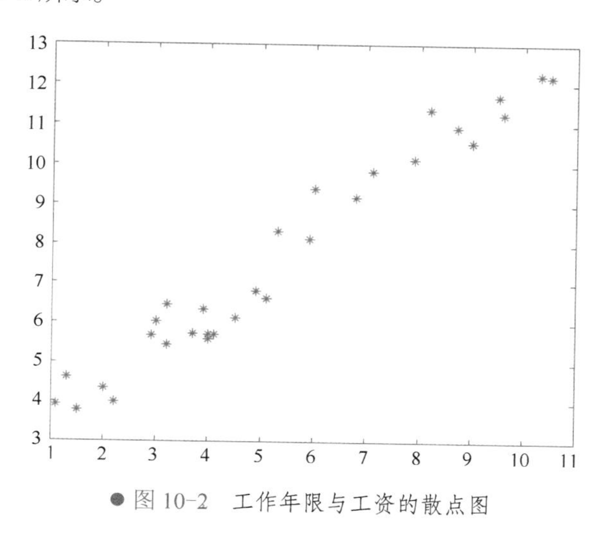

● 图 10-2　工作年限与工资的散点图

可见，这些散点大致在一条直线上，一元线性回归的任务就是寻找一条直线，使得与这些散点拟合程度最好（越接近直线越好），如图 10-3 所示。

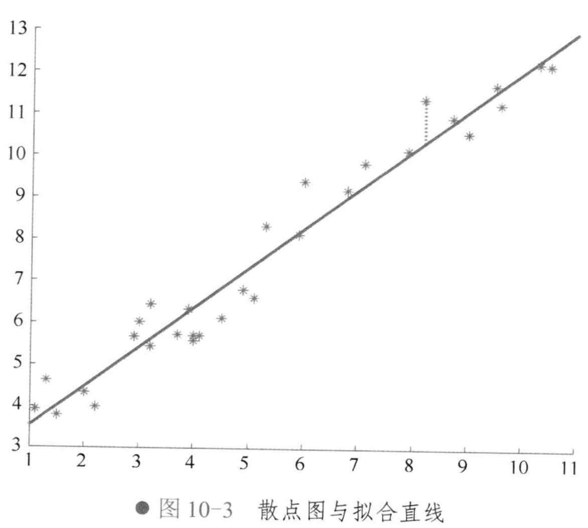

● 图 10-3　散点图与拟合直线

比如画这样一条直线，（一元线性回归）方程可写为

$$y=\theta_0+\theta_1 x, \tag{10.1}$$

其中，θ_0、θ_1 是待定系数，目标是选取与样本点最接近的直线所对应的 θ_0、θ_1，那么该怎么刻画这种“最接近”？

$\hat{y}=\theta_0+\theta_1 x_i$ 是与横轴 x_i 对应的直线上的点的纵坐标（模型预测值），它与样本点 x_i 对应的真实值 y_i 之差，就是预测误差（图 10-3 中的虚线长度）：

$$\varepsilon_i=\left|y_i-\hat{y}\right|, \qquad i=1,\cdots,n$$

适合描述散点到直线的“接近程度”。但绝对值不容易计算，因此改用：

$$\varepsilon_i^2=(y_i-\hat{y}_i)^2, i=1,\cdots,n$$

我们需要让所有散点总体上最接近该直线，故需要让总的预测误差（损失函数）：

$$J(\theta_0,\theta_1)=\sum_{i=1}^{n}(y_i-\hat{y}_i)^2=\sum_{i=1}^{n}[y_i-(\theta_0+\theta_1 x_i)]^2$$

达到最小。于是问题转化为优化问题，选取 θ_0、θ_1，使得

$$\min J(\theta_0,\theta_1)=\sum_{i=1}^{n}[y_i-(\theta_0+\theta_1 x_i)]^2 \tag{10.2}$$

这就是“最小二乘法”，它有着很直观的几何解释。

式（**10.2**）的求解：这是个求二元函数极小值问题。

根据微积分知识，二元函数极值是在一阶偏导等于 0 处取到：

$$\begin{cases}\dfrac{\partial J}{\partial \theta_0}=-2\sum\limits_{I=1}^{n}(y_i-\theta_0-\theta_1 x_i)=0\\[2ex]\dfrac{\partial J}{\partial \theta_1}=-2\sum\limits_{I=1}^{n}(y_i-\theta_0-\theta_1 x_i)x_i=0\end{cases}$$

解关于 θ_0、θ_1 的二元一次方程组，得

$$\begin{cases}\theta_0=\overline{y}-\theta_1\overline{x}\\[2ex]\theta_1=\dfrac{\sum\limits_{i=1}^{n}x_i y_i-\overline{y}\sum\limits_{i=1}^{n}x_i}{\sum\limits_{i=1}^{n}x_i^2-\overline{x}\sum\limits_{i=1}^{n}x_i}=\dfrac{\sum\limits_{i=1}^{n}(x_i-\overline{x})(y_i-\overline{y})}{\sum\limits_{i=1}^{n}(x_i-\overline{x})^2}\end{cases} \tag{10.3}$$

其中，

$$\begin{cases}\overline{x}=\dfrac{1}{n}\sum\limits_{i=1}^{n}x_i\\[2ex]\overline{y}=\dfrac{1}{n}\sum\limits_{i=1}^{n}y_i\end{cases}$$

2．正规方程法

把前面的推导过程提升到矩阵形式，便于推广到多元线性回归。

将线性模型的全部预测值，用矩阵形式来表示：

$$\begin{bmatrix} 1 & x_1 \\ \vdots & \vdots \\ 1 & x_n \end{bmatrix}_{n\times 2} \begin{bmatrix} \theta_0 \\ \theta_1 \end{bmatrix}_{2\times 1} = \begin{bmatrix} \hat{y}_1 \\ \vdots \\ \hat{y}_n \end{bmatrix}_{n\times 1}$$

记

$$\boldsymbol{X} = \begin{bmatrix} 1 & x_1 \\ \vdots & \vdots \\ 1 & x_n \end{bmatrix}_{n\times 2}, \quad \boldsymbol{\theta} = \begin{bmatrix} \theta_0 \\ \theta_1 \end{bmatrix}_{2\times 1}, \quad \hat{\boldsymbol{Y}} = \begin{bmatrix} \hat{y}_1 \\ \vdots \\ \hat{y}_n \end{bmatrix}_{n\times 1}$$

则矩阵表示为

$$\hat{\boldsymbol{Y}} = \boldsymbol{X\theta}$$

于是，让预测误差最小的“最小二乘法”优化问题就表示为

$$\min_{\boldsymbol{\theta}} J(\boldsymbol{\theta}) = \| \boldsymbol{Y} - \hat{\boldsymbol{Y}} \|^2 = \| \boldsymbol{Y} - \boldsymbol{X\theta} \|^2 \tag{10.4}$$

这里，$\|\cdot\|$即向量的范数（长度）。同样地，$J(\boldsymbol{\theta})$ 的极小值在其一阶偏导等于 0 处取到，这里是按矩阵求导，具体过程略。

最终结果是：若 $\boldsymbol{X}$ 满秩，则 $\boldsymbol{X}^{\mathrm{T}}\boldsymbol{X}$ 可逆，从而可得

$$\boldsymbol{\theta} = (\boldsymbol{X}^{\mathrm{T}}\boldsymbol{X})^{-1}\boldsymbol{X}^{\mathrm{T}}\boldsymbol{Y} \tag{10.5}$$

这叫作正规方程法。

用 MATLAB 实现非常简单，就是按上述表示准备好矩阵 $\boldsymbol{X}$ 和 $\boldsymbol{Y}$，代入正规方程，或者更简单地用反除运算，MATLAB 代码如下。

```
x = dat.Year;
X = [ones(length(x),1) x];
y = dat.Salary;
theta = X \ y
```

运行结果如下。

```
theta   =    2.5792    0.9450
```

这就是最小二乘法得到的最优回归系数，据此可以得到回归方程：

$$\text{Salary} = 2.5792 + 0.9450 * \text{Year} + \varepsilon_i$$

其中，$\varepsilon_i \sim N(0,\sigma_\varepsilon^2)$。

10.1.2 多元线性回归

前文介绍的用矩阵表示的一元线性回归，可以很容易地推广到多元线性回归：

$$y=\theta_0+\theta_1 x_1+\cdots+\theta_m x_m \tag{10.6}$$

就是从一个自变量变成 m 个自变量。只需要将这些自变量按列堆放即可，令

$$\boldsymbol{X}=\begin{bmatrix}1 & x_1^1 & \cdots & x_m^1 \\ \vdots & \vdots & & \vdots \\ 1 & x_1^n & \cdots & x_m^n\end{bmatrix}$$

对应 m 个自变量，n 个样本，第 i 个样本为 $(x_1^i,\cdots,x_m^i,y_i)$，仍是用最小二乘法找到最优的待定系数，结果形式不变：

$$\boldsymbol{\theta}=(\boldsymbol{X}^{\mathrm{T}}\boldsymbol{X})^{-1}\boldsymbol{X}^{\mathrm{T}}\boldsymbol{Y}$$

其中，$\boldsymbol{\theta}=[\theta_0,\theta_1,\cdots,\theta_m]^{\mathrm{T}}$。

二元线性回归就是找一个平面，使其到各个散点的距离总和最小，二元线性回归示意图如图 10-4 所示。

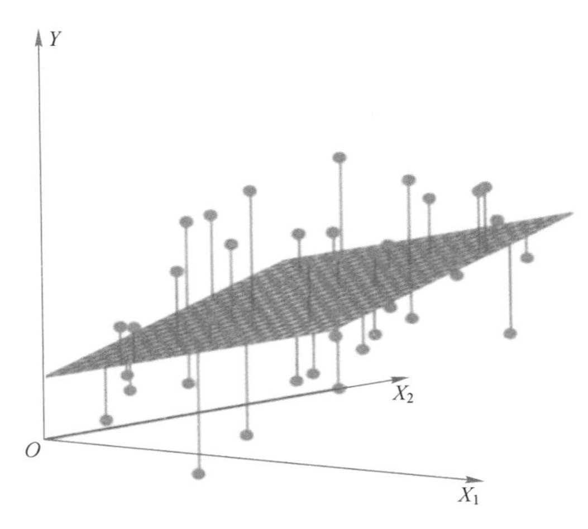

图 10-4　二元线性回归示意图

多元线性回归是找一个超平面，使其到各个散点的距离总和最小。

10.1.3　回归模型检验

线性回归模型的成功建模，依赖于如下的假设：

1）线性模型假设：$y=X\theta+\varepsilon$。

2）随机抽样假设：每个样本被抽到的概率相同且同分布。

3）无完全共线性假设：X 满秩。

4）严格外生性假设：$E(\varepsilon\mid X)=0$。

5）球形扰动项假设：$\mathrm{Var}(\varepsilon \mid X)=\sigma^2 I_n$。

6）正态性假设：$\varepsilon \mid X \sim N(0,\sigma^2 I_n)$。

其中，前三个假设是基础假设，严格外生性假设和球形扰动项假设分别保证了估计量的无偏性和有效性，最后一个正态性假设是为了进行统计推断而做的额外假设。

- 前四个假设成立时，估计量无偏。
- 前五个假设成立时，估计量有效，是最优线性无偏估计量。
- 所有假设都成立时，估计量是最优估计量。

回归模型建模是否成功，可不可以用于预测，还需要通过模型检验。

1．拟合优度检验

计算 R^2，该值反映了自变量所能解释的方差占总方差的百分比，引入下列表示。

总平方和：

$$\mathrm{SST}=\sum_{i=1}^{n}(y_i-\overline{y})^2$$

回归平方和：

$$\mathrm{SSR}=\sum_{i=1}^{n}(\hat{y}_i-\overline{y})^2$$

残差平方和：

$$\mathrm{SSE}=\sum_{i=1}^{n}(y_i-\hat{y})^2=\sum_{i=1}^{n}(y_i-x_i\theta)^2$$

则

$$R^2=\frac{\mathrm{SSR}}{\mathrm{SST}}=1-\frac{\mathrm{SSE}}{\mathrm{SST}} \tag{10.7}$$

R^2 值越大，说明模型拟合效果越好。通常可以认为当 $R^2>0.9$ 时，所得到的回归直线拟合得很好，而当 $R^2<0.5$ 时，所得到的回归直线很难说明变量之间的依赖关系。

注意：R^2 未考虑自由度问题，为避免增加自变量而高估 R^2，选择调整 R^2 是更合理的方案。

$$R_{adj}^2=1-\frac{n-1}{n-p-1}(1-R^2)$$

其中，n 为样本数，p 为自变量个数。

2．均方误差与均方根误差

均方误差与均方根误差是可用于所有回归模型（包括机器学习中的回归算法）的性能评估指标。

均方误差：

$$\mathrm{MSE}=\frac{1}{n}\sum_{i=1}^{n}(y_i-\hat{y}_i)^2 \tag{10.8}$$

均方根误差：

$$\text{RMSE}=\sqrt{\frac{1}{n}\sum_{i=1}^{n}(y_i-\hat{y}_i)^2} \tag{10.9}$$

3．残差检验

任何对数据进行的建模，都可以抽象成如下表示。

设 y 为因变量数据，x 为自变量数据（可以是多维），设二者之间的真实（精确）关系为

$$y=f(x)$$

该精确关系是不可能得到的，所谓建模只是试图去找到一种近似的关系来代替它：

$$\hat{f}(x)\approx f(x)$$

二者之差就是模型的残差:

$$\varepsilon=f(x)-\hat{f}(x) \tag{10.10}$$

我们总是希望把 y 与 x 的关系都留在模型部分 $\hat{f}(x)$，让残差部分不再含有这种关系，最好只是白噪声（完全是随机误差，均值为 0，标准差相对于数据本身也不太大的正态分布）:

$$\varepsilon\sim N(0,\sigma_{\varepsilon}^2)$$

也可以进一步考察学生化残差（可回避标准化残差的方差齐性假设）是否服从标准正态分布。

所以，一个模型的残差如果是这样的白噪声，则说明该模型建立得很成功，因为此时把 y 与 x 的关系都充分地提取出来了。

判断残差的残差图可分为 6 类，如图 10-5 所示。

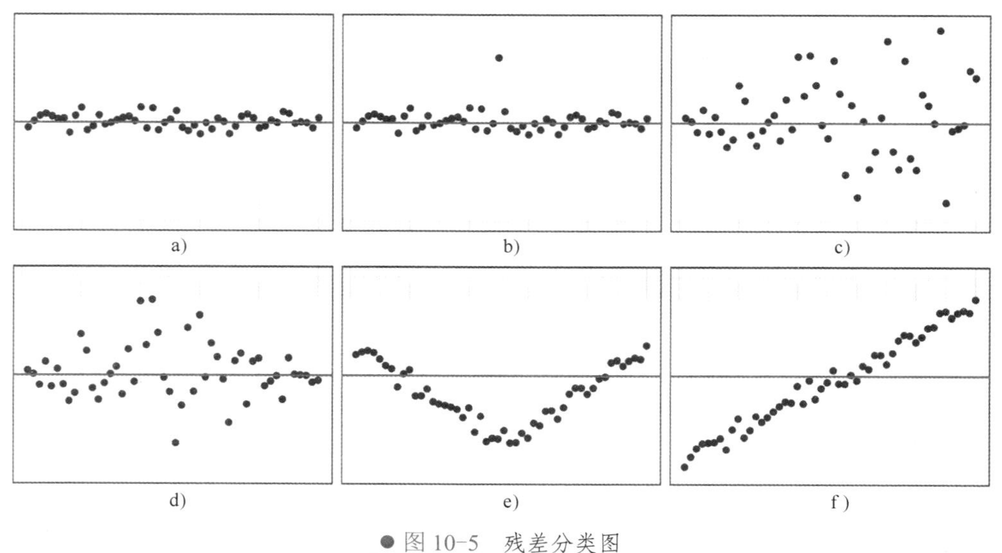

图 10-5　残差分类图

在图 10-5 所示的残差分类图中，只有图 a 说明模型是成功的，把模型部分都提取出来了；图 e 和图 f 属于模型有问题，没有把模型部分提取完全；图 b 说明数据有异常点，应处理掉它重新建模；图 c 中的残差随 x 的增大而增大，图 d 中的残差随 x 的增大而先增后减，都属于异方差。此时应该考虑在回归之前对数据 y 或 x 进行变换，实现方差稳定后再建模。原则上，当残差方差变化不太快时，取开根号变换 $\sqrt{y}$；当残差方差变化较快时，取对数变换；当残差方差变化很快时，取逆变换 $1/y$；还有其他变换，如著名的 Box-Cox 变换或 Yeo-Johnson 变换（可处理负值），可以将非正态分布数据变换为正态分布（可参阅附录 F）。

所以，用残差检验模型是否成功，就是对残差做正态性检验。

如果残差是白噪声，也表明不具有自相关性。可对残差做一阶自相关性 Durbin-Watson 检验。

H_0：残差不存在自相关（独立性），H_1：误差项是相关的。

检验统计量为

$$\mathrm{DW}=\sum_{i=2}^{n}\frac{(\varepsilon_i-\varepsilon_{i-1})^2}{\mathrm{SSE}}$$

DW 接近于 0，表示残差中存在正自相关；DW 接近于 4，表示残差中存在负自相关；DW 接近于 2，表示残差不存在自相关。

4. 多重共线性

多元线性回归建模，若自变量数据之间存在较强的线性相关性，即存在多重共线性。

多重共线性会导致回归模型不稳定，这样得到的回归模型是伪回归模型，它并不能反映自变量与因变量的真实影响关系。所以，对于多元线性回归建模，要做共线性诊断，识别出多重共线性，并处理多重共线性再建模。这可以从线性相关系数、回归模型的方差膨胀因子 VIF（大于 10）来确定。

多重共线性的解决办法（任选其一）。

1）若两个自变量线性相关系数较大，则只用其中 1 个自变量。

2）用逐步回归，剔除冗余的自变量，得到更稳健的回归模型。

3）用主成分回归，相当于对自变量进行重组（将线性相关性强的变量合成为主成分），再做线性回归。

4）利用正则化回归：岭回归、Lasso 回归、弹性网模型（岭回归与 Lasso 回归的组合）。

5. 回归系数的检验

（1）回归系数的显著性

回归方程反映了因变量 y 随自变量 x 变化而变化的规律，若 $\theta_1=0$，则 y 不随 x 变化，此时回归方程无意义。所以，要做如下假设检验：

$$\mathrm{H}_0:\theta_1=0,\mathrm{H}_1:\theta_1\neq 0$$

● F 检验

若 $\theta_1=0$ 为真，则回归平方和SSR 与残差平方和 $\frac{\text{SSE}}{n-2}$ 都是 σ^2 的无偏估计，因而采用 F 统计量：

$$F=\frac{\text{SSR}/(\sigma^2/1)}{\text{SSE}/[\sigma^2/(n-2)]}=\frac{\text{SSR}}{\text{SSE}/(n-2)}\sim F(1,\ n-2) \tag{10.11}$$

来检验原假设 $\theta_1=0$ 是否为真。

● t 检验

对 $\text{H}_0:\theta_1=0$ 的 t 检验与 F 检验是等价的，因为 $t^2=F$ 。

（2）回归标准误与回归系数标准误

统计建模所做的事情，基本都是在用样本去推断总体。用于回归的样本数据，是来自总体的某次抽样，下次再抽样、做回归建模时会得到另一回归模型及新的回归系数，这就给推断总体带来了偏差，叫作抽样误差。

样本统计量（回归方程、回归系数）的计算是通过抽样的样本完成的，它会随抽样样本的变化而变化，所以实际过程中可以抽样很多次，计算很多个该样本统计量，将它们放在一起，就有均值和标准差，该标准差就是它的标准误；该均值±标准差就是该样本统计量的置信区间，标准误的大小直接反映了抽样是否有足够的代表性，进而反映结果是否有足够的可靠性（可信度）。

汇报结果时，汇报标准误和置信区间是更加重要的，计算出样本统计量的值（只是偶然的某一个），意义并不大，如果它的标准误还很大，那么可以说结果基本毫无意义。

然而，实际中又不可能做很多次的抽样和反复建模，好在统计学家有办法：在做具体的标准误的计算时，真正需要的可能是某些真实值或来自总体的值，如果它们无法得到的话，通常是用它们所对应的样本估计值来代替，要保证某些估计值能作为代替，可能离不开一些模型假设（理论保证）。

回归方程的标准误，衡量的是以样本回归直线为中心分布的观测值同直线上拟合值的平均偏离程度：

$$s=\sqrt{\frac{\text{SSE}}{n-p}}=\sqrt{\frac{\sum_{i=1}^{n}(\varepsilon_i-\overline{\varepsilon}_i)^2}{n-p}}=\sqrt{\frac{\sum_{i=1}^{n}\varepsilon_i^2}{n-p}} \tag{10.12}$$

其中，SSE 为残差平方和；n 为样本数；$n-p$ 为自由度；p 为包括常数项在内的自变量的个数。

回归系数标准误（抽样误差的标准差），是对回归系数这一估计量标准差的估计值，衡量的是在一定的样本量下，回归系数同其期望的平均偏离程度：

$$\text{SE}(\hat{\beta}_k)=\sqrt{\text{Var}(\hat{\beta}_k)}=\sqrt{s^2(\boldsymbol{X}^{\text{T}}\boldsymbol{X})_{kk}^{-1}} \tag{10.13}$$

其中，s^2 为残差方差；$\boldsymbol{X}$ 为自变量数据矩阵；kk 表示矩阵的主对角线元素。

6．回归模型预测

通过检验的回归模型，就可以用来做预测。

例如，得到一元线性回归方程 $y=\theta_0+\theta_1 x$ 后，预测 $x=x_0$ 处的 y 值为 $\hat{y}_0=\theta_0+\theta_1 x_0$，其置信区间为

$$\left(\hat{y}_0-t_{\alpha/2}\sqrt{h_0\hat{\sigma}^2},\hat{y}_0+t_{\alpha/2}\sqrt{h_0\hat{\sigma}^2}\right) \tag{10.14}$$

其中，$t_{\alpha/2}$ 的自由度为 $n-2$；$h_0=\frac{1}{n}+\frac{(x_0-\bar{x})^2}{\sum_{i=1}^{n}(x_i-\bar{x})^2}$ 称为杠杆率；$\hat{\sigma}^2=\frac{\text{SSE}}{n-2}$。

10.1.4 案例：销售利润预测

MATLAB 提供了 fitlm()函数实现多元线性回归，基本格式为

```
fitlm(tbl, modelspec, Name, Value)
fitlm(X, y, modelspec, Name, Value)
```

其中，tbl 为数据表 table 对象；也可以用 X、y 分别以矩阵形式提供自变量和因变量数据。

- modelspec 用来设置模型公式形式，具体说明如下。

- 比如 y～x1 + x2 + x3，表示三元线性回归模型，默认带截距项。

- 其他常用表示，如 x1^2（平方项），x1:x2（交互项 x1x2），x1*x2（相当于 x1+x1:x2+x2），-x2（排除 x2）。

设置值时的具体说明如下。

- 'constant': 只包含截距项。

- 'linear': （默认）只包含截距项、线性项，如 y～x1 + x2 + x3。

- 'interactions': 只包含截距项、线性项、交互项，不包含二次项。

- 'purequadratic': 只包含截距项、线性项、二次项，不包含交互项。

- 'quadratic': 包含所有二次以内的截距项、一次项、二次项、交互项。

- 'polyijk': 设置多项式项，i 表示第 1 个自变量 i 次以内所有项，j 表示第 2 个变量 j 次以内所有项，……依此类推。

若不设置，则将 tbl 最后一列和 y 作为因变量，其他列和 X 所有列作为自变量；3 个自变量时，同 y～x1 + x2 + x3。

- Name 和 Value 是名值对用来设置额外选项，具体说明如下。

- 'CategoricalVars'：设置某些自变量是分类变量，这非常重要！

- 'Exclude'：设置要排除的样本，特别是需要识别处理的异常样本。

- 'Intercept'：设置是否带截距项。

- 'PredictorVars'：设置模型包含哪些自变量。

- 'ResponseVar'：设置模型的因变量。

fitlm()函数的返回结果为 LinearModel 对象，它包含了我们想要的各种结果和检验的统计量信息。

例 10.1（多元线性回归）以某产品的利润数据集为例，部分数据如表 10-2 所示。

表 10-2　某产品数据信息表

RD_Spend	Administration	Marketing_Spend	State	Profit
16.53492	13.68978	47.17841	New York	19.226183
16.25977	15.137759	44.389853	California	19.179206
15.344151	10.114555	40.793454	Florida	19.105039
14.437241	11.867185	38.319962	New York	18.290199
14.210734	9.139177	36.616842	Florida	16.618794

表 10-2 中包含 5 个变量：研发成本（RD_Spend）、管理成本（Administration）、市场营销成本（Marketing_Spend）、销售市场（State）和销售利润（Profit）。

销售利润（Profit）是因变量，其他变量是自变量，由此建立多元线性回归模型。

1．多元线性回归建模

先读入数据到 table 对象，简单探索数据：查看汇总数据，计算相关系数矩阵，探索自变量与因变量间之间的相关性，MATLAB 代码如下。

```
dat = readtable('Predict_Profit.xlsx', 'PreserveVariableNames', true);
% summary(dat)
R = corr(dat{:,[1:3,5]})                        % 相关系数矩阵
```

运行结果如下。

```
R  =    1.0000    0.2434    0.7117    0.9784
        0.2434    1.0000   -0.0373    0.2058
        0.7117   -0.0373    1.0000    0.7393
        0.9784    0.2058    0.7393    1.0000
```

前三列对应前三个自变量，第四列对应因变量。可见第一个自变量与因变量具有非常强的线性相关性，第三个自变量与因变量也具有较强的线性相关性。

对于多元线性回归，必须特别注意多重共线性问题，为此做共线性诊断，MATLAB 代码如下。

```
VIF = @(X) diag(inv(corr(X)));                  % 定义计算方差膨胀系数 VIF 的函数
VIF(dat{:,1:3})
collintest(dat{:,1:3},'plot','on')              % Belsley 共线性诊断
```

运行结果如下。

```
    ans   =   2.3778    1.1752    2.2400
```

```
          Variance Decomposition
    sValue      condIdx    var1        var2        var3
-------------------------------------------------------
1.6615       1          0.0144    0.0276    0.0161
0.4108      4.0449     0.0686    0.9403    0.1805
0.2661      6.2435     0.9170    0.0321    0.8034
警告: No critical rows to plot。
```

判断依据：

当方差膨胀系数 vif<10 时，不存在多重共线性；当 10≤vif<100 时，存在较强的多重共线性；当 vif≥100 时，存在严重的多重共线性。

条件数 condIdx 超过 30，则认为存在多重共线性。在这样的行，各变量的值若> 0.5，则说明对应变量存在多重共线性。

可见，本数据不存在多重共线性，这也是出现无图可画警告（No critical rows to plot）的原因。

多元线性回归建模的 MATLAB 代码如下。

```
lm = fitlm(dat);
% lm = fitlm(dat,'linear');
% lm = fitlm(dat,'Profit~RD_Spend+Administration+Marketing_Spend+State');
% lm = fitlm(dat,'Profit~RD_Spend+Administration+Marketing_Spend+State','CategoricalVars','State');
```

这几种写法的效果是一样的，最简单的代码就已经能成功地进行多元线性回归建模，因为用到了很多默认设置：

- 使用数据表提供数据，因变量数据默认是最后 1 列。
- 模型公式不用提供，默认'linear'就是所有自变量都用上的多元线性。
- 自变量 State 是字符型，非数值型将默认作为分类变量使用。
- 若不是使用数据表中的所有变量，可用 PredictorVars 和 ResponseVar 分别指定自变量和因变量。

2．将分类变量处理成虚拟变量

正常用于回归模型中的数据都是连续变量，都是数值（有小数位和量的大小关系）。

分类变量的取值是有限的类别，如性别：男、女。分类变量是不能直接用到回归模型中的，即使用 1 表示男，用 0 表示女，这个 1 和 0 仍然只能是起类别区分的作用，如果不加处理把它们当数值 1 和 0 使用了，那么整个模型的逻辑和结果都是不正确的！

所以，分类变量要想正确地用到回归模型，必须经过特殊处理，即处理成虚拟变量（哑变量）。

以本例数据为例，State 列是分类变量，先统计一下水平和频率，MATLAB 代码如下。

```
tabulate(dat.State)
```

运行结果如下。

```
    Value       Count    Percent
 New York        17      34.69%
 California      16      32.65%
```

```
Florida        16     32.65%
```

可见，State 包含 3 个类别：New York、California、Florida。

虚拟变量是一种二值变量（0-1），只表示是或否。二分类或多分类变量，可以这样转化为虚拟变量，即转化为多个二值变量：

"State 是否为 New York"，"State 是否为 California"，"State 是否为 Florida"。

比如第 1 个样本，其 State = New York，要用上述 3 个二值变量表示的话，就是分别为 1, 0, 0。

每个样本都做这样的处理。可以用 dummyvar()函数实现，MATLAB 代码如下。

```
dat.State = categorical(dat.State);       % 先转化为分类变量
dummyvar(dat.State)                       % 将分类变量转化为虚拟变量
```

运行结果（部分）如下。

```
ans    =     0     0     1
             1     0     0
             0     1     0
             0     0     1
             0     1     0
```

也就是说，不是把原 State 列，而是将其换成新的虚拟变量列后再用到回归模型，但是要注意一个问题：这三个虚拟变量列是线性相关的，每一列都能用其余两列线性表示（1 减去其余两列），换句话说有一列是冗余的，线性回归也是坚决不允许存在这样的线性相关列的。

所以，需要任意去掉一列，再线性回归建模。去掉哪一列都可以，去掉哪一列，做回归建模就相当于以谁为参照列。比如去掉“State 是否为 New York”列，就相当于 New York 组是参照组，另两组 California、Florida 与参照组做比较。

总之，分类变量用于回归模型，所起的作用就是分组之间做比较，也只能是起分组的作用。这实际上也等效于分别对各分组建立线性回归模型，再做比较。

以上只是为了讲清楚原理便于理解，回归建模时是不需要手动操作的，只需要保证用 CategoricalVars 将分类变量（特别是数值表示的）指定为分类变量即可。

3. 模型汇总结果及解读

MATLAB 代码如下。

```
lm
```

运行结果如下。

```
lm  =  线性回归模型:
 Profit ~ 1 + RD_Spend + Administration + Marketing_Spend + State
估计系数:
                            Estimate        SE          tStat        pValue
                           __________    _________    ________    __________
 (Intercept)                5.1425       0.58129      8.8467      3.104e-11
   RD_Spend                 0.78359      0.03907      20.056      1.8986e-23
```

```
        Administration          -0.022022     0.043626    -0.5048      0.61628
        Marketing_Spend          0.025821     0.014316     1.8037      0.078285
        State_California         0.1954       0.27519      0.71005     0.4815
        State_Florida            0.038979     0.27881      0.13981     0.88946
观测值数目: 49，误差自由度: 43。
均方根误差: 0.788。
R 方: 0.962，调整 R 方 0.957。
F 统计量(常量模型): 217，p 值 = 2.51e-29 。
```

输出结果如下。

- 模型公式形式。
- 估计系数表给出模型各项对应的回归系数估计，回归系数估计的标准误、t 统计量、显著性 p 值。
- 汇总统计量：样本数、误差自由度、均方根误差、R^2、调整 R^2、模型 F 统计量、模型显著性 p 值。

根据回归系数估计，可以写出回归方程：

Profit = 5.1425 + 0.784 RD_Spend − 0.022 Administration + 0.026 Marketing_Spend+ 0.195 State_California + 0.039 State_Florida

其中，State_California 和 State_Florida 就是那两个虚拟变量（“State 是否为 California”和“State 是否为 Florida”），它们的系数是相对于参照组 New York 的，就是说销售同样产品，California 比 New York 利润高 0.195 万美元，Florida 比 New York 利润高 0.039 万美元。

注意：*若想修改参照组为其他州，可以借助 categorical() 手动创建给定顺序的分类变量，再用于回归建模。*

RD_Spend 的系数为 0.784，这说明研发成本每增加 1 万美元，销售利润会增加 0.784 万美元。其他系数的解释是类似的（略）。

RD_Spend 系数的 p 值远小于 0.05，非常显著，这说明研发投入对提高利润的影响非常显著。而 Administration 系数的 p 值 = 0.616 > 0.05，不显著，这说明该自变量对因变量的影响仅具有统计学意义上的显著性，应当考虑剔除该自变量，重新回归建模，这留待下一节继续讨论。

4. 提取更多回归模型结果

（1）模型结果

MATLAB 代码如下。

```
lm.Coefficients                     % table: 回归系数及统计量
coefCI(lm)                          % 回归系数 95%置信区间
CM = lm.CoefficientCovariance       % 系数协方差矩阵
SE = diag(sqrt(CM))                 % 回归系数标准误
[p,F,d] = coefTest(lm)              % 模型系数假设检验
anova(lm)                           % 模型的 ANOVA 表
anova(lm,'summary')                 % 模型汇总 ANOVA 表
lm.SSE,lm.SSR,lm.SST
```

```
lm.Rsquared.Ordinary                         % R方
lm.Rsquared.Adjusted                         % 调整R方
```

运行结果略。

（2）残差诊断

MATLAB 代码如下。

```
dwtest(lm)                                   % DW残差独立性检验
plotResiduals(lm)                            % 残差直方图
plotResiduals(lm,'probability')              % 残差Q-Q图
plotResiduals(lm,'fitted')                   % 残差图
```

运行结果如下。

```
ans  =   0.2099
```

图形结果，包括残差直方图、残差正态概率图（Q-Q 图）、残差-拟合值图结果，分别如图 10-6～图 10-8 所示。

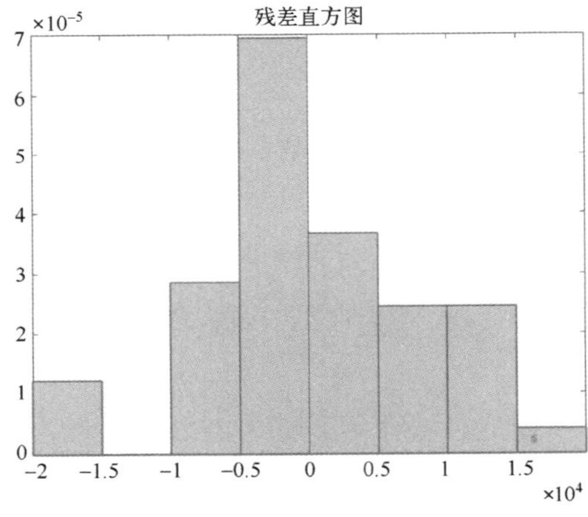

● 图 10-6　残差直方图

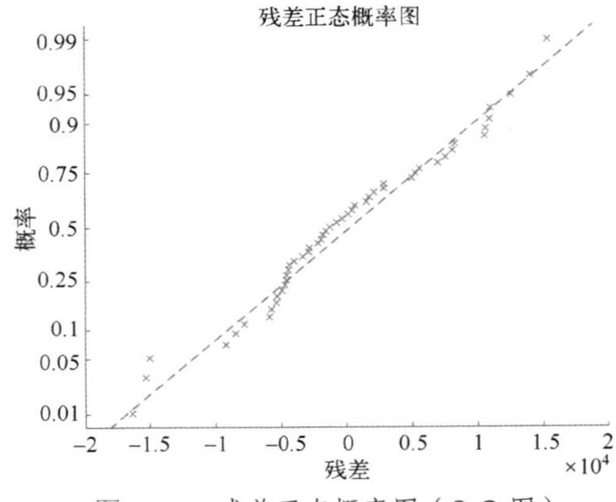

● 图 10-7　残差正态概率图（Q-Q 图）

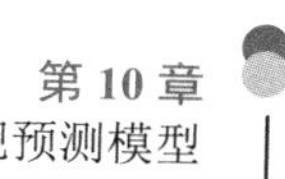

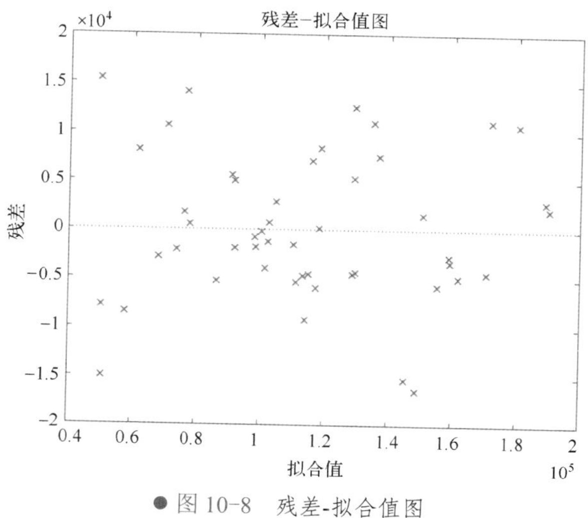

● 图 10-8 残差-拟合值图

（3）异常值诊断

用 Cook's 距离诊断异常值的 MATLAB 代码如下。

```
plotDiagnostics(lm,'cookd')                    % Cook's 距离诊断异常值
CooksD = lm.Diagnostics.CooksDistance;
find((CooksD) > 3 * mean(CooksD))              % 找出异常观测
```

运行结果如下。

```
ans  =   15    46    47    49
```

图形结果如图 10-9 所示。

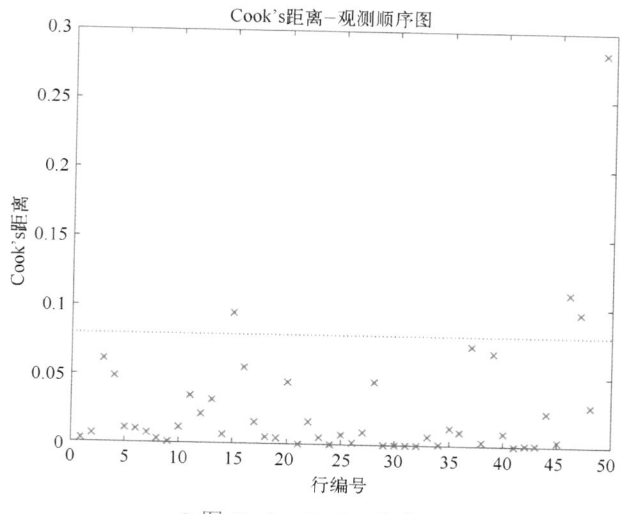

● 图 10-9 Cook's 距离图

Cook’s 距离图的结果表明第 15、46、47、49 个样本是异常样本。

用高杠杆值诊断异常值的 MATLAB 代码如下。

```
plotDiagnostics(lm)                    % 高杠杆值诊断
HLs = lm.Diagnostics.Leverage;
find(HLs > 2*6/49)                     % 找出异常样本，阈值为 2*p/n
```

运行结果如下。

```
ans  =   47    49
```

图形结果如图 10-10 所示。

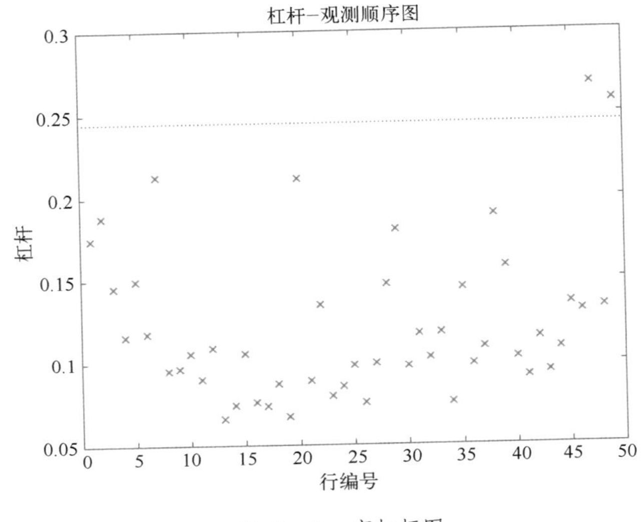

● 图 10-10　高杠杆图

高杠杆率诊断结果表明，第 47、49 个样本是异常值。应当剔除后重新拟合多元线性回归模型（略），可借助'Exclude'名值对（请读者自行练习）。

5．模型预测

先创建包含所有自变量数据的新数据表，再用 feval()函数做预测，MATLAB 代码如下。

```
RD_Spend = [15;8];
Administration = [10;15];
Marketing_Spend = [20;40];
State = {'New York'; 'Florida'};
newdat = table(RD_Spend, Administration, Marketing_Spend, State);
feval(lm, newdat)
```

运行结果如下。

```
ans  =  17.1926    12.1527
```

10.2 线性回归进阶

10.2.1 梯度下降法

正规方程法简单、容易实现，但有其缺点：

- 若 $\boldsymbol{X}^{\mathrm{T}}\boldsymbol{X}$ 不可逆，则正规方程法失效。
- 若样本量非常大（$n>10000$），矩阵求逆会非常慢。

所以，再来介绍一种方法，它同时也是广泛用于机器学习算法中的做法：梯度下降法，其核心思想是迭代地调整参数，使得损失函数达到最小值。

1. 梯度下降法原理

梯度下降法，就好比在浓雾笼罩的山上下山，每次只能看到前方一步远，沿着 360° 任意方向迈一步的话，如果哪一步下降得最多，那就往哪个方向迈一步，重复该过程，逐步到达较低点（不一定是最低点）。

根据数学知识，下降最多的方向就是负梯度方向！梯度下降法示意图如图 10-11 所示。

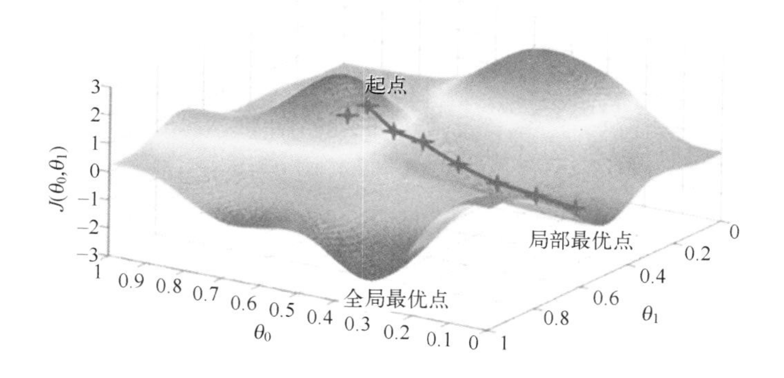

● 图 10-11　梯度下降法示意图

具体到线性回归问题，就是计算损失函数关于参数向量 $\boldsymbol{\theta}$ 的局部梯度，同时令它沿着梯度下降的方向进行下一次迭代。当梯度值为零的时候，就达到了损失函数最小值。

开始需要选定一个随机的 $\boldsymbol{\theta}$（随机初始值），然后逐渐去改进它，每一次变化一小步，每一步都试着降低损失函数（MSE），直到算法收敛到一个最小值。

梯度下降法的重要参数是每一步的步长，叫作学习率。梯度下降中学习率的选择示意图如图 10-12 所示。

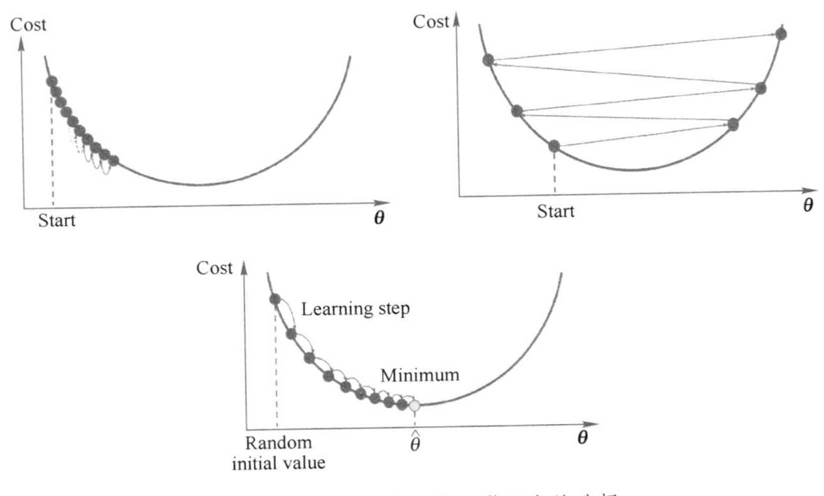

图 10-12　梯度下降，学习率的选择

注意：若损失函数是凸函数，就是图 10-12 中这样一个碗状，梯度下降法必能到达唯一的最小值处（碗底）。线性回归的损失函数是凸函数；若损失函数不是凸函数，就会有多个局部最小值（Local minimum），并不一定会到达全局最小值（Global minimum），如图 10-13 所示。

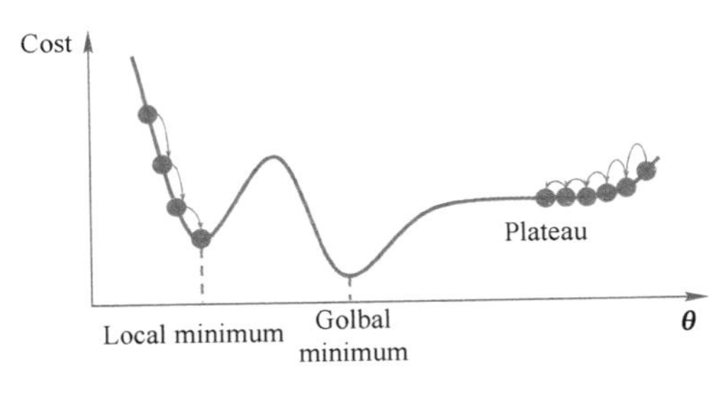

图 10-13　损失函数不是凸函数情形

注 1：梯度下降法对自变量取值的量级是敏感的，若所有自变量的数量级基本相当，则能更快地收敛到最小值。所以，在用梯度下降法训练模型时，有必要对数据做归一化（放缩），以加速训练。

注 2：模型参数向量 $\boldsymbol{\theta}$ 是几维的，就是在几维的空间中搜索最优解。

2．梯度下降法算法步骤

线性回归模型的损失函数为

$$L(\boldsymbol{X};\boldsymbol{\theta})=\frac{1}{n}\sum_{i=1}^{n}(x_i\boldsymbol{\theta}-y_i)^2 \tag{10.15}$$

在实现梯度下降法的过程中，需要计算每一个 θ_j（维度）下损失函数的梯度。换句话说，需要计算当 θ_j 变化一点点时，损失函数改变了多少，这就是偏导数：

$$\frac{\partial}{\partial \theta_j} L(\boldsymbol{X};\boldsymbol{\theta}) = \frac{2}{n}\sum_{i=1}^{n}(\boldsymbol{x}_i\boldsymbol{\theta} - y_i)x_{ij}, \qquad j = 1,\cdots,m$$

改为向量化表示，得到损失函数的梯度向量：

$$\nabla L(\boldsymbol{X};\boldsymbol{\theta}) = \begin{pmatrix} \frac{\partial}{\partial \theta_1} L(\boldsymbol{X};\boldsymbol{\theta}) \\ \vdots \\ \frac{\partial}{\partial \theta_m} L(\boldsymbol{X};\boldsymbol{\theta}) \end{pmatrix} = \frac{2}{n}\boldsymbol{X}^{\mathrm{T}}(\boldsymbol{X\theta} - \boldsymbol{y}) \tag{10.16}$$

注意：梯度下降法每一步梯度向量的计算，都是基于整个训练集，故称为批量梯度下降，即每一次训练过程都使用所有的训练数据。因此，在大数据集上，训练速度也会变得很慢，但其复杂度是 $O(n)$，比正规方程法的 $O(n^3)$ 快得多。

梯度向量有了，只需要每步以学习率 η 调整参数即可：

$$\boldsymbol{\theta}^{\text{next}} = \boldsymbol{\theta} - \eta\nabla L(\boldsymbol{X};\boldsymbol{\theta}) \tag{10.17}$$

梯度下降法的学习率 η 可以改用变化的：前期学习率大一些下降更快，后期学习率逐渐减小以避免跳出局部最优。

3. 算法实现

编写 MATLAB 函数实现带自适应修改学习率的梯度下降法，MATLAB 代码如下。

```
function [beta, loss, iter, fitted, RMSE] = GradDesent(X, y, init, eta, maxit, err)
% X 为自变量数据矩阵, y 为因变量向量, init 为参数初始值, eta 为学习率
% maxit 为最大迭代次数, err 为最大误差限
% 返回回归系数估计, 损失向量, 迭代次数, 拟合值, RMSE
switch nargin
    case 4
        maxit = 1000;
        err = 1e-3;
    case 5
        err = 1e-3
end
% 初始化
[n,m] = size(X);
X = [ones(n,1), X];
beta = init;
loss = norm(X * beta - y);
tol = 1;
iter = 1;
while tol > err & iter < maxit
    fitted = X * beta;
```

```
    grad = X' * (fitted - y);
    betaC = beta - eta * grad;
    tol = max(abs(betaC - beta));
    beta = betaC;
    loss = [loss; norm(fitted - y)];
    iter = iter + 1;
    if loss(iter) < loss(iter - 1)
       eta = eta * 1.2;
    else
       eta = eta * 0.8;
    end
end
RMSE = sqrt(norm(fitted - y) / (n - m - 1));
```

用随机生成数据的二元线性回归来测试 GradDesent()函数，MATLAB 代码如下。

```
rng(123);   % 设置随机数种子，保证可重现性
x1 = randn(1000,1);
x2 = randn(1000,1);
y = 1 + 0.6*x1 - 0.2*x2 + randn(n,1);
X = [x1, x2];
[beta, loss, iter, fitted, RMSE] = GradDesent(X, y, [0;0;0], 1e-4, 1000, 1e-8);
beta, iter, RMSE
plot(1:iter, loss, 'o-'), grid on
xlabel('迭代次数'), ylabel('损失')
```

运行结果如下。

```
beta = 1.0023  0.6236  -0.2284
iter = 70
RMSE = 0.1790
```

图形结果如图 10-14 所示。

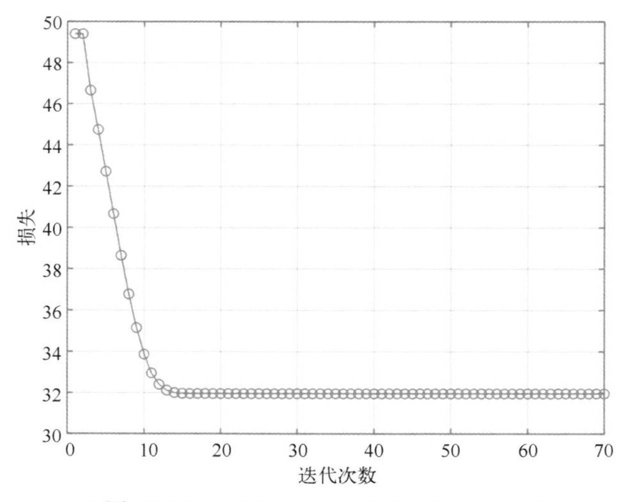

● 图 10-14　梯度下降法损失函数与迭代次数

与 fitlm()结果对比：

```
lm = fitlm(X, y);
lm.Coefficients.Estimate
```

运行结果如下。

```
ans = 1.0023  0.6236  -0.2284
```

可见，结果是相同的。由于样本量很小，所以梯度下降法并没有体现出优势。更重要的是了解梯度下降法的思想，不光是线性回归的损失函数，任何损失（代价）函数，都可以用梯度下降法来求解[⊖]。

10.2.2 非线性回归

1. 可转化为线性回归的非线性回归

有些非线性回归，通过做数据变换，可以转化为线性回归。例如，人口指数增长模型 $y = ae^{bx}$，做对数变换 $\ln y = \ln a + bx$，即将 y 的数据取对数作为因变量，再与自变量 x 数据做线性回归，得回归系数 θ_0、θ_1，再由 $\theta_0 = \ln a, \theta_1 = b$，可得到 $a = e^{\theta_0}, b = \theta_1$。

其他可变换为线性回归的函数形式，见表 10-3。

表 10-3　可变换为线性回归的函数形式

曲线类型	变换	直线方程
幂函数 $y = ax^b$	$Y = \ln y, X = \ln x$	$Y = \ln a + bx$
指数函数 $y = ae^{bx}$	$Y = \ln y, X = x$	$Y = \ln a + bx$
双曲函数 $\frac{1}{y} = a + \frac{b}{x}$	$Y = \frac{1}{y}, X = \frac{1}{x}$	$Y = a + bX$
S 形曲线 $y = \frac{1}{a + be^{-x}}$	$Y = \frac{1}{y}, X = e^{-x}$	$Y = a + bX$

一般建模实现过程：按变换公式构造新的自变量和因变量，对新的自变量和因变量，建立线性回归模型，再利用系数关系或逆变换关系，得到原自变量和因变量的回归方程。

2. 非线性拟合

非线性拟合的通用函数是 nlinfit()，其基本格式为

```
[beta,R] = nlinfit(X, Y, modelfun, beta0)
```

其中，X 为一个或多个自变量的数据，Y 为因变量数据；modelfun 用来定义要拟合的含参量非

⊖ 梯度下降法，每次计算梯度都用全部样本。随机梯度下降法和小批量梯度下降法，是只使用部分随机抽取的样本，可以进一步加速。

线性函数，它包含两个参数：自变量向量和参变量向量，再根据具体表达式写即可；beta0 为参数初始值。

返回值 beta 为估计的回归系数，R 为残差向量，还返回其他模型诊断信息。 这里最大的缺陷是，通常无法事先知道要拟合的含参量非线性函数的形式，一种办法是在 MATLAB 曲线拟合工具箱中，探索各种拟合函数形式是否大致符合数据；另一种办法是使用工具软件 1stOpt，它能自动搜索最优的拟合函数。

例 10.2（非线性拟合）混凝土的抗压强度随养护时间的延长而增加，现将一批混凝土作为 12 个试块，表 10-4 记录了养护时间 x（日）及抗压强度 y（kg/cm^2）的数据。

表 10-4　混凝土养护时间 x 与抗压强度 y 数据

养护时间 x	2	3	4	5	7	9	12	14	17	21	28	56
抗压强度 $y\,(+r)$	35	42	47	53	59	65	68	73	76	82	86	99

这里，r 为 0.5 左右的测量误差。已知 x 与 y 之间存在如下的非线性关系：

$$y = a + k_1 e^{mx} + k_2 e^{-mx}$$

其中，a、k_1、k_2、m 为待估计的回归系数，MATLAB 代码如下。

```
x = [2 3 4 5 7 9 12 14 17 21 28 56]';
r = rand(12,1) - 0.5;
y= [35 42 47 53 59 65 68 73 76 82 86 99]' + r;
fun = @(beta,x) beta(1)+beta(2)*exp(beta(4)*x)+beta(3)*exp(-beta(4)*x);
[beta,err,J] = nlinfit(x, y, fun, rand(1,4));
beta                   % 拟合系数估计
[yfit,delta] = nlpredci(fun,x,beta,r,J)
plot(x,y,'*', x, yfit,'r'), grid on
```

运行结果如下。

```
beta   =   88.0929    0.0303  -63.2757    0.1047
```

拟合结果如图 10-15 所示。

3．插值拟合

回归拟合的曲线不必经过各个散点，只需要到各个散点的距离总和最小。而插值拟合是经过各个散点，把中间的值按一定规则插补上。

例 10.3（插值拟合）仍以例 10.2 中的数据为例，用线性插值和三次样条插值来做拟合，MATLAB 代码如下。

```
f1 = fit(x,y,'linearinterp');          % 线性插值
X = 0:60;
plot(x,y,'*',X,f1(X),'-'), grid on
```

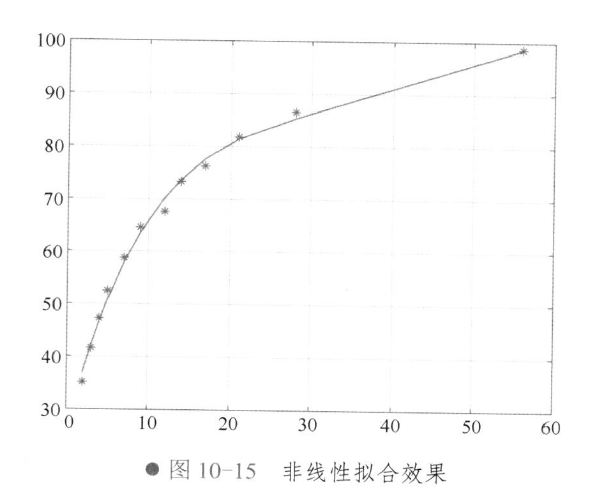

● 图 10-15　非线性拟合效果

线性插值的拟合图形结果如图 10-16 所示。

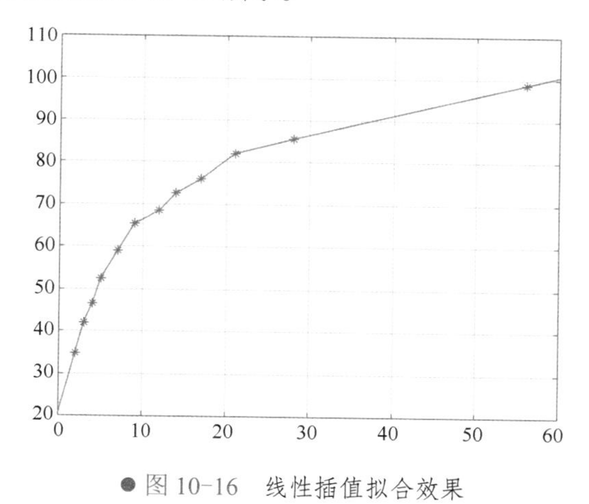

● 图 10-16　线性插值拟合效果

```
f2 = fit(x,y,'cubicinterp');          % 三次样条插值
X = 0:60;
plot(x,y,'*',X,f2(X),'-'), grid on
```

三次样条插值的拟合图形结果如图 10-17 所示。

另外，还有近邻插值 nearestinterp 等。

4. 多项式回归

多项式回归是特殊的非线性函数拟合。

（1）一元多项式回归

一元多项式是关于一个自变量的多项式，其一般形式为

$$p(x)=p_1x^n+p_2x^{n-1}+\cdots+p_nx+p_{n+1} \tag{10.18}$$

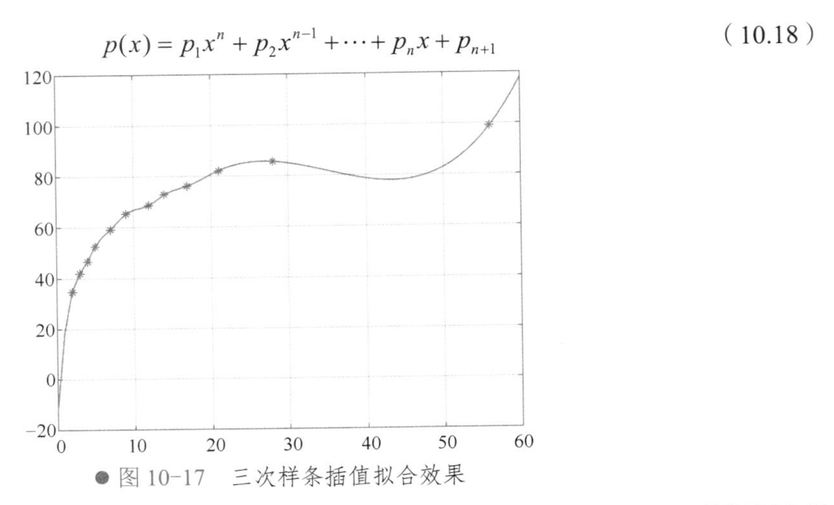

● 图 10-17　三次样条插值拟合效果

对于只有一个自变量的回归，若想带有高次项，就可以用一元多项式回归。虽然根据泰勒公式，多项式的次数越高，逼近效果越好，但是要注意，多项式回归的次数不能选得太高，一般不要超过 3 次，原因是次数过高会有龙格现象[㊀]，以及过拟合的问题。在回归拟合问题（也包括所有机器学习预测问题）中，我们关心的是模型在未来新数据上的预测效果，即泛化能力，所以需要注意区分三种拟合：欠拟合、恰好拟合、过拟合，示意图如图 10-18 所示。

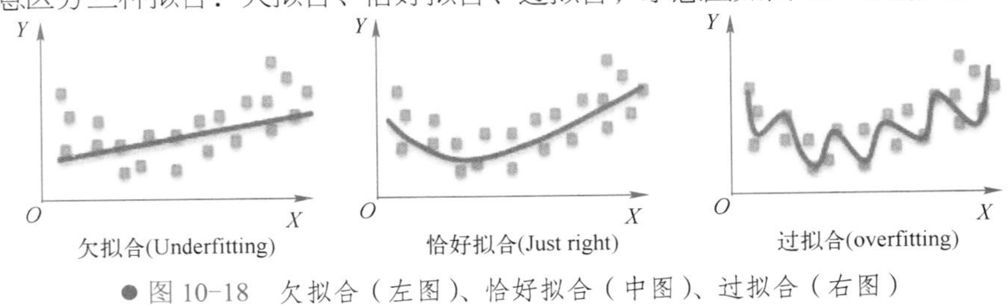

● 图 10-18　欠拟合（左图）、恰好拟合（中图）、过拟合（右图）

如图 10-18 所示，这些散点本来适合二次曲线拟合，若只用一次直线拟合就是拟合程度不够，预测效果无论在训练集还是测试集上都不会好；若用更高次曲线拟合，虽然在训练集上效果更好，但并不能反映数据本来的内在规律，在新数据上预测效果将会变差。

MATLAB 提供了 polyfit()函数实现一元多项式回归，其基本语法为

```
[p,S,mu] = polyfit(x,y,n)
[y,delta] = polyval(p,x,S,mu)
```

其中，x 为自变量数据，y 为因变量数据，n 为多项式次数；返回值 p 为拟合多项式的系数向量，与式（10.18）对应；S 返回用来估计残差的结构，可作为 polyval()函数的输入来获取误差估

㊀ 插值次数越高，插值结果越偏离原函数的现象。

计值；mu 返回 x 的均值和标准差，用于 polyval()函数对新数据做中心化和缩放。

例 10.4（一元多项式回归）现有我国 1995 年—2014 年总人口数据，如表 10-5 所示。

表 10-5　我国 1995 年—2014 年总人口数据　　（单位：万人）

年份	总人口	年份	总人口
1995	121121	2005	130756
1996	122389	2006	131448
1997	123626	2007	132129
1998	124761	2008	132802
1999	125786	2009	133450
2000	126743	2010	134091
2001	127627	2011	134735
2002	128453	2012	135404
2003	129227	2013	136072
2004	129988	2014	136782

读入数据，绘图探索，MATLAB 代码如下。

```
pop = readtable('我国人口数据.xlsx', 'PreserveVariableNames', true);
plot(pop.Year,pop.Population,'*'), grid on
```

图形结果如图 10-19 所示。

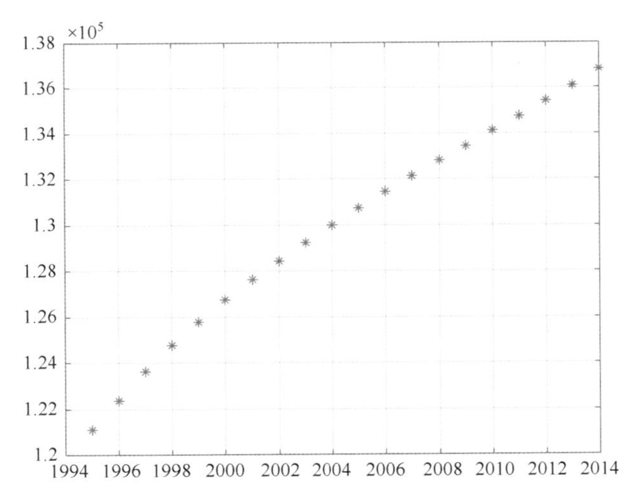

● 图 10-19　我国 1995 年—2014 年人口数据的散点图（单位：万人）

大体像一个开口向下的抛物线，故尝试用二次多项式进行拟合，MATLAB 代码如下。

```
[P,S] = polyfit(pop.Year,pop.Population,2)    % 二次多项式回归
```

```
x1 = 1995:0.5:2014;
y1 = polyval(P,x1,S);
hold on
plot(x1,y1,'-r')
legend('原数据散点图','二次多项式拟合曲线');
polyval(P, 2015:2020)                    % 预测 2015-2020 年的人口
```

运行的预测结果如下。

```
ans    =   1.0e+05 *  1.3694    1.3738    1.3779    1.3816    1.3851    1.3882
```

图形结果如图 10-20 所示。

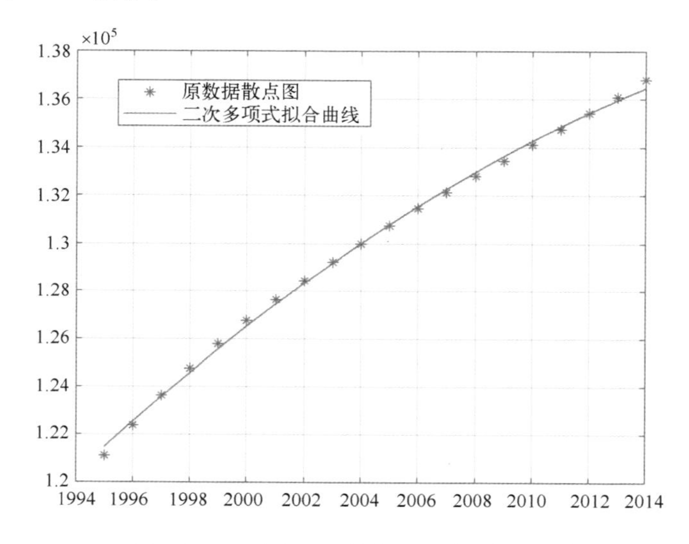

● 图 10-20　二次多项式拟合效果（单位：万人）

（2）多元多项式回归

若因变量与自变量之间不是线性关系，做线性回归效果往往不好。此时一种常用的改进办法，就是用原自变量数据，生成二次项甚至三次项，相当于用更高阶的泰勒公式去更好地逼近曲线。

比如，以两个自变量 x_1、x_2 为例，考虑如下二元二次多项式回归：

$$y = \beta_0 + \beta_1 x_1 + \beta_2 x_2 + \beta_3 x_1^2 + \beta_4 x_1 x_2 + \beta_5 x_2^2$$

重新构造新变量：$X_1 = x_1, X_2 = x_2, X_3 = x_1^2, X_4 = x_1 x_2, X_5 = x_2^2$，做 5 元线性回归即可实现，或者更简单地，在 fitlm()函数中使用参数 quadratic 或 polyijk 实现。

关于交互项 $x_1 x_2$ 的回归系数 β_4 的解释：如果没有二次项，模型的回归系数可以解释为自变量对因变量的边际效应

$$\frac{\partial y}{\partial x_1} = \beta_1$$

即 x_1 每增加 1 个单位，会带来 y 增长 β_1 个单位。

有了二次项以后，

$$\frac{\partial y}{\partial x_1} = \beta_1 + 2\beta_3 x_1 + \beta_4 x_2$$

故边际效应不再是常数，而是与 x_1、x_2 的当前值还有线性函数关系。具体到交互项，如果 $\beta_4 > 0$，则边际效应还会随着 x_2 的增加而增大，相当于一种协同效应。

例 10.5（二元多项式回归模型）继续以例 10.1 数据为例，只考虑两个自变量：RD_Spend、Marketing_Spend，构建 Profit 的二元多项式回归模型，MATLAB 代码如下。

```
dat = readtable('Predict_Profit.xlsx', 'PreserveVariableNames', true);
dat(:,[2,4]) = [];
lm2 = fitlm(dat,'quadratic')
```

运行结果如下。

```
lm2  =  线性回归模型:
Profit ~ 1 + RD_Spend*Marketing_Spend + RD_Spend^2 +Marketing_Spend^2
估计系数:
                               Estimate         SE          tStat         pValue
                              __________    __________    _________    ___________
  (Intercept)                  5.1451        0.35672       14.423       4.4366e-18
RD_Spend                       0.71337       0.11508       6.1987       1.8788e-07
Marketing_Spend                0.037739      0.040871      0.92338      0.36096
RD_Spend:Marketing_Spend       0.0033742     0.0038965     0.86596      0.39132
RD_Spend^2                    -0.00046877    0.0091057    -0.051481     0.95918
Marketing_Spend^2             -0.00092411    0.0013386    -0.69037      0.49367
  观测值数目: 49，误差自由度: 43。
  均方根误差: 0.787。
  R 方: 0.962，调整 R 方 0.958。
  F 统计量(常量模型): 217，p 值 = 2.33e-29。
```

该回归除了常数项、两个一次项外，还多了交互项 RD_Spend: Marketing_Spend 以及两个二次项 RD_Spend^2、Marketing_Spend^2，根据系数估计可以列出该二元多项式回归方程（略）。

当在模型中引入高次项后，肯定会或多或少地提升模型的拟合效果，但同时也带来了副作用：可能会产生多重共线性，在实际使用时应当注意。

更需要注意的一点是，这些高次项可能有很多是并不显著的，所以，引入高次项与剔除不显著项是经常要一起来做的，这种情况下就需要逐步回归。

10.2.3 逐步回归

在多元线性回归模型中，并不是所有的自变量都与因变量有显著关系，有时有些自变量的作用可以忽略。这就需要考虑怎样从所有可能有关的自变量中挑选出对因变量有显著影响的部分自变量。

比如，例 **10.1** 的回归结果中，自变量 Administration 就是不显著的。

逐步回归的基本思想是，将变量一个一个地引入或剔除，引入或剔除变量的条件是“偏相关系数”经检验是显著的，同时每引入或剔除一个变量后，对已选入模型的变量要进行逐个检验，将不显著变量剔除或将显著的变量引入，这样保证最后选入的所有自变量都是显著的。

两种极端模型是：最小模型（只有常数项）、最大模型（完全模型）。逐步回归就是从最小模型或最大模型开始，每一步只有一个变量引入或从当前的回归模型中剔除，当没有回归因子能够引入或剔出模型时，该过程停止。

MATLAB 提供了 stepwiselm() 函数实现逐步回归，其参数和用法完全同 fitlm()函数。

例 10.6（逐步回归）仍以例 10.1 的数据为例，把所有自变量及其二次多项式都考虑进来，通过逐步回归筛选合适的变量，构建回归模型，MATLAB 代码如下。

```
dat = readtable('Predict_Profit.xlsx', 'PreserveVariableNames', true);
lm3 = stepwiselm(dat, 'quadratic')          % 逐步回归
```

运行结果如下。

```
lm3 = stepwiselm(dat, 'quadratic')
1.正在删除 RD_Spend:State, FStat = 0.12765, pValue = 0.88063
2.正在删除 RD_Spend^2, FStat = 0.073652, pValue = 0.78778
3.正在删除 Administration:State, FStat = 0.31201, pValue = 0.73405
4.正在删除 RD_Spend:Administration, FStat = 0.78756, pValue = 0.38073
5.正在删除 Marketing_Spend^2, FStat = 0.66432, pValue = 0.42026
6.正在删除 Administration^2, FStat = 1.2151, pValue = 0.27725
7.正在删除 RD_Spend:Marketing_Spend, FStat = 2.4656, pValue = 0.12444
8.正在删除 Marketing_Spend:State, FStat = 2.2639, pValue = 0.11711
9.正在删除 State, FStat = 0.27072, pValue = 0.76415
10.正在删除 Administration:Marketing_Spend, FStat = 2.7908, pValue = 0.10191
11.正在删除 Administration, FStat = 0.26821, pValue = 0.60707
lm3 = 线性回归模型:
                          Profit ~ 1 + RD_Spend + Marketing_Spend
估计系数:
                          Estimate       SE         tStat       pValue
                          ________    ________     ______    __________
  (Intercept)             4.9785      0.23416      21.261    1.9705e-25
   RD_Spend               0.77538     0.035029     22.136    3.6285e-26
   Marketing_Spend        0.027446    0.013042     2.1043    0.040844
   观测值数目: 49，误差自由度: 46。
   均方根误差: 0.769。
   R 方: 0.961，调整 R 方 0.959。
   F 统计量(常量模型): 568，p 值 = 3.74e-33。
```

在 0.05 的置信水平下，每个自变量都是显著的，该模型可以作为本案例的最终模型：

```
Profit = 4.9785+0.7754*RD_Spend+0.0274*Marketing_Spend
```

其他结果解读、模型诊断等同上节（略）。

10.3 广义线性模型

线性回归，要求因变量是服从正态分布的连续型数据。但实际中，因变量数据经常可能会是类别型、计数型等。

要让线性回归也适用于因变量非正态连续的情形，就需要推广到广义线性模型。Logistic 回归、softmax 回归、泊松回归、Probit 回归、二项回归、负二项回归、最大熵模型等都是广义线性模型的特例。

广义线性模型，相当于是复合函数。先做线性回归，再接一个变换：

$$\boldsymbol{w}^{\mathrm{T}}\boldsymbol{X}+\boldsymbol{b}=\boldsymbol{u}\sim \text{正态分布}$$

$$\downarrow$$

$$g(\boldsymbol{u})=\boldsymbol{y}$$

经过变换后得到非正态分布的因变量数据。非正态数据变换为正态数据的方法参阅附录 F。

一般更习惯反过来写：即对因变量 $\boldsymbol{y}$ 做一个变换，就是正态分布，从而就可以做线性回归：

$$\sigma(\boldsymbol{y})=\boldsymbol{w}^{\mathrm{T}}\boldsymbol{X}+\boldsymbol{b}$$

$\sigma(\cdot)$ 称为连接函数。

常见的连接函数和误差分布如表 10-6 所示。

表 10-6　常见的连接函数和误差分布

回归模型	变换	连接函数	逆连接函数	误差
线性回归	恒等	$\sigma(y)=y$	$y=\boldsymbol{x}^{\mathrm{T}}\boldsymbol{\theta}$	正态分布
泊松回归	对数	$\sigma(y)=\ln(y)$	$y=\exp(\boldsymbol{x}^{\mathrm{T}}\boldsymbol{\theta})$	泊松分布
Logistic 回归	Logit	$\sigma(y)=\ln\frac{y}{1-y}$	$y=\frac{\exp(\boldsymbol{x}^{\mathrm{T}}\boldsymbol{\theta})}{1+\exp(\boldsymbol{x}^{\mathrm{T}}\boldsymbol{\theta})}$	二项分布
Probit 回归	Probit	$\sigma(y)=\Phi^{-1}(y)$	$y=\Phi(\boldsymbol{x}^{\mathrm{T}}\boldsymbol{\theta})$	Probit 分布
Gamma 回归	逆	$\sigma(y)=\frac{1}{y}$	$y=\frac{1}{\boldsymbol{x}^{\mathrm{T}}\boldsymbol{\theta}}$	Gamma 分布
逆高斯回归	平方逆	$\sigma(y)=\frac{1}{y^2}$	$y=(\boldsymbol{x}^{\mathrm{T}}\boldsymbol{\theta})^{-1/2}$	逆高斯分布

注意：因变量数据只要服从指数族分布，即正态分布、伯努利分布、泊松分布、指数分布、Gamma 分布、卡方分布、Beta 分布、狄利克雷分布、Categorical 分布、Wishart 分布、逆 Wishart 分布等，就可以使用对应的广义线性模型。

MATLAB 中用 fitglm()函数实现广义线性回归模型，其语法格式、默认规则等与 fitlm()基本一致：

```
fitglm(tbl, modelspec, Name, Value)
fitglm(X, y, modelspec, Name, Value)
```

关键的区别是，通过名值对'Distribution', '分布名称'来设置因变量的分布，以选择不同的广义线性模型，常用的分布名称如下。

- **'normal'**：正态分布，线性回归
- **'binomial'**：二项分布，Logistic 回归，适合因变量是二分类数据
- **'poisson'**：泊松分布，泊松回归，适合因变量是计数数据
- **'gamma'**：Gamma 分布，Gamma 回归
- **'inverse gaussian'**：逆高斯分布，逆高斯回归

名值对**'link'**, '连接函数名字' 可用来设置连接函数，甚至自定义连接函数，上述分布会自动选择其默认的连接函数。

名值对**'offset'** 用来设置偏移量，相当于拟合如下模型：

$$\sigma(y) = \text{Offset} + \boldsymbol{x}^{\mathrm{T}}\boldsymbol{\theta}$$

这在泊松回归中很有用，比如 y 是人数服从泊松分布，考虑将人数占比作为因变量，则 $\ln(y/N) = \boldsymbol{x}^{\mathrm{T}}\boldsymbol{\theta}$ 就等同于 $\ln(y) = \ln(N) + \boldsymbol{x}^{\mathrm{T}}\boldsymbol{\theta}$，这里 $\ln(N)$ 就是偏移量。

注意：与泊松回归类似的一种回归是负二项回归，同样是针对因变量是计数数据。当个体之间相互独立时，适合用泊松回归；当个体之间存在相关性时，适合用负二项回归。

广义线性回归与线性回归一样，也有回归诊断，也有可以筛选变量的逐步广义线性模型：stepwiseglm()，用法是完全类似的。

10.3.1 Logistic 回归及案例

Logistic 回归适合因变量是二分类数据，所以名为回归，实际上做的是分类。Logistic 回归也是机器学习中最简单的分类算法，更多的分类算法，还有决策树、随机森林、神经网络、支持向量机等。

例 **10.7**（**Logistic** 回归）考虑一个实验，参与者看到的表情是在恐惧表情和愤怒表情之间变化的，如图 10-21 所示，任务是将每个图像分类为恐惧（**Fear**）或愤怒（**Anger**）。

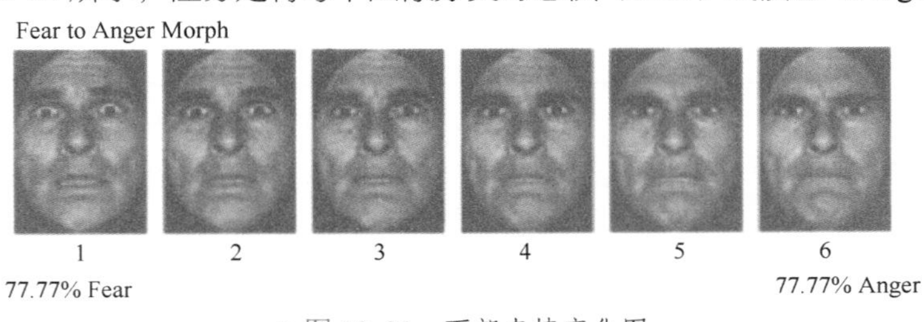

图 10-21　面部表情变化图

自变量是面部表情的量化值，因变量是二分类：将 Anger 编码为“1”，Fear 编码为“0”。先拟合线性回归模型看看，MATLAB 代码如下。

```
dat = dlmread('FearfulAngry.txt');
x = dat(:,1);
y = dat(:,2);
lm = fitlm(x, y);                        % 拟合线性回归模型
xvals = 0:100;
yhat = predict(lm, xvals');              % 模型在新值上做预测
plot(x,y,'*',xvals, yhat,'r'), grid on
```

运行结果如图 10-22 所示。这显然是不合适的。因为“1”和“0”只是类别，不是数值，没有数值的含义。

改成预测 $P(y=1|x)$ 介于 0 和 1 之间，这样既连续变化又对称，然后找一个可对应它的合适的曲线：$(-\infty,+\infty)\to(0,1)$，Sigmoid 曲线正好合适。

```
syms x y
ezplot(1 / (1 + exp(-x)), [-10, 10]), hold on
plot([-10 10], [1,1], 'r--',[-10 10], [0,0], 'r--'), grid on
```

运行结果如图 10-23 所示。

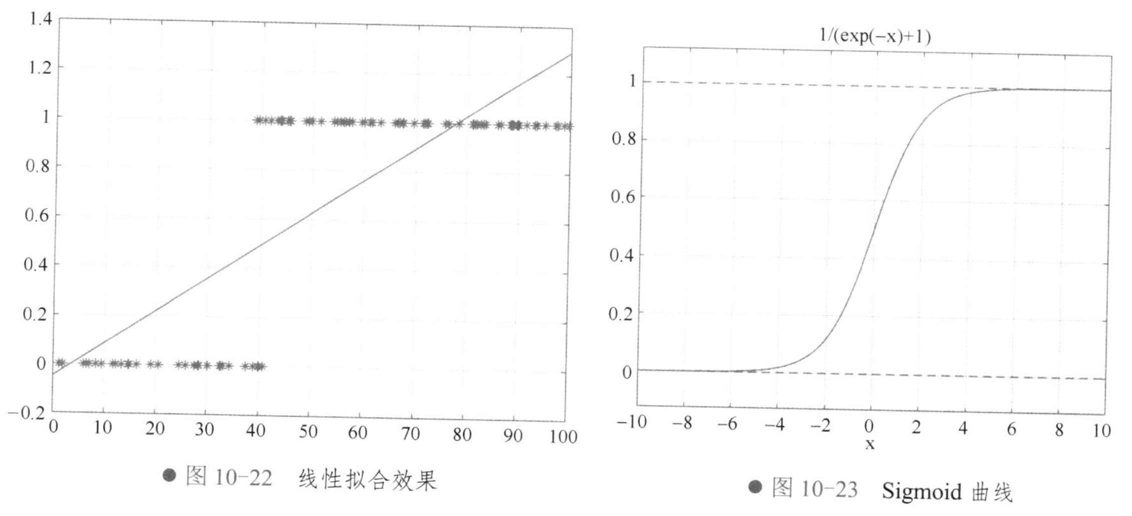

● 图 10-22 线性拟合效果

● 图 10-23 Sigmoid 曲线

本来线性回归 $\theta_0+\theta_1 x$ 的结果是 $(-\infty,+\infty)$，再经过 Sigmoid 变换，就映射到 $(0,1)$ 上去了，即

$$P(\text{"angry"})=\frac{1}{1+\mathrm{e}^{\theta_0+\theta_1 x}}$$

将上式反过来写就是

$$\operatorname{Logit}(P(\text{"angry"})):=\ln\left(\frac{P(\text{"angry"})}{1-P(\text{"angry"})}\right)=\theta_0+\theta_1 x \tag{10.19}$$

式（10.19）是 Logistic 回归的一般形式。Sigmoid 变换的逆变换就是 Logit 变换，通过接这样一个 Logit 连接函数，整个逻辑就打通了，其他广义线性模型也是同样道理，只是接的连接函数不同而已。

关于 Logistic 回归系数的解释，记

$$\text{Odds}=\frac{P(\text{"angry"})}{1-P(\text{"angry"})}=\mathrm{e}^{\theta_0+\theta_1 x}=\mathrm{e}^{\theta_0}\mathrm{e}^{\theta_1 x} \tag{10.20}$$

上式称为发生比（Odds）。若自变量 x 是连续变量，看它每增加 1 个单位会如何：

$$\frac{\text{Odds}_{x_0+1}}{\text{Odds}_{x_0}}=\mathrm{e}^{\theta_1}$$

这表示在其他变量不变的情况下，x 每增加 1 个单位，将会使得关注事件的发生比变化 e^{θ_1} 倍，注意该倍数是相对于原来 x_0 时的发生比而言的。

下面改用 Logistic 回归：

```
glm = fitglm(x, y, 'linear', 'Distribution', 'binomial');
glm
```

运行结果如下。

```
glm  =  广义线性回归模型:
                          logit(y) ~ 1 + x1

    分布 = Binomial
       估计系数:
                     Estimate       SE         tStat       pValue
                     ________    _______      _______     ________

    (Intercept)      -37.064      19.824      -1.8697     0.061524
       x1             0.9338      0.49619      1.8819     0.059844
  101 个观测值, 99 个误差自由度
  散度: 1
  卡方统计量(常量模型): 113, p 值 = 2.34e-26
```

根据参数估计值，可以写出回归方程：

$$P(\text{"Angry"})=\frac{1}{1+\mathrm{e}^{-37.064+0.9338x}}$$

用发生比来解释，自变量 x（即面部表情值）每增加 1，将会使得 "Angry" 的发生比，相对于当前值变化 $\mathrm{e}^{0.9338}=2.5442$ 倍。

再来看一下，模型的预测效果：

```
xvals = 1:100;
yhat2 = predict(glm, xvals');
plot(x, y, '*', xvals, yhat2, 'r'), grid on
pred = predict(glm, x);                        % 预测概率值
```

```
pred(pred >= 0.5) = 1;                   % 以 0.5 为阈值
pred(pred < 0.5) = 0;
mean(pred == y)                          % 预测正确率
```

运行结果如下。

```
ans =  0.9406
```

图形结果如图 10-24 所示。

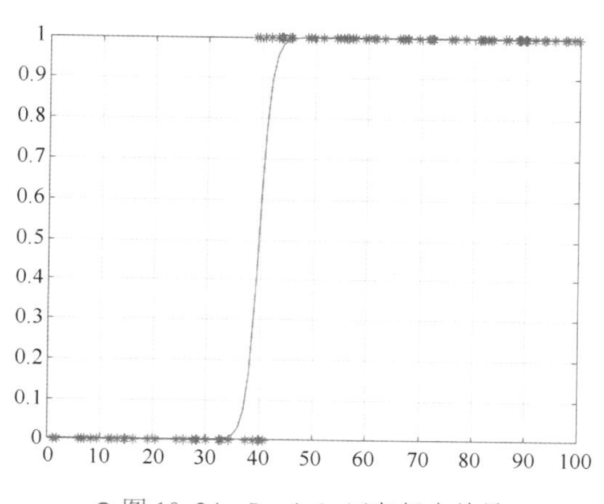

● 图 10-24　Logistic 回归拟合效果

预测正确率为 94.06%，已经非常高！实际上还可以调整阈值（不一定 0.5 是最优的，这就是调参），进一步提高正确率。

当然，Logistic 回归也可以做模型检验、回归诊断，可以有更多的自变量，可以是连续的也可以是分类的，还可以有多项式项，也可以用 stepwiseglm()做逐步回归，筛选自变量建立最合适的模型。

10.3.2　泊松回归

泊松回归，适合因变量是单位时间或空间上的计数，且大致服从泊松分布，另外还要求：

- 各个样本之间彼此独立。
- 因变量数据的均值等于其方差。
- $\log(y_i)$ 是自变量 $\boldsymbol{x}$ 的线性函数。

泊松回归模型的连接函数是 $\ln(\cdot)$，模型可表示为

$$\ln(y_i) = \theta_0 + \theta_1 x_{i1} + \cdots + \theta_m x_{im} \qquad (10.21)$$

例 10.8（泊松回归）现有美国校园暴力犯罪数据，如表 10-7 所示（部分）。

表 10-7　美国校园暴力犯罪数据

enroll1000	type	region	nv	nvrate
5.59	U	SE	30	5.366726
0.54	C	SE	0	0
35.747	U	W	23	0.643411
28.176	C	W	1	0.035491
10.568	U	SW	1	0.094625
3.127	U	SW	0	0
20.675	U	W	7	0.338573
12.548	C	W	0	0
30.063	U	C	19	0.632006

变量 enroll1000 是以千为单位的学生人数，type 是学校类型（C 表示学院/U 表示大学），region 是学校所在地区，nv 是暴力犯罪人数，nvrate 是暴力犯罪率。

建立泊松回归模型，考察暴力犯罪与学校类型、学校所在地区之间的关系。

先读入数据，绘制直方图和核密度估计图探索因变量 nv，MATLAB 代码如下。

```
vc = readtable('ViolentCrimes.csv', 'PreserveVariableNames',true);
histogram(vc.nv,20,'Normalization','pdf'), hold on
[f,xi] = ksdensity(vc.nv);
plot(xi,f)
axis([-1 35 0 0.3])
```

图形结果如图 10-25 所示。

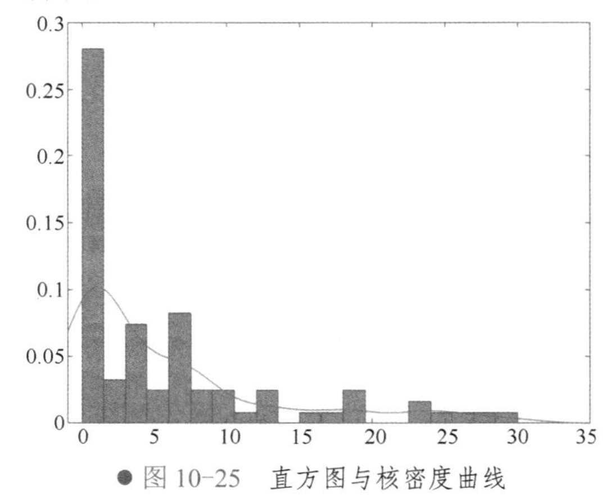

● 图 10-25　直方图与核密度曲线

泊松回归是对计数建模，比犯罪数更合理的是用犯罪率（剔除校园人数的影响），方法是将校园人数作为偏移变量加入模型，因为 $\ln\left(\dfrac{y}{\text{enroll1000}}\right)=X\beta$ 等价于 $\ln y = X\beta + \ln(\text{enroll1000})$。

建立带偏移量的泊松回归模型，需要先做一点准备工作：

- 把自变量 type 和 region 修改为分类变量，并设置水平值的顺序，位于第 1 位的水平值将作为参照组。
- 偏移量是 vc.enroll1000 取对数，可先计算出来，再用于模型。

MATLAB 代码如下。

```
vc.type = categorical(vc.type, {'C','U'});
vc.region = categorical(vc.region, {'C','S','W','NE','MW'});
vc.log_enroll = log(vc.enroll1000);
plm = fitglm(vc, 'nv~type+region', 'Distribution', 'poisson', 'offset', 'log_enroll')
```

运行结果如下。

```
plm  =   广义线性回归模型:
                              log(nv) ~ 1 + type + region
    分布 = Poisson
    估计系数:
                    Estimate      SE         tStat        pValue
                    ________   ________    ________    __________
   (Intercept)      -1.5963    0.17115     -9.3267     1.0926e-20
    type_U          0.33415    0.13235      2.5247     0.011581
    region_S        0.74926    0.14503      5.1662     2.3895e-07
    region_W        0.27223    0.18742      1.4525     0.14636
    region_NE       0.78081    0.15305      5.1016     3.3687e-07
    region_MW       0.099387   0.17752      0.55986    0.57558
   81 个观测值, 75 个误差自由度。
   散度: 1。
   卡方统计量(常量模型): 59.6, p 值 = 1.51e-11。
```

模型结果表明，地区 region_S、region_NE 与参照组 Central 的暴力犯罪数有显著差异（p 值分别为 2.39e-07、3.37e-07）。

泊松回归的回归系数的解释，与 Logistic 回归的发生比（Odds）的解释是一样的。本例自变量是分类变量，解释的时候是当前组相对于参照组的差异。例如，回归系数 0.7808 意味着 region_NE 每千人中的暴力犯罪率是控制学校类型的 Central 地区的 $e^{0.7808} = 2.18$ 倍。

当然，泊松回归也可以做模型检验、回归诊断，可以有更多的自变量，可以是连续的也可以是分类的，还可以有多项式项，也可以用 stepwiseglm()做逐步回归，筛选自变量建立最合适的模型。

10.4 灰色预测

回归分析要求大样本量，只有通过大量的数据才能得到量化的规律，还要求样本有较好的分布规律。部分信息已知而部分信息未知的系统，称为灰色系统。灰色系统理论将随机量看作是在一定范围内变化的灰色量，按适当的办法对原始数据进行处理，将灰色数变换为生成数，从生成数进而得到规律性较强的生成函数，再建立生成函数的微分方程模型求解。这就突破了概率统计的局限性，使其结果不再是依据大量数据得到的经验性统计规律，而是现实性的生成律。这种使灰色系统变得尽量清晰明了的过程称为白化。

灰色系统理论已成功地应用到工程控制、经济管理、生态系统、农业系统中，进行分析、建模、预测、决策和控制。

10.4.1 GM(1,1)模型

灰色模型是用离散数据列建立微分方程形式的动态模型，具体做法是将离散随机数变为随机性被显著削弱而且较有规律的生成数，从而建立起微分方程形式的模型，这样便于对其变化过程进行研究和描述。

GM(1,1)模型适合具有较强的指数规律的数列，只能用来描述单调的变化过程。

本节部分内容参阅参考文献[26]。

1. 算法原理

已知序列数据为

$$X^{(0)}=(x^{(0)}(1),x^{(0)}(2),\cdots,x^{(0)}(2))$$

做一次累加生成（1-AGO）序列：

$$X^{(1)}=(x^{(1)}(1),x^{(1)}(2),\cdots,x^{(1)}(2))$$

其中，

$$x^{(1)}(k)=\sum_{i=1}^{k}x^{(0)}(k),\qquad k=1,\cdots,n$$

令 $Z^{(1)}$ 为 $X^{(1)}$ 的紧邻均值生成序列：

$$Z^{(1)}=(z^{(1)}(2),z^{(1)}(3),\cdots,z^{(1)}(n))$$

其中，$z^{(1)}(k)=0.5x^{(1)}(k)+0.5x^{(1)}(k-1)$。建立 GM(1,1) 的灰微分方程模型

$$x^{(0)}(k)+az^{(1)}(k)=b \tag{10.22}$$

其中，a 为发展系数；b 为灰色作用量。设 $\hat{\boldsymbol{\alpha}}$ 为待估参数向量，即 $\hat{\boldsymbol{\alpha}}=(a,b)^{\mathrm{T}}$，则灰微分方程的最小二乘估计参数列满足

$$\hat{\boldsymbol{\alpha}}=(\boldsymbol{B}^{\mathrm{T}}\boldsymbol{B})^{-1}\boldsymbol{B}^{\mathrm{T}}\boldsymbol{Y}_n$$

其中，

$$\boldsymbol{B}=\begin{bmatrix}-z^{(1)}(2) & 1\\ -z^{(1)}(3) & 1\\ \vdots & \vdots\\ -z^{(1)}(n) & 1\end{bmatrix},\qquad \boldsymbol{Y}_n=\begin{bmatrix}x^{(0)}(2)\\ x^{(0)}(3)\\ \vdots\\ x^{(0)}(n)\end{bmatrix}$$

再建立灰色微分方程的白化方程（也叫影子方程）：

$$\frac{\mathrm{d}x^{(1)}}{\mathrm{d}t}+ax^{(1)}=b \tag{10.23}$$

白化方程的解（也叫时间响应函数）为

$$\hat{x}^{(1)}(t)=\left(x^{(1)}(0)-\frac{b}{a}\right)\mathrm{e}^{-at}+\frac{b}{a},$$

那么相应的 GM(1,1)灰色微分方程的时间响应序列为

$$\hat{x}^{(1)}(k+1)=\left[x^{(1)}(0)-\frac{b}{a}\right]\mathrm{e}^{-ak}+\frac{b}{a}, \qquad k=1,\cdots,n$$

取 $x^{(1)}(0)=x^{(0)}(1)$，则

$$\hat{x}^{(0)}(k+1)=\left[x^{(0)}(1)-\frac{b}{a}\right]\mathrm{e}^{-ak}+\frac{b}{a}, \qquad k=1,\cdots,n-1$$

再做累减还原可得

$$\hat{x}^{(0)}(k+1)=\hat{x}^{(1)}(k+1)-\hat{x}^{(1)}(k)=\left[x^{(0)}(1)-\frac{b}{a}\right](1-\mathrm{e}^{a})\mathrm{e}^{-ak}, \quad k=1,\cdots,n-1 \tag{10.24}$$

即为预测方程。

注意：①原始序列数据不一定要全部使用，相应建立的模型也会不同，即 a 和 b 不同；
②原始序列数据必须等时间间隔、不间断。

2. 算法步骤

（1）数据的级比检验

为了保证灰色预测的可行性，需要对原始序列数据进行级比检验。

对原始数据列 $X^{(0)}=(x^{(0)}(1),x^{(0)}(2),\cdots,x^{(0)}(n))$，计算序列的级比：

$$\lambda(k)=\frac{x^{(0)}(k-1)}{x^{(0)}(k)}, \qquad k=2,\cdots,n \tag{10.25}$$

若所有的级比 $\lambda(k)$ 都落在可容覆盖范围 $\Theta=(\mathrm{e}^{-2/(n+1)},\mathrm{e}^{2/(n+2)})$ 内，则可进行灰色预测；否则，需要对 $X^{(0)}$ 做平移变换 $Y^{(0)}=X^{(0)}+c$，使得 $Y^{(0)}$ 满足级比要求。

（2）按算法原理中的步骤建立 GM(1,1)模型，计算出预测值列

（3）检验预测值

1）相对残差检验，计算

$$\varepsilon(k)=\frac{x^{(0)}(k)-\hat{x}^{(0)}(k)}{x^{(0)}(k)}, k=1,\cdots,n \tag{10.26}$$

若 $\varepsilon(k)<0.2$，则认为达到一般要求；若 $\varepsilon(k)<0.1$，则认为达到较高要求。

2）级比偏差值检验

根据前面计算出来的级比和发展系数 a，计算相应的级比偏差：

$$\rho(k)=1-\left(\frac{1-0.5a}{1+0.5a}\right)\lambda(k) \tag{10.27}$$

若 $\rho(k)<0.2$，则认为达到一般要求；若 $\rho(k)<0.1$，则认为达到较高要求。

（4）利用模型进行预测

3. GM(1,1)算法实现

自定义实现 GM(1,1) 算法的 MATLAB 函数。

```
function [pre,f, lambda, range, phi, rho] = GM11(x)
%% 实现GM(1,1)算法，输入原始序列数据
% 返回第n+1个预测值pre，预测函数f,级比lamda,可容覆盖范围range,相对残差phi,级比偏差rho
% 级比检验
n = length(x);
lambda = x(1:n-1)./x(2:n);                    % 计算级比
range = [exp(-2/(n+1)),exp(2/(n+2))];         % 可容覆盖的范围
if range(1) < min(lambda) & max(lambda) < range(2)
   disp('级比检验通过');
else
   disp('级比检验未通过');
end
% GM(1,1)建模
x1 = cumsum(x);                               % 一次累加
n = length(x1);
z1 = (x1(1:n-1) + x1(2:n)) / 2;
Y = x(2:n)';                                  % 构造矩阵Y
B = [-z1', ones(n-1,1)];                      % 构造矩阵B
A = (B'*B)\B'*Y;                              % 计算模型的参数a,b
k=1:n;
x1=(x(1)-A(2)/A(1))*exp(-A(1)*(k-1))+A(2)/A(1);        % 利用模型计算累加值的预测值
x_p=[x(1), diff(x1)];                         % 累减还原到预测值
Delta = abs(x_p-x);                           % 绝对残差序列
phi = Delta./x;                               % 相对残差序列
if max(phi) >= 0.2
   disp('相对残差检验未通过');
else
   disp('相对残差检验通过');
end
rho = 1-(1-0.5*A(1))/(1+0.5*A(1))*lambda;     % 计算级比偏差值
if max(rho) >= 0.2
  disp('级比偏差检验未通过');
else
   disp('级比偏差检验通过');
end
f = @(t) (x(1)-A(2)/A(1))*(1-exp(A(1)))*exp(-A(1)*t);        % 预测公式
pre = f(n);                                   % 预测第n+1个数据
```

4. 数据融合改进预测效果

为了进一步提高灰色预测的精度，可以先用原始数据列的 n 个数据、后 $n-1$ 个数据、……、后 $n-k$ 个数据，进行多次 GM(1,1) 预测，得到 $k+1$ 个预测值，再将它们进行数据融合得到最终的预测值。

设 $a_1,\cdots,a_m$ 为 m 个由 GM(1,1) 模型预测得到的第 $n+1$ 时刻的预测值，定义任意两个值之间的距离：

$$d_{ij}=|a_i-a_j|,\quad i,j=1,\cdots,m$$

构造两个数据间的支持度函数：

$$r_{ij}=\cos\left(\frac{\pi d_{ij}}{2\max\left\{d_{ij}\right\}}\right),\quad i,j\in\{1,\cdots,m\} \tag{10.28}$$

该支持度函数满足：

- r_{ij} 与相对距离成反比，即两个值相差越大，彼此间的支持程度越小。
- $r_{ij}\in[0,1]$，使数据的处理能够利用模糊集理论中隶属函数的优点，避免数据之间相互支持度的绝对化。

建立支持度矩阵：$\boldsymbol{R}=\{r_{ij}\}_{m\times m}$。

为了从 $a_1,\cdots,a_m$ 融合得到最终的 a，需要确定每个 a_i 的权重 w_i 满足 $\sum_{i=1}^{m}w_i=1$，注意到 w_i 应综合包含 $r_{i1},\cdots,r_{im}$ 的信息，从而要寻找一组非负数 $v_1,\cdots,v_m$，使得 $w_i=\sum_{j=1}^{m}v_jr_{ij}$，其矩阵形式为 $\boldsymbol{W}=\boldsymbol{RV}$。

由于 $\boldsymbol{R}$ 为非负对称矩阵，故存在最大特征值 λ 及对应的（非负）特征向量 $\boldsymbol{V}_\lambda=\left[v_1^\lambda,\cdots,v_m^\lambda\right]$。由特征向量与特征值的性质，可取 $w_i=v_i^\lambda/\sum_{j=1}^{m}v_j^\lambda$，融合后得到 $a=\sum_{i=1}^{m}w_ia_i$。

按上述算法步骤，定义数据融合函数，MATLAB 代码如下。

```
function [a,w]=DataFusion(x)
% x 为长度≥2 的行向量，返回 a 为融合值，w 为权重向量
Lx = length(x);
if Lx == 2
    a = mean(x);
    w = [1/2,1/2];
else
    IndCom = nchoosek(1:Lx,2);                          % x 中元素下标索引的所有两两组合方式
    d = abs(x(IndCom(:,1)) - x(IndCom(:,2)));           % 计算任意两值之间的距离
    maxd = max(d);
    [Y,X] = meshgrid(1:Lx,1:Lx);
    R = cos(pi*(x(X)-x(Y)) / (2*maxd));                 % 构造支持度矩阵
    [V,D] = eig(R);
    w = V(:,Lx) / sum(V(:,Lx));
    a = x*w;
end
```

10.4.2 案例：SARS 疫情对旅游业的影响

1．准备数据（国赛 03A 题）

2003 年的 SARS 疫情对部分行业的经济发展产生了一定影响，经济影响主要分为直接经济影响和间接影响。直接经济影响涉及商品零售业、旅游业、综合服务等行业。

现以 SARS 疫情对旅游业的影响为例，北京接待旅游人数的统计数据如表 10-8 所示。

表 10-8　北京接待旅游人数　（单位：万人）

年份	1 月	2 月	3 月	4 月	5 月	6 月	7 月	8 月	9 月	10 月	11 月	12 月
1997	9.4	11.3	16.8	19.8	20.3	18.8	20.9	24.9	24.7	24.3	19.4	18.6
1998	9.6	11.7	15.8	19.9	19.5	17.8	17.8	23.3	21.4	24.5	20.1	15.9
1999	10.1	12.9	17.7	21	21	20.4	21.9	25.8	29.3	29.8	23.6	16.5
2000	11.4	26	19.6	25.9	27.6	24.3	23	27.8	27.3	28.5	32.8	18.5
2001	11.5	26.4	20.4	26.1	28.9	28	25.2	30.8	28.7	28.1	22.2	20.7
2002	13.7	29.7	23.1	28.9	29	27.4	26	32.2	31.4	32.6	29.2	22.9
2003	15.4	17.1	23.5	11.6	1.78	2.61	8.8	16.2	20.1	24.9	26.5	21.8

先读入数据，并绘制旅游人数变化的曲线图进行初步探索，MATLAB 代码如下。

```
tour = xlsread('datas/北京市接待旅游人数.xlsx');
pm = tour(1:end-1, 2:end)';
t = datetime(1997,1,15):calmonths(1):datetime(2002,12,15);
plot(t', pm(:), 'b-'), grid on
```

图形结果如图 10-26 所示。

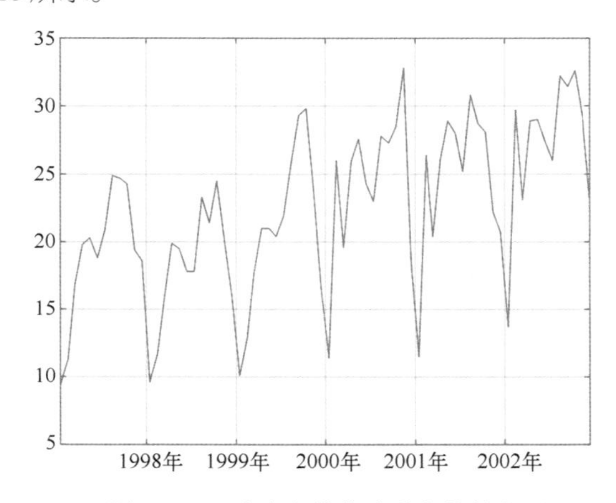

图 10-26　北京市接待旅游人数折线图

可见，旅游人数月度数据具有很大的波动性，不适合直接建立灰色模型，但适合直接建立时间序列分析模型（可参阅第 11 章）。

解决办法：将月度数据按月取平均（这实际上是一种平滑处理），即计算每年的月均旅游人数；根据 1997 年至 2002 年的年均值，用灰色模型预测 2003 年的月均旅游人数；再根据统计出来的各月份占全年的比重，计算出 2003 年各月的预测值。

绘制转化后的 1997 年至 2002 年每年的月均旅游人数的曲线图，MATLAB 代码如下。

```
py = mean(pm);                          % 每年的月均旅游人数
figure
plot(years(1997:2002), py', 'b-'), grid on
```

图形结果如图 10-27 所示。

● 图 10-27　北京市月均旅游人数折线图

2. GM(1,1)预测

根据 1997 年至 2002 年的年度按月平均旅游人数，用 GM(1,1)模型预测 2003 年的月均旅游人数。

```
%% GM(1,1)预测
[pre,f, lambda, range, phi, rho] = GM11(py)
```

运行结果如下。

```
  级比检验通过。
  相对残差检验通过。
  级比偏差检验通过。
pre    =   30.2649
f  =  包含以下值的 function_handle:
            @(t)(x(1)-A(2)/A(1))*(1-exp(A(1)))*exp(-A(1)*t)
lambda    =    1.0548    0.8692    0.8541    0.9855    0.9108
```

```
range     =    0.7515    1.2840
phi       =    0    0.0455    0.0018    0.0636    0.0136    0.0140
rho       =   -0.1586    0.0452    0.0618   -0.0825   -0.0004
```

各种检验均通过，故预测结果可用。

再根据历史数据统计出来各月份占全年的比重，计算出 2003 年各月的预测值：

```
mu = sum(pm,2) / sum(sum(pm));          % 行和占总和的比重
pre03 = pre * 12 * mu                   % 预测值
```

运行结果如下。

```
pre03   = 14.7992   26.5801   25.5439   31.8961   32.9548   30.7923
          30.3644   37.1220   36.6715   37.7978   33.1800   25.4763
```

用数据融合改进预测：

```
n = length(py);
pres = arrayfun(@(k) GM11(py(n-k:end)), ceil(n/2):n-1);   % 最后一个预测值是用全部数据
pre2 = DataFusion(pres)
pre03f = pre2 * 12 * mu                 % 融合预测值
```

运行结果如下。

```
pre2    =   29.4437
pre03f  =  14.3977   25.8588   24.8508   31.0306   32.0606   29.9568
           29.5404   36.1147   35.6764   36.7721   32.2797   24.7850
```

对比真实值、灰色预测值、数据融合改进的灰色预测值：

```
rlt = [tour(end,2:end)', pre03, pre03f]
figure
plot(1:12, rlt), grid on
legend('真实值', '预测值', '融合预测值')
```

运行结果如下。

```
rlt  =   15.4000  17.1000   23.5000   11.6000   1.7800   2.6100    8.800
               0  16.2000   20.1000   24.9000   26.5000  21.8000   14.7992
         26.5801   25.5439   31.8961  32.9548  30.7923  30.3644   37.1220
         36.6715  37.7978   33.1800  25.4763   14.3977  25.8588  24.8508
         31.0306   32.0606   29.9568  29.5404  36.1147  35.6764   36.7721
         32.2797   24.7850
```

图形结果如图 10-28 所示。

由于数据量很小（6 个数据），融合预测也只是 3 个预测结果的融合，改进效果并不大。可以认为若没有疫情，2003 年各月份北京旅游人数将是点画线趋势，而真实数据受疫情影响，在 5～7 月出现明显减少，随后又有所恢复，但仍未达到正常水平。

注意：灰色预测适合对数据量小的数据做预测；GM(1,1)不适合非单调变化的数据；灰色预测可用来做灾变预测，即对灾害间隔年数序列做 GM(1,1) 预测。另外，还有适合 S 形变化数据

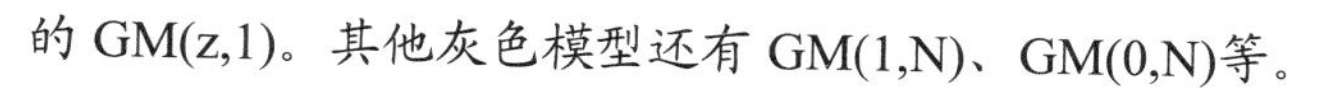
的 GM(z,1)。其他灰色模型还有 GM(1,N)、GM(0,N)等。

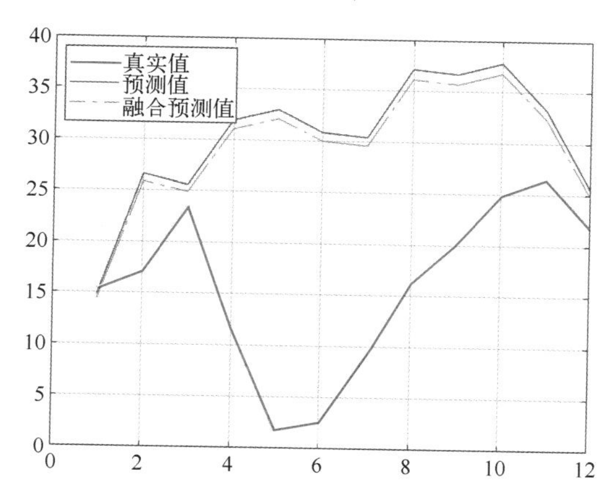

图 10-28　北京市旅游人数预测值与真实值对比

思考题 10

1. 从国家统计局网站下载最新的我国总人口数据，选择合适的非线性回归技术进行拟合，预测未来 5 年的总人口数。

2. 思考哪些因素会影响总人口数，搜集相关数据并建立合适的多元回归模型，预测未来 5 年的总人口数。

3. 某地区平均降水量（mm）的原始数据如下：

$$X=\{386.6, 514.6, 434.1, 484.1, 647.0, 399.7, 498.7, 701.6, 254.5, 463.0, 745.0, 398.3, 554.5, 471.1, 384.5, 242.5, 671.7, 374.7, 458.9, 511.3, 530.8, 586.0, 387.1, 454.4\}$$

规定年降水量≤390 (mm)为旱灾年，试作旱灾预测。

时间序列分析

为了研究某一事件的规律，按照时间发生的顺序将事件在多个时刻的数值记录下来，就构成了一个时间序列，用$\{y_t : t=1,\cdots,T\}$表示。例如，国家或地区的年度财政收入、股票市场的每日波动、气象变化、工厂按小时观测的产量等。另外，随温度、高度等变化而变化的离散序列，也可以看作时间序列。

对时间序列进行观察、研究，找寻它变化发展的规律，预测它将来的发展趋势就是时间序列分析。

一个时间序列，表面看起来是杂乱无章、无规律可循；其实不然，大量事实表明，一个时间序列往往是以下几类变化形式的叠加或耦合：长期趋势变动、季节变动、循环变动、不规则变动。

时间序列分析的特点：假设事物发展趋势会延伸到未来、预测所依据的数据具有不规则性、不考虑事物发展之间的因果关系。所以，时间序列分析，不以经济理论为依据，而是依据变量自身的变化规律，利用外推机制描述和预测时间序列的变化。

注意：多个事件按时间记录的数值构成的多个序列，叫作多元时间序列，多元时间序列可以研究它们之间的因果关系。

时间序列分析的三种经典算法：确定性分解、指数平滑、**ARIMA** 模型，以及适用于金融时间序列建模的 **GARCH** 模型。

MATLAB 实现时间序列分析很麻烦（缺少封装好的现成工具）；SPSS 的菜单操作烦琐，结果也不是很理想。本章采用代码更加简洁的 R 语言实现。

本章部分内容参阅参考文献[27]～[29]。

11.1 预备知识

11.1.1 差分与延迟

差分序列是指原序列的相邻观测值之间的差值构成的时间序列。

差分：

$$y_t' = y_t - y_{t-1} \tag{11.1}$$

注意，差分序列的长度是 $T-1$。

二阶差分，即差分再做差分：

$$\begin{aligned}\Delta^2 y_t = y_t'' &= y_t' - y_{t-1}' \\ &= (y_t - y_{t-1}) - (y_{t-1} - y_{t-2}) \\ &= y_t - 2y_{t-1} + y_{t-2}\end{aligned} \tag{11.2}$$

注意，二阶差分序列的长度是 $T-2$。还可以定义更高阶的差分，d 阶差分记为 $\Delta^d y_t$。

季节差分或 m 步差分：

$$y_t' = y_t - y_{t-m} \tag{11.3}$$

比如一个月度观测相对于上一年同月观测做 12 步差分。

延迟算子，延迟算子作用于时间序列，时间刻度减小 1 个单位（序列左移一位）：

$$\mathrm{L}y_t = y_{t-1},\ \mathrm{L}^2 y_t = y_{t-2},\ \cdots \tag{11.4}$$

有了延迟算子，可以简化很多表示。

11.1.2 平稳性

平稳性分为以下两类。

1）严平稳：时间序列所有的统计性质都不会随着时间的推移而发生变化。

2）宽平稳：时间序列的主要性质近似稳定，即统计性质只要保证序列的二阶矩平稳。

一般所说的时间序列平稳指的是宽平稳。

1. 平稳性检验

（1）时序图检验

若无明显的趋势性和周期性，则平稳。

（2）自相关图检验

零均值平稳序列的自相关系数图要么截尾，要么拖尾；若时间序列零均值化后出现缓慢衰减或周期性衰减，则说明存在趋势性和周期性（非平稳）。

（3）单位根检验

可以通过检验时间序列自回归特征方程的特征值是在单位圆内（平稳），还是在单位圆及单位圆外（非平稳）进行判断。通常用 **ADF** 检验法（fUnitRoots 包中的 adfTest() 函数）或 **KPSS** 检验（urca 包中的 ur.kpss()函数）。

2. 非平稳序列的平稳化处理

- 若时间序列呈线性趋势，均值不是常数，利用一阶差分将产生一个平稳序列。
- 若时间序列呈二次趋势，均值不是常数，利用二阶差分将产生一个平稳序列。
- 若时间序列的波动呈越来越大趋势，即方差不是常数，通常可利用取对数或开 n 次根号或 Box-Cox 变换转化为平稳序列。
- 若时间序列呈现“相对环”趋势，通常将数据除以同时发生的时间序列的相应值，从而转化为平稳序列。
- 先用某函数大致拟合原始数据，再用 ARIMA 模型处理剩余量。

本节选用来自国家统计局网站的我国 2001 年 10 月～2016 年 8 月出口额数据，作为演示数据。R 语言读入 Excel 数据，数据表在 R 中是用数据框（data.frame /tibble）来存放的，R 语言代码如下。

```
library(readxl)                           # 加载包
df = read_xlsx("export_datas.xlsx")       # 读取 xlsx 数据
head(df)                                  # 查看前 6 行
```

运行结果如下。

```
# A tibble: 6 x 2
      Time         export
     <chr>         <dbl>
1   2001年10月     228.
2   2001年11月     240.
3   2001年12月     245.
4   2001年1月      169.
5   2001年2月      192.
6   2001年3月      231.
```

接着，用 ts()函数根据上述数据创建时间序列对象，并绘制出时序图。需要提供时间序列的指标值，起始时间（终止时间省略），frequency = 12 是创建月度数据，意思是一年有 12 个月，类似地，frequency = 4 就是季度数据，R 语言代码如下。

```
x = ts(df$export, start = c(2001,10), frequency = 12)
# df$export 表示从 df 中取出 export 列的内容
plot(x, xlab = "时间", ylab = "出口额(亿美元)")
```

得到时序图如图 11-1 所示。

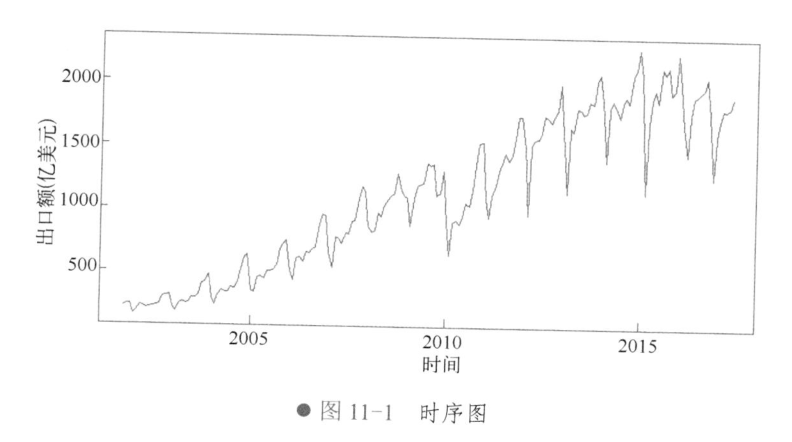

● 图 11-1 时序图

很明显，该时间序列是非平稳的：有向上的线性趋势，且波动（方差）越来越大。

采用非平稳变平稳的方法，将其转化为平稳时间序列：对于线性趋势，做 1 阶差分；对于方差越来越大，取对数。R 语言代码如下。

```
xs = diff(log(y))    # 先取对数再做 1 阶差分
plot(xs, xlab = "时间", ylab = "diff(log(出口额))")
```

得到差分后的平稳时间序列图，如图 11-2 所示。

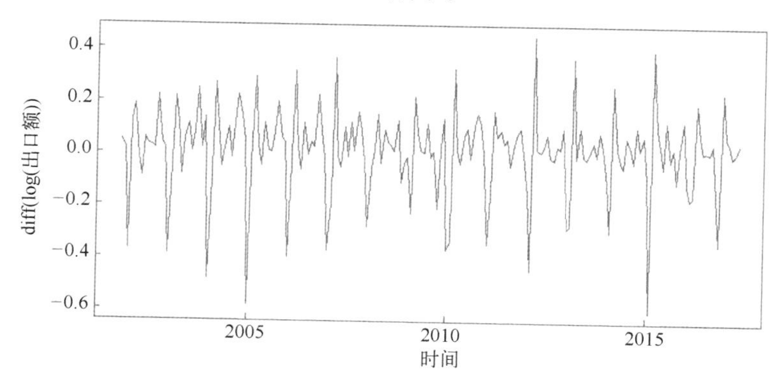

● 图 11-2 平稳时间序列

这回看起来就比较平稳了，再用 ADF 检验测试一下，R 语言代码如下。

```
library(fUnitRoots)
adfTest(xs)                          # ADF 检验
```

运行结果如下。

```
Title: Augmented Dickey-Fuller Test
Test Results:
    PARAMETER:
        Lag Order: 1
```

```
STATISTIC:
        Dickey-Fuller: -13.9094
        P VALUE:    0.01
```

p 值 $=0.01<0.05$，拒绝原假设（非平稳），故序列平稳。

11.1.3 时间序列分析的一般步骤

1. 平稳性分析（时序图观察、平稳性检验）

2. 时间序列建模

1）若平稳，依据 ACF、PACF 的截尾、拖尾情况进行模型定阶（也可以自动定阶），以确定选择哪种模型：$AR(p)$、$MA(q)$、$ARMA(p,q)$ 。

2）若非平稳，则：

- 确定性分析，方法一是确定性分解，分解成长期趋势、季节变动、随机波动；方法二是进行基于移动平均思想的指数平滑法：简单、Holt 双参数、Winter 线性季节。
- 随机性分析：做 d 阶差分直到平稳，构建 $ARIMA(p,d,q)$ 模型；对于季节性时间序列，即存在明显的季节性（周、月、季等周期变化），则需要推广到 $SARIMA(p,d,q)\times(P,D,Q)_s$ 模型，既考虑时间步的差分、自回归、移动平均，又考虑按季节的差分、自回归、移动平均。

3. 残差白噪声检验（Ljung-Box 检验）

更精确地验证序列自相关性在统计上是否显著，原假设如下。

H_0：序列的 k 阶自相关系数均为 0，即是白噪声。

若通过检验，则说明已经从序列中提取到充分的模型信息，时间序列建模成功。

若未通过检验，这有如下两种可能。

- 残差序列可能仍存在显著的自相关性，可以对残差序列信息进行二次提取：建立残差自回归模型。
- 前面的建模实际上是假定残差方差相等，但残差序列也可能具有异方差性（ARCH 检验），简单的、有规律的异方差（比如方差越来越大），对原序列取对数就可以解决，更复杂的异方差就需要单独建模：GARCH 族模型。

注意：经济时间序列一般用 $ARIMA(p,d,q)$ 模型，金融时间序列一般具有剧烈的不规则的波动性，需要用 GARCH 族模型。

4. 模型预测

利用时间序列已观察到的样本值对时间序列在未来某个时刻的值进行估计，采用的方法是线性最小方差预测。预测方差只与预测步长 h 有关，而与预测起始点 t_0 无关。预测步长 h 越大预测值的方差也越大，因此只适合于短期预测。

11.2 确定性分解

11.2.1 确定性分解算法

时间序列可认为是受不同影响因素共同影响的叠加效果，故非平稳时间序列可按确定性因素进行简单分解：

- 长期趋势（T_t）——表现出某种倾向，上升或下降或水平。
- 季节变化（S_t）——周期固定的波动变化。
- 周期变化（R_t）——剩余变化，包括随机波动。

按叠加方法的不同分为：

1）加法模型（$y_t = T_t + S_t + R_t$），适合趋势、周期的变化幅度不随时间变化。

2）乘法模型（$y_t = T_t S_t R_t$），适合趋势、周期的变化幅度随时间变化。

注意：适合乘法模型的时间序列，等价于取对数再用加法模型。

11.2.2 案例：出口额数据确定性分解建模

R 语言提供了 decompose() 函数，基于移动平均法实现时间序列的简单确定性分解：

```
decompose(x, type=c("additive", "multiplicative"), ...)
```

其中，x 为时间序列对象；type 指定分解为加法或乘法模型。

另外，R 语言还提供了 stl()函数，实现 STL 法时间序列确定性分解，是用 Loess（一种估计非线性关系的方法）做季节和趋势分解，更通用和稳健：

```
stl(x, s.window, s.degree=0, ...)
```

其中，x 为时间序列对象；s.window 没有默认值，必须指定"periodic"或者为大于 7 的奇数（Loess 方法）；s.degree 为拟合季节性趋势的局部多项式的次数，可取 1 或 0。

继续用出口额数据做简单确定性分解，R 语言代码如下。

```
xde = decompose(x, type = "additive")
plot(xde)
```

图形结果如图 11-3 所示。

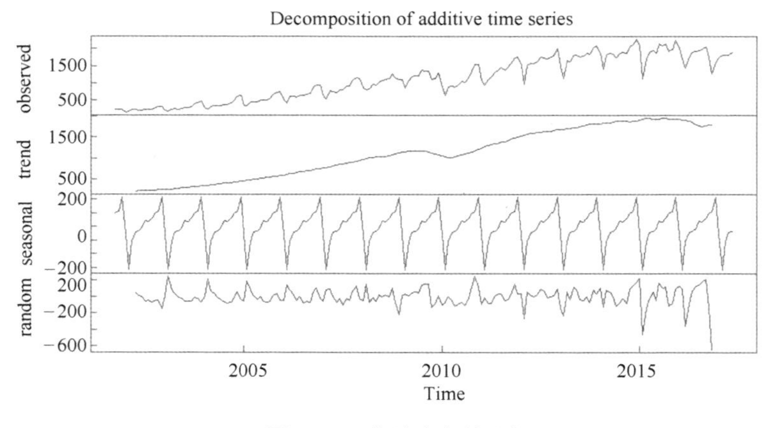

● 图 11-3　简单确定性分解

自上而下依次为时间序列的原始值、长期趋势、季节变动、随机噪声的图。

这些图所对应的数据，分别存放在 xde$x、xde$trend、xde$seasonal、xde$random 中，可访问取用。实际中，经常对原序列数据做季节调整，即去掉季节因素的影响，直接做差即可，R 语言代码如下。

```
xsa = x - xde$seasonal
# plot(xsa)
xstl = stl(x, s.window = "periodic")   # STL分解
plot(xstl)
```

得到图形结果如图 11-4 所示。

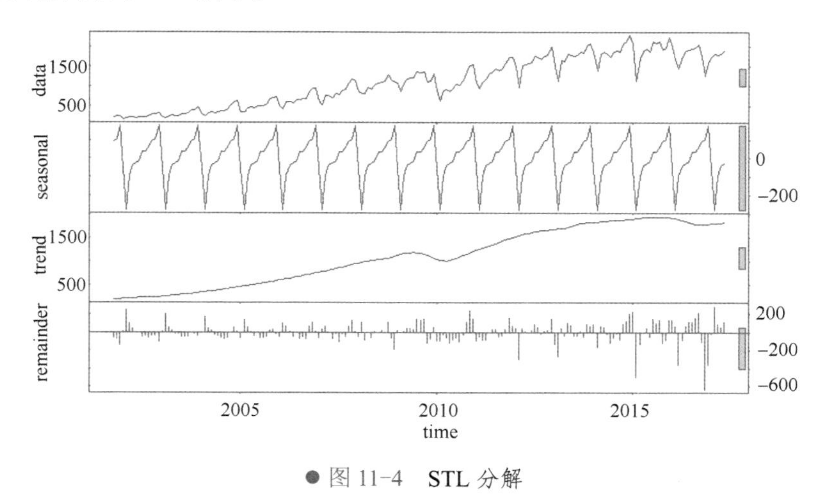

● 图 11-4　STL 分解

STL 分解得到季节部分（seasonal）、趋势部分（trend）、剩余部分（remainder）如图 11-4

所示，可以在 xstl$time.serie-s$seasonal、xstl$time.series$trend、xstl$time.series$remainder 中取用它们。

关键的问题：确定性分解之后如何预测？分别对各部分进行建模预测。

- 对趋势进行线性回归或曲线拟合，进而往前预测。
- 按季节部分的周期性规律，往前预测。
- 按剩余部分的随机规律，往前预测。

再将三个部分的预测值加和或乘积（取决于加法模型或乘积模型），得到原序列的预测值。

时间序列的确定性分解，更高级的算法还有 SEATS 和 X11 等（略）。

11.3 指数平滑法

指数平滑法进行预测，就是对过去的观测值做加权平均，随着观测值的远去，权重呈指数衰减。换句话说，观测越近，相应的权重越大。

常用的指数平滑法有简单指数平滑、Holt 线性指数平滑和 Holt-Winters 季节指数平滑。

11.3.1 简单指数平滑

简单指数平滑适用于没有明确趋势或季节模式（即平稳）的时间序列。

简单指数平滑的加权平均形式表示为

$$\hat{y}_{T+1|T}=\alpha y_T+(1-\alpha)\hat{y}_T=\cdots=\alpha y_T+\alpha(1-\alpha)y_{T-1}+\alpha(1-\alpha)^2y_{T-2}+\cdots \tag{11.5}$$

其中，$0\leqslant\alpha\leqslant 1$ 为平滑参数。

向前一步 $T+1$ 时刻的预测是所有观测序列 $y_1,\cdots,y_T$ 的加权平均，权重递减的速率由参数 α 控制。也可以写成如下的分量形式（方便后续推广）。

$$\begin{aligned}&\text{预测方程：}\hat{y}_{t+h|t}=l_t\\&\text{平滑方程：}l_t=\alpha y_t+(1-\alpha)l_{t-1}\end{aligned} \tag{11.6}$$

其中，l_t 为序列在 t 时刻的水平分量（或平滑值）。令 $h=1$ 可以得到拟合值，令 $t=T$ 可以得到训练数据之外的真正预测值。

预测方程表明，$t+1$ 时刻的预测值是由 t 时刻的水平估计值得到的。该水平（通常与水平方程有关）的平滑方程，给出了每个时刻 t 处序列的水平估计。

将平滑方程中的 l_t 和 l_{t+1} 分别替换为 $\hat{y}_{t+1|t}$ 和 $\hat{y}_{t|t-1}$，则得到简单指数平滑的加权平均形式。

阻尼趋势法：Holt 线性趋势法生成的预测表现为常数趋势，未来会无限地增大或减小，引入了一个阻尼参数 ，在未来某时刻把趋势“阻滞”到一条“平坦”线。

11.3.2 Holt 线性指数平滑

Holt 线性指数平滑是简单指数平滑法的推广，适合带趋势的时间序列。其分量形式表示如下

$$\begin{aligned}&\text{预测方程：}\hat{y}_{t+h|t}=l_t+hb_t\\&\text{水平方程：}l_t=\alpha y_t+(1-\alpha)(l_{t-1}+b_{t-1})\\&\text{趋势方程：}b_t=\beta(l_t-l_{t-1})+(1-\beta)b_{t-1}\end{aligned}\tag{11.7}$$

其中，l_t 和 b_t 分别表示该时间序列在 t 时刻的水平估计值和趋势（斜率）估计值；$\alpha\in[0,1]$ 为水平的平滑参数，$\beta\in[0,1]$ 为趋势的平滑参数。

与简单指数平滑一样，这里的水平方程表明 l_t 是观测值 y_t 和 t 时刻的向前一步训练预测值的加权平均值，这里由 $l_{t-1}+b_{t-1}$ 给出。趋势方程表明，b_t 是基于 l_t-l_{t-1} 和前一个趋势的估计值 b_{t-1} 在 t 时刻的估计值的加权平均值。

这里的预测函数不再平坦，而是有趋势的。向前 h 步预测值等于上一次估计的水平值加上前一个估计的趋势值的 h 倍。因此，预测值是一个关于 h 的线性函数。

11.3.3 Holt-Winters 季节指数平滑

Holt-Winters 季节指数平滑是 Holt 线性趋势法的推广，适合带趋势、季节（周期）性的时间序列。

Holt-Winters 季节性方法包括预测方程和 3 个平滑方程：水平 l_t 、趋势 b_t 、季节性 s_t ，相应的平滑参数分别为 α、β、γ。用 m 表示季节频率，即一年中包含的季节数，比如，季度数据 $m=4$ ，月度数据 $m=12$。

季节性加入模型的方式同样有两种：当季节变化在该时间序列中大致保持不变时，通常选择加法模型；当季节变化与时间序列的水平成比例变化时，通常选择乘法模型。在加法模型中，季节性分量在观测序列的尺度上以绝对值表示，在水平方程中，时间序列通过减去季节分量进行季节性调整，并且每年的季节性分量加起来大约为零。在乘法模型中，季节性分量用相对数（百分比）表示，时间序列通过除以季节性分量来进行季节性调整，并且每年的季节性分量加起来约为 m。

Holt-Winters 加法模型：

$$\begin{aligned}&\hat{y}_{t+h|t}=l_t+hb_t+s_{t-m+h_m^+}\\&l_t=\alpha(y_t-s_{t-m})+(1-\alpha)(l_{t-1}+b_{t-1})\\&b_t=\beta(l_t-l_{t-1})+(1-\beta)b_{t-1}\\&s_t=\gamma(y_t-l_{t-1}-b_{t-1})+(1-\gamma)s_{t-m}\end{aligned}\tag{11.8}$$

其中，k 是 $(h-1)/m$ 的整数部分，这保证了用于预测的季节性指数的估计值来自样本的最后一

期。水平方程表示在 t 时刻，季节性调整的观察值 $y_t - s_{t-m}$ 与非季节性预测值 $(l_{t-1}+b_{t-1})$ 之间的加权平均值。趋势方程与 Holt 线性趋势法相同。季节方程表示当前季节性指数 $(l_{t-1}+b_{t-1})$ 和去年同一季节（即 m 个时间段前）的季节性指数之间的加权平均值。

季节分量的方程通常表示为

$$s_t = \gamma^*(y_t - l_t) + (1-\gamma^*)s_{t-m}$$

如果用平滑方程中的 l_t 代替上述分量形式中的水平，可以得到

$$s_t = \gamma^*(1-\alpha)(y_t - l_{t-1} - b_{t-1}) + [1-\gamma^*(1-\alpha)]s_{t-m}$$

这与原季节分量的平滑方程相同，其中 $\gamma = \gamma^*(1-\alpha)$ 。通常的参数限制是 $\gamma^* \in [0,1]$ ，可以将其转换为 $\gamma \in [0,1-\alpha]$。

Holt-Winters 乘法模型：

$$\begin{aligned} \hat{y}_{t+h|t} &= (l_t + hb_t)s_{t-m+h_m^+} \\ l_t &= \alpha\frac{y_t}{s_{t-m}} + (1-\alpha)(l_{t-1}+b_{t-1}) \\ b_t &= \beta(l_t - l_{t-1}) + (1-\beta)b_{t-1} \\ s_t &= \gamma\frac{y_t}{(l_{t-1}+b_{t-1})} + (1-\gamma)s_{t-m} \end{aligned} \tag{11.9}$$

11.3.4 案例：出口额数据指数平滑建模

上述三种指数平滑法，在 R 中用 HoltWinters() 函数实现，基本格式如下。

```
HoltWinters(x, alpha, beta, gamma, seasonal,
start.periods, l.start, b.start, s.start, ...)
```

其中，

- x 为时间序列对象。
- alpha、beta、gamma 设置是否启用三个平滑参数，不同组合对应三种平滑算法：

- 默认均为 TRUE，Holt-Winters 季节指数平滑；

- gamma=FALSE，Holt 线性指数平滑；

- beta=FALSE, gamma=FALSE，简单指数平滑。

- seasonal，设置加法或乘法的季节性模型（必须与 gamma=TRUE 连用）。
- start.period，用于对 x 的 frequency 自动检测，不能小于 2。
- l.start、b.start、s.start 分别表示启动值、趋势值和季节分量的初始值。

函数 HoltWinters()只给出现有时期的预测值。若要预测未来近期的预测值，需要借助 forecast 包中的 forecast()函数：

```
forecast.HoltWinters(object, h=10, level=c(80, 95),...)
```

其中，object 为函数 HoltWinters()返回的对象；h 指定预测未来多少期；level 指定预测区间的置信水平，默认为 80%和 95%。

继续对出口额数据建立 Holt-Winters 季节模型，R 语言代码如下。

```
hw = HoltWinters(x)
hw
plot(hw)
```

运行结果如下。

```
Holt-Winters exponential smoothing with trend and additive seasonal component.
       Call:  HoltWinters(x = x)
       Smoothing parameters:
                    alpha: 0.2943253
                    beta : 0.005382505
                    gamma: 0.4338321
       Coefficients:
                                [,1]
                    a   1836.519490
                    b      6.543392
                    s1    47.455897
                    s2   140.304820
                    s3   129.084101
                    s4   159.811722
                    s5    57.360021
                    s6   -24.202739
                    s7   255.249960
                    s8   119.116601
                    s9  -218.143986
                    s10 -123.389209
                    s11   -1.658527
                    s12   73.110576
```

图形结果如图 11-5 所示。

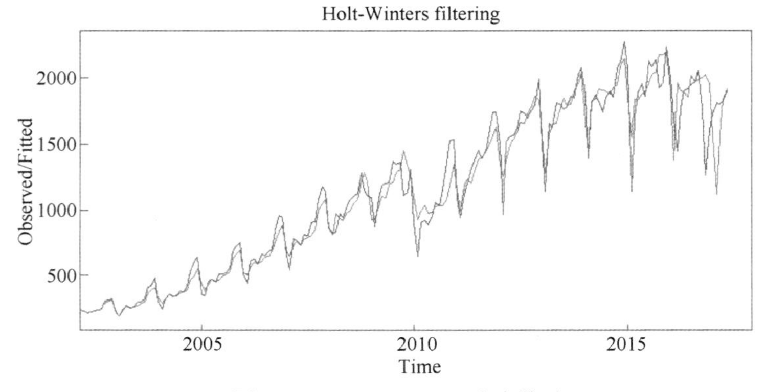

● 图 11-5　Holt-Winters 季节模型

返回了平滑参数，系数中包括水平、趋势和季节组件的估计值。

用 Holt-Winters 季节模型预测未来 5 个月的出口额，并绘图，R 语言代码如下。

```
library(forecast)
pre = forecast(hw, h = 5)
pre
plot(pre)
```

运行结果如下。

```
Point      Forecast  Lo 80    Hi 80    Lo 95    Hi 95
Jun 2017  1890.519  1710.700  2070.338  1615.510  2165.528
Jul 2017  1989.911  1802.385  2177.437  1703.114  2276.708
Aug 2017  1985.234  1790.227  2180.241  1686.996  2283.471
Sep 2017  2022.505  1820.218  2224.792  1713.133  2331.876
Oct 2017  1926.596  1717.209  2135.984  1606.366  2246.827
```

图形结果如图 11-6 所示。

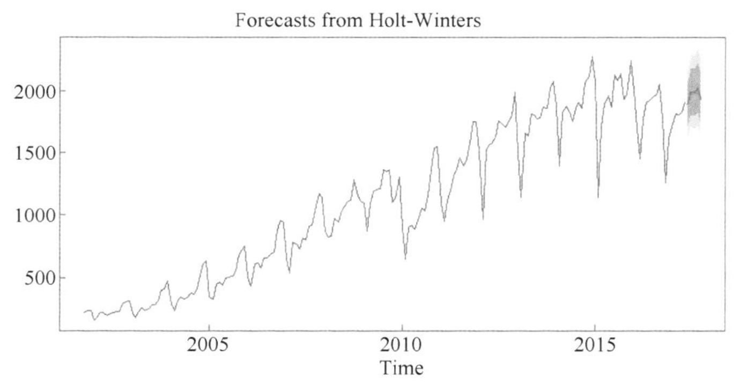

● 图 11-6　Holt-Winters 季节模型预测

11.4 SARIMA 模型

11.4.1 几种典型的随机过程

（1）白噪声过程

若 $E(y_t)=0, \mathrm{Var}(y_t)=\sigma^2<\infty, \mathrm{Cov}(y_t, y_{t+k})=0,\ k\neq 0$，则 $\{y_t: t=1,\cdots,T\}$ 称为白噪声过程。

（2）随机游走过程

若 $y_t = y_{t-1}+\varepsilon_t$，其中 ε_t 为白噪声，则 y_t 称为随机游走过程。

（3）p 阶自回归过程 AR(p)

$$y_t = \phi_0 + \phi_1 y_{t-1} + \cdots \phi_p y_{t-p} + \varepsilon_t \tag{AR}$$

其中，ϕ_i 为自回归参数；ε_t 为白噪声。

记 $\Phi_p(\mathrm{L}) = I - \phi_1 \mathrm{L} - \cdots - \phi_p \mathrm{L}^p$，则 AR($p$)可表示为 $\Phi_p(\mathrm{L}) y_t = \varepsilon_t$。

AR(p)模型的自相关系数具有拖尾性；AR(p)模型的偏自相关系数具有 p 阶截尾性。

（4）q 阶移动平均过程 MA(q)

$$y_t = \varepsilon_t - \theta_1 \varepsilon_{t-1} - \cdots - \theta_q \varepsilon_{t-q} \tag{MA}$$

其中，θ_j 为移动平均参数；ε_t 为白噪声。

记 $\Theta_q(\mathrm{L}) = I - \theta_1 \mathrm{L} - \cdots - \theta_q \mathrm{L}^q$，则 MA($q$)可表示为 $y_t = \Theta_q(\mathrm{L}) \varepsilon_t$。

MA(q)模型的自相关系数具有 q 阶截尾性；MA(q)模型的偏自相关系数具有拖尾性。

11.4.2 从 ARMA 到 SARIMA 模型

1．自回归移动平均模型 ARMA(p,q)

$$y_t = \phi_0 + \phi_1 y_{t-1} + \cdots \phi_p y_{t-p} + \varepsilon_t - \theta_1 \varepsilon_{t-1} - \cdots - \theta_q \varepsilon_{t-q}$$

即由自回归和移动平均两部分共同构成的随机过程，也可表示为

$$\Phi_p(\mathrm{L}) x_t = \Theta_q(\mathrm{L}) \varepsilon_t \tag{ARMA}$$

其中，$\Phi_p(\mathrm{L})$ 和 $\Theta_q(\mathrm{L})$ 分别表示 L 的 p 阶和 q 阶特征多项式。

ARMA(p,q)过程的平稳性只依赖于其自回归部分，即 $\Phi_p(\mathrm{L}) = 0$ 的全部根取值在单位圆之外（绝对值大于 1）。其可逆性则只依赖于移动平均部分，即 $\Theta_q(\mathrm{L})$ 的根取值应在单位圆之外。

注意：ARMA(p,q)模型针对的是均值为 0 的时间序列数据，若非 0，做一次平移（整体减去其样本均值）即可。

对于平稳非白噪声序列，根据样本自相关系数图和偏自相关系数图，利用其性质估计自相关阶数 p 和移动平均阶数 q，称为 ARMA(p,q)模型的定阶。能否正确定阶，是 ARMA 建模成功与否的关键。

有如下两种常用的模型定阶方法。

（1）用 acf()和 pacf()函数绘制自相关图和偏自相关图

按如下原则进行模型定阶：

- 若平稳序列的偏相关系数是拖尾的，且在某阶处落入置信限内，则选择 $p =$ 该阶数。
- 若平稳序列的自相关系数是截尾的，则选择 $q =$ 该截尾阶数。

季节模型定阶也是类似的，只不过看的是季节周期的倍数位置，例如季节周期为 s=12，需要看位置 12, 24, 36,⋯ 若这些位置出现绝对值相当大的峰值并呈振荡式变化，说明有季节性因

素，应采用 SARIMA 模型。

（2）网格搜索+模型评估指标

用网格搜索的方式：分别拟合各阶数（不超过 3 阶）组合的模型，再根据模型评估指标来选出最优模型。

模型评估指标通常采用 AIC 和 SBC 信息准则。

- **AIC 准则（最小信息量准则）或修正的 AICc**

该准则由 Akaike 提出，是一种考评综合最优配置的指标，它是拟合精度和参数未知个数的加权函数：

$$\text{AIC} = -2\ln(\text{模型中极大似然函数值}) + 2(\text{模型中未知参数个数}) \tag{11.10a}$$

修正的 **AIC**：

$$\text{AIC}_c = \text{AIC} + \frac{2 \cdot \text{模型未知参数个数} \cdot (\text{模型未知参数个数} + 1)}{T - (\text{模型未知参数个数} + 1)} \tag{11.10b}$$

- BIC/SBC 准则

AIC 准则未充分考虑样本量的影响会有偏差，Akaike 又提出 BIC 准则，该准则与 Schwartz 根据贝叶斯理论提出的 SBC 准则相同，即将未知参数个数的惩罚权重由常数 2 变成了 $\ln n$：

$$\text{SBC} = -2\ln(\text{模型中极大似然函数值}) + \ln n \cdot (\text{模型中未知参数个数})$$

AIC 或 BIC/SBC 都是越小越好，选择其值达到最小的模型作为最优模型。另外，还可以用软件包提供的自动定阶。

2. 差分自回归移动平均模型 ARIMA(p,d,q)

ARMA(p,q) 模型处理的平稳时间序列，若非平稳时间序列通过 d 阶差分可变成平稳时间序列，接着再用 ARMA(p,q) 模型处理，则整个模型记为 ARIMA(p,d,q) 模型：

$$\Phi_p(\mathrm{L})\Delta^d x_t = \Theta_q(\mathrm{L})\varepsilon_t \tag{ARIMA}$$

建议使用 ARIMA 模型的自动定阶。

3. 季节性时间序列模型 SARIMA(p,d,q)×(P,D,Q)$_s$

有些时间序列数据存在明显的周期性变化，这往往是由于季节性变化（包括季度、月度、周度等变化）或其他一些固有因素引起的，这类序列称为季节性时间序列。比如某地区的气温值序列（每隔一小时取一个观测值）中除了含有以天为周期的变化外，还含有以年为周期的变化。在经济领域中，季节性序列更是随处可见，如季度时间序列、月度时间序列、周度时间序列等。

处理季节性时间序列只用以上介绍的方法是不够的，这就需要季节性时间序列模型，用 SARIMA 表示。

设季节性时间序列的变化周期为 s，即时间间隔为 s 的观测值有相似之处。首先，用季节差分的方法消除周期性变化。季节差分算子定义为

$$\Delta_s^D y_t = (I - \mathrm{L}^s) y_t = y_t - y_{t-s} \tag{11.11a}$$

对于非平稳季节性时间序列，有时需要进行 D 次季节差分之后才能转换为平稳的序列。在此基础上可以建立关于周期为 s 的 P 阶自回归 Q 阶移动平均季节时间序列模型（注意当 P、Q 等于 2 时，滞后算子应为 $(\mathrm{L}^s)^2 = \mathrm{L}^{2s}$ ）：

$$\mathrm{A}_P(\mathrm{L}^s)\Delta_s^D y_t = \mathrm{B}_Q(\mathrm{L}^s)u_t \tag{11.11b}$$

对于上述模型，相当于假定 u_t 是平稳的、非自相关的。当 u_t 非平稳且存在 ARMA 成分时，则可以把 u_t 描述为

$$\Phi_p(\mathrm{L})\Delta^d u_t = \Theta_q(\mathrm{L})\varepsilon_t \tag{11.11c}$$

其中，ε_t 为白噪声过程；p、q 分别表示非季节自回归、移动平均算子的最大阶数；d 表示 u_t 的一阶（非季节）差分次数。由式（11.11c），得

$$u_t = \Phi_p^{-1}(\mathrm{L})\Delta^{-d}\Theta_q(\mathrm{L})\varepsilon_t$$

将上式代入式（11.11b），于是得到季节性时间序列模型的一般表达式：

$$\Phi_p(\mathrm{L})\mathrm{A}_P(\mathrm{L}^s)\Delta^d\Delta_s^D y_t = \Theta_q(\mathrm{L})\mathrm{B}_Q(\mathrm{L}^s)\varepsilon_t \tag{SARIMA}$$

其中，下标 P、Q、p、q 分别表示季节与非季节自回归、移动平均算子的最大滞后阶数；D、d 分别表示季节和非季节性差分次数。上式称作 $(p,\ d,\ q)\times(P,\ D,\ Q)_s$ 阶季节性时间序列模型。

保证 $\Delta^d\Delta_s^D y_t$ 具有平稳性的条件是 $\Phi_p(\mathrm{L})\phi_P(\mathrm{L}^s)=0$ 的根在单位圆外，保证 $\Delta^d\Delta_s^D y_t$ 具有可逆性的条件是 $\Theta_q(\mathrm{L})\theta_Q(\mathrm{L}^s)=0$ 的根在单位圆外。

当 $P=D=Q=0$ 时，SARIMA 模型退化为 ARIMA 模型，故 ARIMA 模型是 SARIMA 模型的特例。

例如，$(1,\ 1,\ 1)\times(1,\ 1,\ 1)_{12}$ 阶月度 SARIMA 模型表示为

$$(I-\phi_1\mathrm{L})(I-\alpha_1\mathrm{L}^{12})(I-\mathrm{L})(I-\mathrm{L}^{12})y_t = (I+\theta_1\mathrm{L})(I+\beta_1\mathrm{L}^{12})\varepsilon_t$$

$\Delta\Delta_{12}y_t$ 具有平稳性的条件是 $|\phi_1|<1$，$|\alpha_1|<1$，$\Delta\Delta_{12}y_t$ 具有可逆性的条件是 $|\theta_1|<1$，$|\beta_1|<1$。

对季节时间序列模型的季节阶数（即周期长度 s ）的识别，可以通过对实际问题的分析、时间序列图以及时间序列的相关图和偏相关图分析得到。

以相关图和偏相关图为例，如果相关图和偏相关图不是呈线性衰减趋势，而是在变化周期的整倍数时刻出现绝对值相当大的峰值并呈振荡式变化，就可以认为该时间序列可以用 SARIMA 模型描述。

建立 SARIMA 模型的步骤：

1）首先要确定 d 与 D。通过差分和季节差分把原序列变换为一个平稳的序列，令

$$x_t = \Delta^d\Delta_s^D y_t$$

2）然后用 x_t 建立模型。

注意：用对数的季节时间序列数据建模时通常 D 不会大于 1，P 和 Q 不会大于 3；季节时

间序列模型参数的估计、检验与前面介绍的估计、检验方法相同。利用乘积季节模型预测也与上面介绍的预测方法类似。

对于 SARIMA 模型的定阶，仍是更建议使用自动定阶。

11.4.3 案例：出口额数据 SARIMA 建模

继续对出口额数据建立 SARIMA 模型。

（1）先尝试自己模型定阶

原数据 x 是非平稳的，取对数后，作为建模数据，再做一阶差分，得到 xs 数据是平稳的，故 $d=1$。

用 acf() 和 pacf() 函数绘制自相关系数图和偏自相关系数图，参数 lag.max 用来设置绘制多少时期，plot 用来设置是绘图还是计算自相关系数，R 语言代码如下。

```
acf(xs, lag.max = 40, plot = TRUE)
pacf(xs, lag.max = 40, plot = TRUE)
```

得到自相关系数图和偏自相关系数图分别如图 11-7、图 11-8 所示。

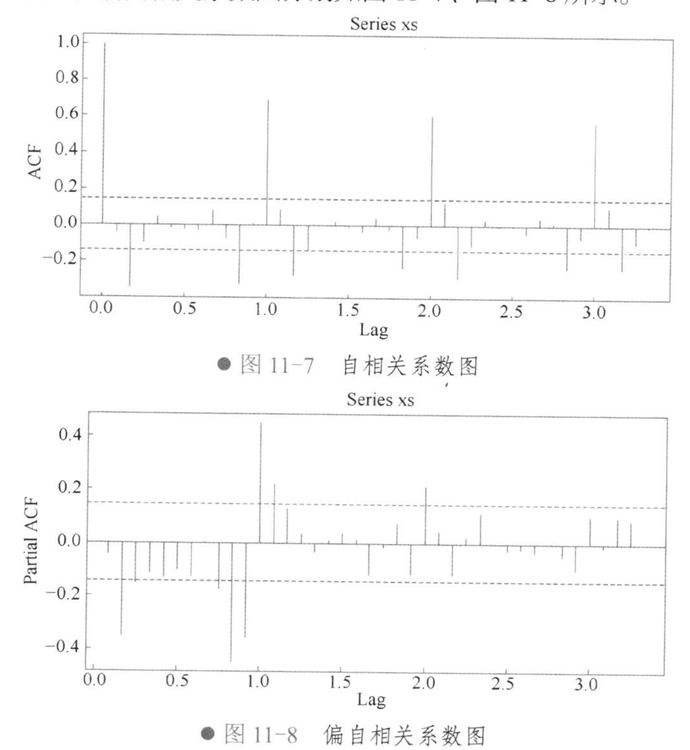

● 图 11-7　自相关系数图

● 图 11-8　偏自相关系数图

两条虚线是置信限，落入置信限内就是近似为 0。

偏 ACF 值是拖尾的，并在 2 阶后落入置信限内，故选择 $p=2$ 。

ACF 值是截尾的，并在 1 阶后迅速跌入置信限内，故选择 $q=1$ 。

故确定 ARIMA 模型的阶数为 $(2,1,1)$ 。

对于季节性部分，偏 ACF 值在 12、24 处落在置信限外，在 36 处落入置信限内，故选择 $P=2$ ；ACF 值在 12 处较大，之后的 24、36 处基本平稳，故选择 $Q=1$ ；又因为需要做一次周期为 12 的季节差分，故 $D=1$ 。从而确定季节模型阶数为 $(2,1,1)_{12}$ 。

（2）模型自动定阶

forcast 包中的 auto.arima()函数可以自动根据 AICc 值最小原则确定最优的阶数值：p、d、q、P、D、Q 以及周期 m，R 语言代码如下。

```
auto.arima(xs)
```

运行结果（部分）如下。

```
Series: log(x)   ARIMA(0,1,2)(0,1,1)[12]
```

故最优模型为 SARIMA$(0,1,2)(0,1,1)_{12}$，同时还给出该最优模型的结果。

（3）SARIMA 建模

使用 forcast 包中的 Arima()函数，R 语言代码如下。

```
Arima(y, order=c(p,d,q), seasonal=c(P,D,Q), period, method, xreg, include.mean, include.drift, ...)
```

其中，y 为时间序列对象；

order 指定 ARIMA 模型的三个参数 p、d、q；

seasonal 为模型的季节性参数 P、D、Q；

period 为观测值序列的周期 m；

method 指定估计模型参数所使用的方法：最大似然法、条件最小二乘法；

xreg 可选，设置影响时间序列的回归自变量、向量或矩阵必须与 y 的行数相同；

include.mean 设置模型是否包含均值项，默认为 TRUE；

include.drift 设置模型是否包含线性截距项（即拟合出具有 ARIMA 误差的线性回归），默认为 FALSE。

按自动定阶的结果建立 SARIMA 模型，R 语言代码如下。

```
mdl = Arima(log(x), order = c(0,1,2),
            seasonal = list(order = c(0,1,1), period = 12))
mdl
```

运行结果如下。

```
   Series: log(x)  ARIMA(0,1,2)(0,1,1)[12]
   Coefficients:
        ma1       ma2     sma1
      -0.3931  -0.2124  -0.5872
 s.e.   0.0722   0.0731   0.0772
```

```
    sigma^2 estimated as 0.0103:  log likelihood=150.83
AIC=-293.66   AICc=-293.42   BIC=-281
```

SARIMA$(p,d,q)\times(P,D,Q)_s$ 模型与结果系数的对应关系为

$$(I-\underset{\text{ar1}}{\underline{\phi_1}}\mathrm{L}-\cdots-\underset{\text{arp}}{\underline{\phi_p}}\mathrm{L}^p)(I-\underset{\text{sar1}}{\underline{\alpha_1}}\mathrm{L}^s)(\underset{\text{d=1}}{\underline{I-\mathrm{L}}})(\underset{\text{D=1}}{\underline{I-\mathrm{L}^s}})(x_t-\underset{\text{intercept}}{\underline{\mu}})=(I+\underset{\text{ma1}}{\underline{\theta_1}}\mathrm{L}+\cdots+\underset{\text{maq}}{\underline{\theta_q}}\mathrm{L}^q)(1+\underset{\text{sma1}}{\underline{\beta_1}}\mathrm{L}^s)\varepsilon_t \tag{11.12}$$

故得到的拟合模型为

$$(I-\mathrm{L})(I-\mathrm{L}^{12})\log(x_t)=(I-0.3931\mathrm{L}-0.2124\mathrm{L}^2)(1-0.5872\mathrm{L}^{12})\varepsilon_t$$

（4）模型检验

检验残差序列是否是白噪声，是否具有自相关性，R 语言代码如下。

```
plot(mdl$residuals)                          # 绘制残差图
acf(mdl$residuals,lag.max = 30)              # 残差自相关性图
Box.test(mdl$residuals, lag = 24, type = "Ljung-Box")
```

运行结果如下。

```
Box-Ljung test
        data:  mdl$residuals
             X-squared = 19.865, df = 24, p-value = 0.7044
```

图形结果如图 11-9、图 11-10 所示。

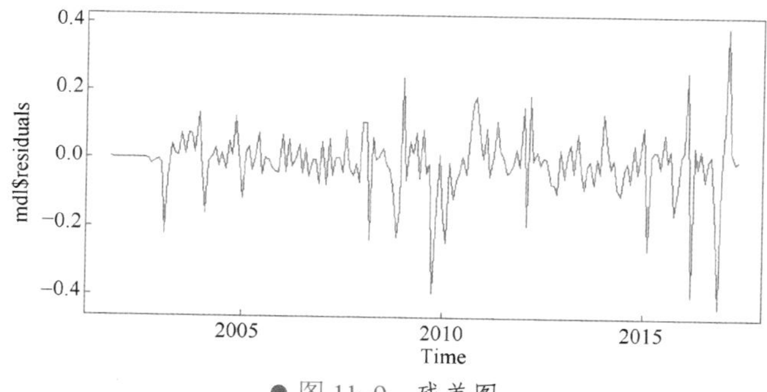

● 图 11-9　残差图

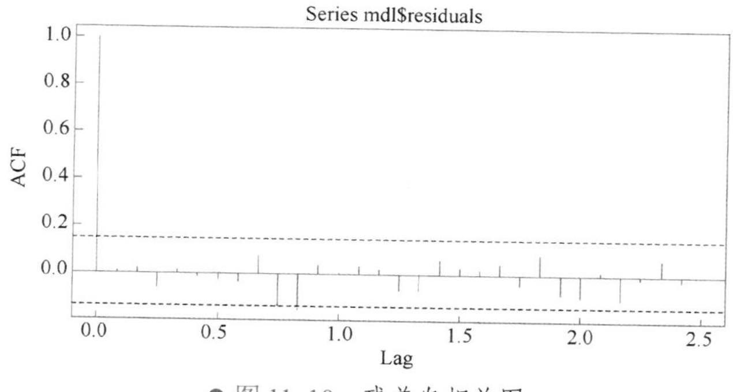

● 图 11-10　残差自相关图

可见，残差是在 0 附近随机、小方差地出现；自相关图中的残差都落在置信限内（近似为 0）；残差白噪声检验 p 值 = 0.7044 > 0.05，故接受原假设：是白噪声。这就表明，建模成功。

（5）模型预测

使用 forcast 包中的 forcast()函数预测未来 5 个月的出口额，R 语言代码如下。

```
pre = forecast(mdl, h = 5)
pre
plot(pre)
```

运行结果如下。

```
  Point    Forecast    Lo 80     Hi 80     Lo 95     Hi 95
Jun 2017  7.545089  7.415012  7.675167  7.346153  7.744025
Jul 201   7.599841  7.447685  7.751996  7.367139  7.832542
Aug 2017  7.600987  7.440412  7.761562  7.355409  7.846565
Sep 2017  7.627372  7.458797  7.795946  7.369560  7.885184
Oct 2017  7.562701  7.386490  7.738912  7.293209  7.832193
```

图形结果如图 11-11 所示。

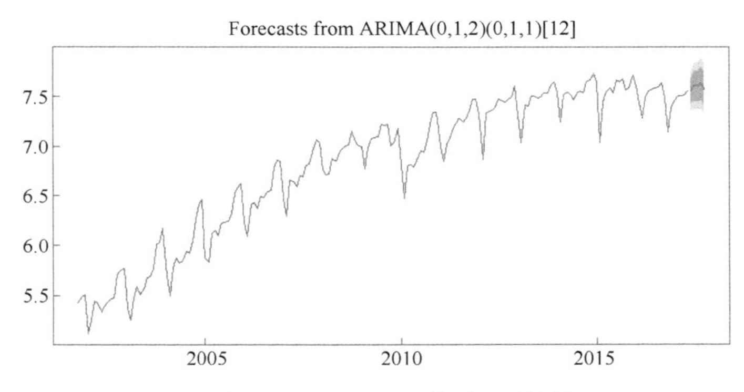

● 图 11-11　SARIMA 模型预测效果

注意：这里是用原数据取对数后的数据来建的模，所以图 11-11 展示的是取对数后的原数据+取对数预测结果。

回到原数据级别的预测，R 语言代码如下。

```
exp(pre$mean)
```

运行结果如下。

```
          Jun      Jul      Aug      Sep      Oct
2017 1891.431 1997.877 2000.169 2053.646 1925.038
```

实际上，建模函数 Arima() 还提供了 lambda 参数，若取 lambda = "auto"，则无须对原数据进行取对数变换，而会自动选用 BoxCox.lambda 对原数据做 Box-Cox 变换，再建模，这样最后的预测值也自动是原数据级别。

实际上，最简单的 SARIMA 建模方式是直接使用 auto.arima() 函数，无须转化为平稳序列，无须模型定阶，R 语言代码如下。

```
mdl = auto.arima(x, lambda = "auto")
```

11.5 GARCH 模型

ARIMA 模型是对均值建模，它假定残差方差相等，但残差序列也可能具有异方差性（ARCH 检验）。对于简单、有规律的异方差（比如方差越来越大），只要对原序列取对数就可以解决，而更复杂的异方差就需要对异方差进行建模，这就是 **GARCH** 模型，即广义自回归条件异方差模型，它是对方差建模。

金融数据关心的除了资产价格、收益率，就是资产波动率（volatility）。资产波动率指的是资产价格的波动强弱程度，可用来度量度量资产的风险。波动率是期权定价和资产分配的关键因素。波动率对计算风险管理中的 VaR（风险值）有重要作用。GARCH 模型，也称为波动率模型，被广泛地应用于金融时间序列分析。

11.5.1 金融时间序列的异方差性

金融时间序列无恒定均值（非平稳性），呈现出阶段性的相对平稳的同时，往往伴随着剧烈的波动性；具有明显的异方差（方差随时间变化而变化）特征。

- 尖峰厚尾：金融资产收益呈现厚尾和在均值处呈现过渡波峰；
- 波动丛聚性：金融市场的波动往往呈现簇状倾向，即波动的当期水平往往与它最近的前些时期水平存在正相关关系；
- 杠杆效应：指价格大幅度下降后往往会出现同样幅度价格上升的倾向。

因此，线性回归模型和传统的时间序列模型并不能很好地解释金融时间序列数据。

本节用 Intel 公司股票从 1973 年 1 月到 2009 年 12 月的月收益率数据来演示。先读入数据，并查看前 6 行，R 语言代码如下。

```
df = read.table("m-intcsp7309.txt", header = TRUE)
head(df)
```

运行结果如下。

```
      date       intc        sp
1 19730131  0.010050 -0.017111
2 19730228 -0.139303 -0.037490
3 19730330  0.069364 -0.001433
```

```
4 19730430  0.086486 -0.040800
5 19730531 -0.104478 -0.018884
6 19730629  0.133333 -0.006575
```

intc 列是月收益率，可以将其转化为对数收益率，再创建为时间序列对象，并绘制时序图，R 语言代码如下。

```
intc = log(df$intc + 1)                                  # 对数收益率
rtn = ts(intc, frequency = 12, start = c(1973,1))        # 转化为时间序列
plot(rtn, xlab = "year", ylab = "ln-rtn")                # 绘制时序图
```

图形结果如图 11-12 所示。

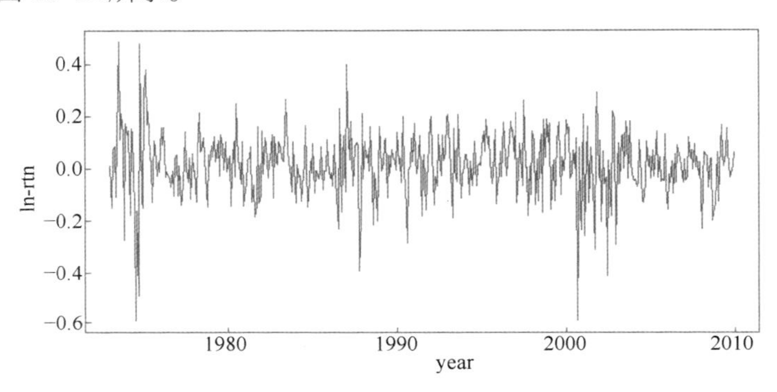

● 图 11-12　金融时间序列特点

11.5.2　GARCH 族模型

1982 年，R. Engle 在研究英国通货膨胀率序列规律时提出 ARCH(p) 模型，其核心思想是残差项的条件方差依赖于它的前期值的大小。

考虑 k 个变量的回归模型

$$y_t = \gamma_0 + \gamma_1 x_{1t} + \cdots + \gamma_k x_{kt} + \varepsilon_t \tag{11.13}$$

若残差项的均值为 0，对 y_t 取基于 $t-1$ 时刻信息的期望：

$$E_{t-1}(y_t) = \gamma_0 + \gamma_1 x_{1t} + \cdots + \gamma_k x_{kt}$$

该模型中，y_t 的无条件方差是固定的。但考虑 y_t 的条件方差：

$$\mathrm{Var}(y_t | Y_{t-1}) = E_{t-1}(y_t - \gamma_0 - \gamma_1 x_{1t} - \cdots - \gamma_k x_{kt})^2 = E_{t-1}\varepsilon_t^2$$

其中，$\mathrm{Var}(y_t | Y_{t-1})$ 表示基于 $t-1$ 时刻信息 Y_{t-1} 的 y_t 的条件方差，若残差项存在自回归结构，则 y_t 的条件方差不固定。

假设在前 p 期信息的条件下，残差项平方服从 AR(p)模型：

$$\varepsilon_t^2 = \omega + \alpha_1 \varepsilon_{t-1}^2 + \cdots + \alpha_p \varepsilon_{t-p}^2 + v_t$$

其中，v_t 是均值为 0、方差为 σ_v^2 的白噪声序列，则残差项服从条件正态分布：

$$\varepsilon_t \sim N(0, \omega + \alpha_1 \varepsilon_{t-1}^2 + \cdots + \alpha_p \varepsilon_{t-p}^2)$$

残差项的条件方差：

$$\operatorname{Var}(\varepsilon_t) = \sigma_t^2 = \omega + \alpha_1 \varepsilon_{t-1}^2 + \cdots + \alpha_p \varepsilon_{t-p}^2 \tag{11.14}$$

由两部分组成：

- 常数项 ω。
- ARCH 项——变动信息，前 p 期的残差平方和 $\sum_{i=1}^{p} \alpha_i \varepsilon_{t-i}^2$。

注意：未知参数 $\alpha_0, \alpha_1, \cdots, \alpha_p$ 和 $\gamma_0, \gamma_1, \cdots, \gamma_k$ 利用极大似然估计法估计。

方差非负性要求 $\alpha_0, \alpha_1, \cdots, \alpha_p$ 都非负。为了使协方差平稳，需进一步要求特征方程

$$1 - \alpha_1 z - \cdots - \alpha_p z^p = 0$$

的根都位于单位圆外。若 α_i 都非负，上式等价于 $\alpha_1 + \cdots + \alpha_p < 1$。

注意：若扰动项的条件方差不存在自相关，则有 $\alpha_1 = \cdots = \alpha_p = 0$，此时 $\operatorname{Var}(\varepsilon_t) = \alpha_0$，即残差的条件方差是同方差（不存在异方差）情形。

在实际应用中，为了得到较好的拟合效果，ARCH(p)模型往往需要很大的阶数 p，这样就增加了待估参数个数，引发多重共线性和非限制估计，从而违背非负性要求。

1986 年，Bollerslev 在 ARCH 模型基础上对方差的表现形式进行了线性扩展，得到 GARCH(p,q) 模型，其条件异方差表示为

$$\operatorname{Var}(\varepsilon_t) = \sigma_t^2 = \omega + \sum_{i=1}^{p} \alpha_i \varepsilon_{t-i}^2 + \sum_{i=1}^{q} \beta_i \sigma_{t-i}^2 \tag{11.15}$$

它由三项组成：

- 常数项 ω。
- ARCH 项。
- GARCH 项——前 q 期预测方差 $\sum_{i=1}^{p} \beta_i \sigma_{t-i}^2$。

注意：未知参数用极大似然法估计，通常残差的假设分布有正态分布、t 分布、广义误差分布；该模型也要求 α_i、β_i 非负；若要求是平稳过程，需要限制 $\sum_{i=1}^{p} \alpha_i + \sum_{i=1}^{p} \beta_i < 1$。实际上，GARCH($p$,$q$) 模型是将残差平方用 ARMA($q$,$p$) 模型描述。

一般风险越大，预期收益就越大。在回归模型中加入一项“利用条件方差表示的预期风

险”，就得到 GARCH-M 模型：

$$y_t = x_t\gamma + \rho\sigma_t^2 + \varepsilon_t$$

$$\sigma_t^2 = \omega + \sum_{i=1}^{p}\alpha_i\varepsilon_{t-i}^2 + \sum_{i=1}^{q}\beta_i\sigma_{t-i}^2$$

另外，还有非对称冲击模型：IGARCH、EGARCH、TGARCH、APARCH 等，统称为 GARCH 族模型。

11.5.3 案例：Intel 股票数据 GARCH 建模

1．检验 ARCH 效应

使用 Intel 股票数据，首先需要检验模型残差是否具有 ARCH 效应。

通常是用 $y_t = r_t - \bar{r}$ 来检验 ARCH 效应，其中 r 为的时间序列的均值，则 y_t 是 ε_t 的估计。

可用 LM（拉格朗日乘数）ARCH 效应检验，原假设为 H_0：残差序列直到 p 阶都不存在 ARCH 效应。

检验函数来自 Ruey S. Tsay，R 语言代码如下。

```
archTest = function(x, m = 10) {
# 拉格朗日乘数法检验 ARCH 效应， x 为中心化的时间序列， m 为检验的自回归阶数
y = (x - mean(x))^2
T = length(x)
atsq = y[(m+1):T]
xmat = matrix(0, T-m, m)
for (j in 1:m) {
   xmat[,j] = y[(m+1-j):(T-j)]
}
lmres = lm(atsq ~ xmat)
summary(lmres)}
```

先运行一遍该函数代码，才能接着使用它，R 语言代码如下。

```
y = rtn - mean(rtn)
archTest(y, 12)
```

运行结果（部分）如下。

```
F-statistic: 4.978 on 12 and 419 DF,  p-value: 9.742e-08
```

p 值远小于 0.05，拒绝原假设，这表明有很强的 ARCH 效应。

2．构建 GARCH 模型

用 fGarch 包中的 garchFit()函数拟合 GARCH 模型，基本格式为

```
garchFit(formula, data, cond.dist, include.mean = TRUE, trace = TRUE, ...)
```

其中，formula 用来设置模型公式，可以包含均值建模的 ARMA 部分和对方差建模的 GARCH 部分，比如～arma(2,1)+garch(1,1)，若只构建 GARCH 模型则用～garch(1,1)；

data 为时间序列数据；

cond.dist 用来设置条件分布的类型，可选 "norm", "snorm", "ged", "sged", "std", "sstd", "snig", "QMLE"；

include.mean 用来设置是否估计均值参数，默认为 TRUE；

trace 用来设置是否输出参数优化的过程，默认为 TRUE。

下面构建 GARCH(1,1) 模型，默认条件分布类型是正态分布，用 trace = FALSE 禁止输出参数优化过程，R 语言代码如下。

```
library(fGarch)
mdl = garchFit(~ garch(1,1), data = intc, trace = FALSE)
summary(mdl)
```

运行结果（部分）如下。

```
    Conditional Distribution:   norm
    Coefficient(s):
           mu          omega        alpha1       beta1
      0.01126568  0.00091902  0.08643831  0.85258554
    Std. Errors:    based on Hessian
    Error Analysis:
           Estimate    Std. Error   t value    Pr(>|t|)
mu        0.0112657    0.0053931     2.089    0.03672 *
omega     0.0009190    0.0003888     2.364    0.01808 *
alpha1    0.0864383    0.0265439     3.256    0.00113 **
beta1     0.8525855    0.0394322    21.622   < 2e-16 ***
---
Signif. codes:  0 '***' 0.001 '**' 0.01 '*' 0.05 '.' 0.1 ' ' 1
    Log Likelihood:    312.3307    normalized:  0.7034475
    Standardised Residuals Tests:
                                    Statistic       p-Value
Jarque-Bera Test  R    Chi^2        174.904         0
Shapiro-Wilk Test  R    W          0.9709615      1.030282e-07
Ljung-Box Test  R     Q(10)        8.016844       0.6271916
Ljung-Box Test  R     Q(15)        15.5006        0.4159946
Ljung-Box Test  R     Q(20)        16.41549       0.6905368
Ljung-Box Test  R^2  Q(10)        0.8746345      0.9999072
Ljung-Box Test  R^2  Q(15)        11.35935       0.7267295
Ljung-Box Test  R^2  Q(20)        12.55994       0.8954573
LM Arch Test    R     TR^2         10.51401       0.5709617
     Information Criterion Statistics:
        AIC          BIC          SIC          HQIC
     -1.388877    -1.351978    -1.389037    -1.374326
```

根据回归系数的估计，可以写出回归模型为

$$r_t = 0.0113 + \varepsilon_t, \quad \varepsilon_t = \sigma_t v_t, \quad v_t \sim N(0,1)$$
$$\sigma_t^2 = 0.00092 + 0.0864\varepsilon_{t-1}^2 + 0.8526\sigma_{t-1}^2$$

各回归系数在 0.05 显著水平下都是显著的，σ_t^2 对过去的依赖主要来源于 $\beta_1 = 0.8526$。

除正态性检验外，标准化残差及其平方的白噪声检验均通过，模型残差的 LM ARCH 效应检验表明，不再具有 ARCH 效应。

这说明该 GARCH(1,1) 模型对拟合是充分的，模型的 AIC=−1.3889。

注意：**也可以用网格遍历法，针对不同低阶数组合拟合多个模型，选择 AIC 值最小的作为最优模型，当然在模型没有显著差异的情况下，应该选择阶数更低的模型。**

输出标准化残差检验的图，R 语言代码如下。

```
plot(mdl, which = 9)      # 标准化残差图
plot(mdl, which = 10)     # 标准化残差的 ACF 图
plot(mdl, which = 11)     # 标准化残差平方的 ACF 图
```

图形结果如图 11-13、图 11-14、图 11-15 所示。

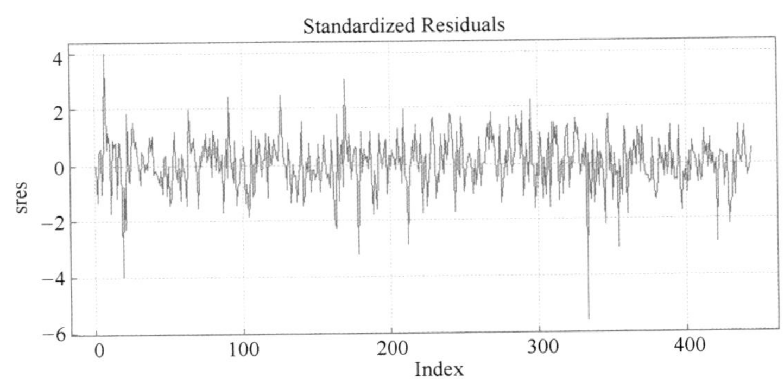

● 图 11-13　标准化残差图

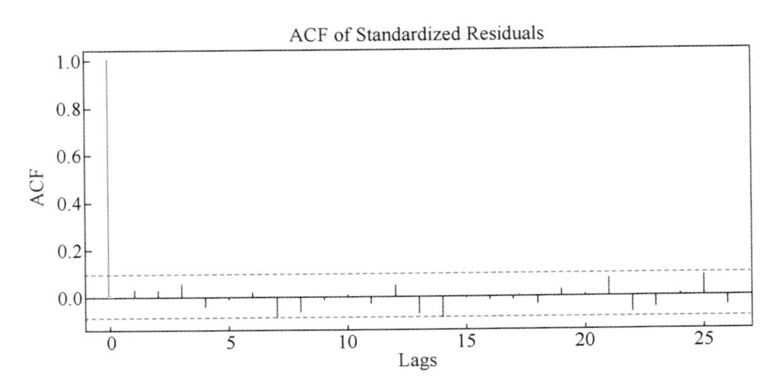

● 图 11-14　标准化残差的 ACF

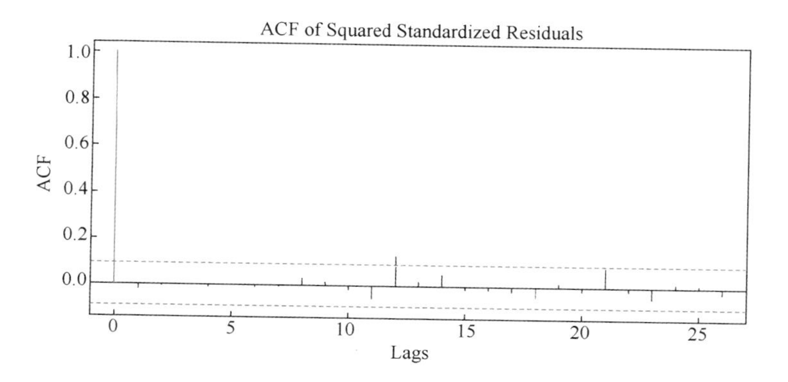

● 图 11-15　标准化残差平方的 ACF

这些残差检验结果表明模型是成功的。

波动率有两种方式，可以通过参数 type 选择，R 语言代码如下。

```
volatility(mdl, type = "sigma")    # 条件标准差
volatility(mdl, type = "h")        # 条件方差
```

结果略。

绘制条件标准差图，R 语言代码如下。

```
plot(mdl, which = 2)
```

图形结果如图 11-16 所示。

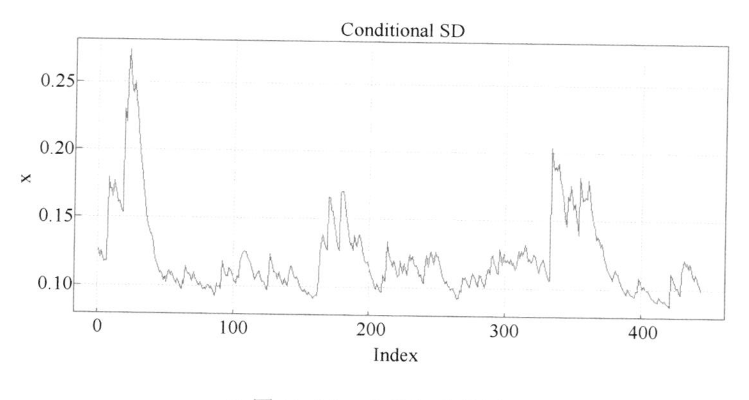

● 图 11-16　条件标准差图

fGarch 包提供了 plot()函数用于 GARCH 模型结果对象的绘图，用参数 which 选择想要绘制的图形。

绘制原序列叠加 2 倍条件标准差图，R 语言代码如下。

```
plot(mdl, which = 3)
```

图形结果如图 11-17 所示。

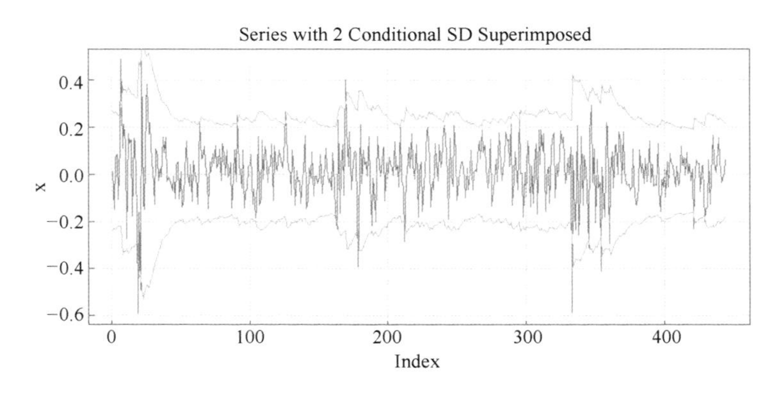

图 11-17　原序列叠加 2 倍条件标准差图

虚的波浪线可作为 rt 近似 95%置信区间，可见，对数收益率的取值基本都在预测区间之内。

3. 模型预测

fGarch 包提供了 predict()函数，做预测并绘图，参数 n.ahead 用来设置预测未来几期，mse = "cond" 或 "uncond" 用来设置计算条件还是无条件均值标准误，R 语言代码如下。

```
predict(mdl, n.ahead = 10, mse = "cond", plot = TRUE)
```

运行结果如下。

```
   meanForecast meanError   standardDeviation lowerInterval upperInterval
1  0.01126568   0.09754454  0.09754454        -0.1799181    0.2024495
2  0.01126568   0.09926616  0.09926616        -0.1832924    0.2058238
3  0.01126568   0.10085604  0.10085604        -0.1864085    0.2089399
4  0.01126568   0.10232650  0.10232650        -0.1892906    0.2118219
5  0.01126568   0.10368830  0.10368830        -0.1919597    0.2144910
6  0.01126568   0.10495099  0.10495099        -0.1944345    0.2169658
7  0.01126568   0.10612300  0.10612300        -0.1967316    0.2192629
8  0.01126568   0.10721189  0.10721189        -0.1988658    0.2213971
9  0.01126568   0.10822440  0.10822440        -0.2008503    0.2233816
10 0.01126568   0.10916663  0.10916663        -0.2026970    0.2252283
```

图形结果如图 11-18 所示。

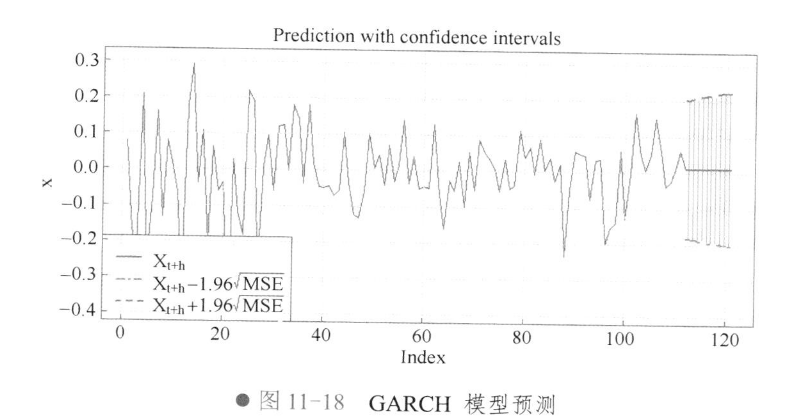

● 图 11-18　GARCH 模型预测

注意：fGarch 包支持多种 GARCH 族模型，也支持 ARMA+GARCH 同时对均值和方差建模。

思考题 11

1. 从国家统计局网站下载某经济指标的最新月度或年度数据，至少用两种不同的方法进行时间序列建模。

2. 从股票网站下载股票数据，尝试对金融时间序列构建 GARCH 模型。

附　　录

附录A　MATLAB 编程简单语法

MATLAB 的符号数学工具箱支持数值计算和符号计算。数值计算是利用双精度或可变精度以浮点形式表示数；而符号计算是以其精确形式表示数。

A.1　双精度计算

MATLAB 中的数值计算默认是以双精度，例如，计算表达式：

```
x = 10001 / 1001
y = pi
z = sqrt(2)
```

运行结果如下。

```
x =  9.9910
y =  3.1416
z =  1.4142
```

用 double() 函数可将符号值转化为双精度。

A.2　可变精度计算

建议用 vpa()函数进行可变精度计算，可设定有效数字位数，默认是 32 位。

```
vpa(10001 / 1001)
vpa(10001 / 1001, 8)
```

运行结果如下。

```
ans = 9.991008991008991008991008991009
ans = 9.991009
```

A.3 符号计算

用 sym()函数和 syms 做精确符号计算。进行符号计算时，涉及的数和变量都是以精确形式。

（1）用 sym()创建符号数

例如，以符号形式表示无理数 π 和 $\sqrt{2}$ 。

```
x = sym(pi)
y = sqrt(sym(2))
```

运行结果如下。

```
x = pi
y = 2^(1/2)
```

（2）大数计算

如果一个数大于双精度支持的最大值 flintmax(9.0072e+15)，仍用双精度计算就会损失精度。

用 sym()可将大数以字符向量形式声明为精确的符号数：

```
Z = 80435758145817515
Z1 = sym(80435758145817515)
Z2 = sym('80435758145817515')
sym('3')^100
```

运行结果如下。

```
Z =  8.0436e+16
Z1 = 80435758145817520
Z2 = 80435758145817515
ans = 515377520732011331036461129765621272702107522001
```

（3）求数学方程解析解

先用 syms 声明符号变量，然后定义符号方程，再用 solve()函数求解析解：

```
syms a b c x
eqn = a*x^2 + b*x + c == 0;        % 注意方程中的“=”要用“==”
sols = solve(eqn, x)
```

运行结果如下。

```
sols =  -(b + (b^2 - 4*a*c)^(1/2))/(2*a)
        -(b - (b^2 - 4*a*c)^(1/2))/(2*a)
```

得到的解是两个符号表达式构成的向量，要代入具体数值做计算，用 subs()函数。比如，代入 a=1, b=4, c=2：

```
solsSym = subs(sols,[a b c],[1 4 2])
```

运行结果如下。

```
solsSym = - 8^(1/2)/2 - 2
            8^(1/2)/2 - 2
```

此时，仍是精确符号解，需要转化为双精度或可变精度的浮点数：

```
solsDouble = double(solsSym)
digits(10);                              % 设置全局有效数字位数
solsVpa = vpa(solsSym)
```

运行结果如下。

```
solsDouble = -3.4142
              -0.5858
solsVpa = -3.414213562
           -0.5857864376
```

A.4 匿名函数

MATLAB 中的自定义函数，一般形式是

```
function [y1, y2] = fun_name(x1, x2, …)
    函数体
end
```

如果是简单的函数也这样定义一番，就显得过于烦琐了。因此，MATLAB 提供了匿名函数来简化自定义函数。匿名函数的基本语法是

```
fun_name = @(x, y) 用x,y构造的函数表达式
```

例如，要实现计算圆柱体的体积 V，需要两个输入：底圆半径 r 和高 h，计算公式是 $V = \pi r^2 h$，定义为匿名函数：

```
V_cylinder = @(r, h) pi * r^2 * h
```

使用该匿名函数计算底圆半径为 2、高为 3 的圆柱体积：

```
V_cylinder(2,3)   % 结果 ans = 37.6991
```

A.5 符号函数绘图

MATLAB 中的函数绘图通常是用数值形式绘图：

```
t = 0:0.01:4*pi;
plot(t, sin(t), 'b.')
```

数值形式绘制的正弦函数图形结果如图 A-1 所示。

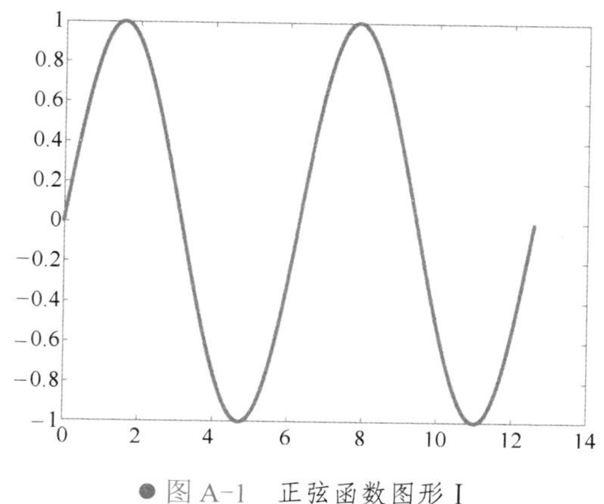

● 图 A-1　正弦函数图形 I

MATLAB 也支持直接对符号函数（解析表达式）绘图。

```
syms x
fplot(sin(x), [0,4*pi])
% 或者直接用 fplot(@(x) sin(x), [0, 4*pi])
```

符号函数绘制的正弦函数图形结果如图 A-2 所示。

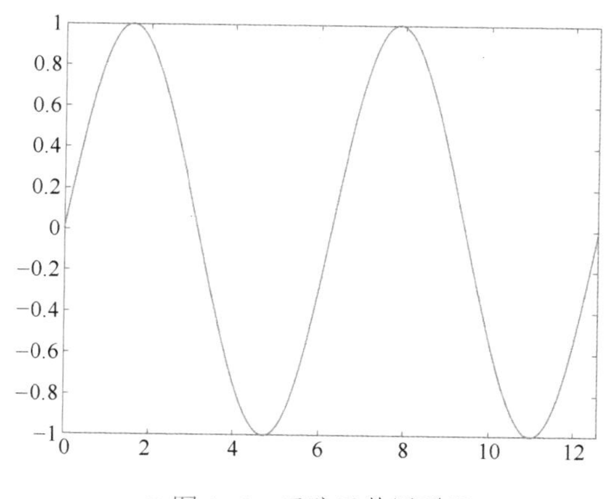

● 图 A-2　正弦函数图形 II

```
syms x y
fimplicit(x^2 + y^2 == 25, [-6 6])
axis square
```

符号函数绘制的圆周图形结果如图 A-3 所示。

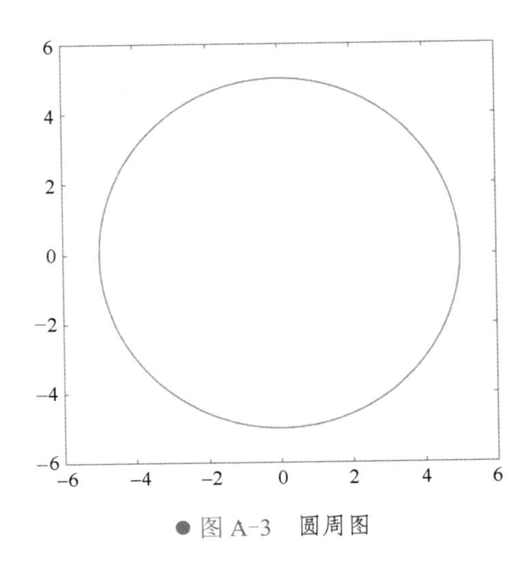

● 图 A-3 圆周图

更的数学课程中的各种符号计算，如求导、求积分、泰勒展开等，可参阅帮助文档。

A.6 元胞数组

矩阵只适合存放和处理若干相同类型的数据，要想同时存放和处理多种类型的数据就需要用元胞数组。

（1）元胞数组的创建

用“{ }”来创建，以区别创建矩阵的“[ ]”。

● 赋值语句创建

```
a = {'hello' [1 2 3; 4 5 6]; 1 {'1' '2'}}
% 创建 2×2 的元胞数组，
% 同行元素间用“,” 或空格隔开
% 行与行间用“;”隔开
% 第 1 行第 1 列的元胞，存放字符串'hello'
% 第 1 行第 2 列的元胞，存放一个 2×3 矩阵
% 第 2 行第 1 列的元胞，存放数 1
% 第 2 行第 2 列的元胞，存放 1×2 元胞数组
```

● 对元胞数组各元胞一一赋值

例如（1）中的元胞数组 a 也可以这样创建：

```
a{1,1} = 'hello';
a{1,2} = [1 2 3; 4 5 6];
a{2,1} = 1;
a{2,2} =  {'1' '2'};
```

● 用 cell( )函数创建

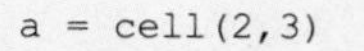

```
a = cell(2,3)        % 生成 2×3 的空元胞数组
```

再赋值或操作。

（2）元胞数组元胞的访问

a{i,j}——返回第 i 行第 j 列元胞的数据内容。

a(i,j)——返回第 i 行第 j 列的元胞整体概览。

（3）元胞数组的操作（函数）

a(i,:) = []; ——删除元胞数组 a 的第 i 行。

celldisp(a)——显示元胞数组 a 中各元胞的内容。

cellfun(fun,a)——将函数 fun 分别作用在元胞数组 a 的每个元素上。

附录B 二分法寻优

二分法（Bisection method）是一种常用且简单易行的非线性方程求根的方法，其原理非常简单：每次迭代将搜索区间缩小一半，从而大大节省迭代次数（求解时间）。

对于数学建模中的单变量寻优的优化模型，若知道最优解所在的某一范围，则用二分法来迭代寻优是最容易实现的常用方法之一。

二分法是近似求非线性函数 $f(x)$ 的零点，下面以图 B-1 中的示意图为例来阐述算法。

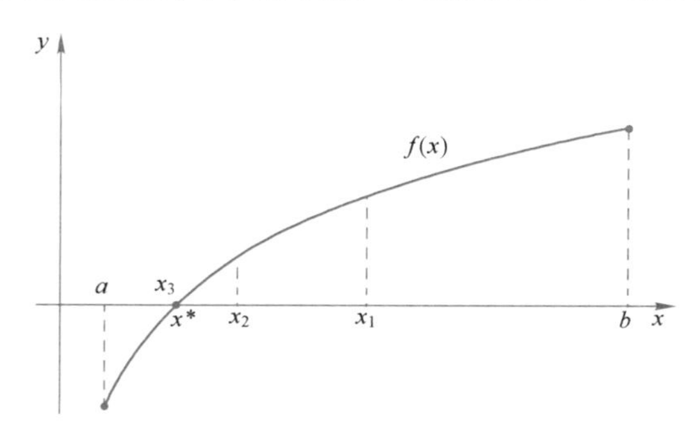

● 图 B-1　二分法示意图

根据零点定理，首先要确保函数在 a、b 两点异号，即 $f(a)f(b)<0$；

第 1 次迭代：取线段 $[a,b]$ 的中点作为 x_1，即 $x_1=\dfrac{a+b}{2}$，考察 $f(x_1)>0$，故零点肯定不能在右半区间 $[x_1,b]$ 取到，所以把 b 移到 x_1，即令 $b=x_1$；搜索区间变成了原来的一半；

第 2 次迭代：取新的线段 $[a,b]$（$=[a,x_1]$）的中点作为 x_2，考察 $f(x_2)>0$，故零点肯定不能在右半区间 $[x_2,b]$（$=[x_2,x_1]$）取到，所以把 b 移到 x_2，即令 $b=x_2$；搜索区间又减小了一半；

第 3 次迭代：取新的线段$[a,b]$（$=[a,x_2]$）的中点作为x_3，考察$f(x_3)<0$，故零点肯定不能在左半区间$[a,x_3]$取到，所以把a移到x_3，即令$a=x_3$；搜索区间又减小了一半；

可以依次这样做下去，实际上只迭代 3 次，已经非常接近真正的零点x^*，MATLAB代码如下。

```
function [r, n, err] = Bisection(f, a, b, tol, N)
% 输入：函数 f，区间端点 a,b，误差限 tol，最大迭代次数 N，默认 N=100
% 输出：近似根 r，迭代次数，误差
if (nargin == 4)
    N = 100;
end
fa = feval(f, a);
fb = feval(f, b);
if fa * fb > 0      % 如果同号，则无零点
    disp('函数在[a,b]区间上无解!');
    return
end
for i = 1:N
    x = (a+b)/2;
    fx = feval(f,x);
    if fx == 0
        r = x;
        return
    end
    if fa * fx < 0
        b = x;
        fb = fx;
    else
        a = x;
        fa = fx;
    end
    r = (a + b) / 2;
    err = abs(fx);
    if err < tol
        n = i;
        return
    end
end
```

用小函数测试一下：

```
f = @(x) x^3 + 4 * x^2 - 10;
[root, n, error] = Bisection(f, 1, 2, 0.001)
```

运行结果如下。

```
root = 1.3643
```

```
n = 9
error = 7.2025e-05
```

附录C 向量化编程

高级编程语言都提倡和支持向量化编程，其实就是对一系列的元素（一维向量/二维矩阵/多维数组）同时做同样的操作，既提升程序效率又大大简化代码。

向量化编程，关键是要用整体考量的思维来思考和表示运算，这需要用到“线性代数”的知识，如用向量或矩阵化表示运算。

比如考虑 n 元一次线性方程组：

$$\begin{cases} a_{11}x_1 + a_{12}x_2 + \cdots + a_{1n}x_n = b_1 \\ a_{21}x_1 + a_{22}x_2 + \cdots + a_{2n}x_n = b_2 \\ \vdots \\ a_{m1}x_1 + a_{m2}x_2 + \cdots + a_{mn}x_n = b_m \end{cases}$$

若从整体的角度来考量，引入矩阵和向量：

$$\boldsymbol{A} = \begin{bmatrix} a_{11} & a_{12} & \cdots & a_{1n} \\ a_{21} & a_{22} & \cdots & a_{2n} \\ \vdots & \vdots & & \vdots \\ a_{m1} & a_{m2} & \cdots & a_{mn} \end{bmatrix}, \quad \boldsymbol{x} = \begin{bmatrix} x_1 \\ x_2 \\ \vdots \\ x_n \end{bmatrix}, \quad \boldsymbol{b} = \begin{bmatrix} b_1 \\ b_2 \\ \vdots \\ b_m \end{bmatrix}$$

则上述 n 元一次线性方程组可以向量化表示为

$$\boldsymbol{Ax} = \boldsymbol{b}$$

可见，向量化表示大大简化了表达式。在编程中，就相当于本来用两层 for 循环才能表示的代码，简化为了短短一行代码。

向量化编程其实并不难，关键是要转变思维惯式：很多人学完 C 语言后的后遗症，就是首先想到的总是逐元素的 for 循环。摆脱这种想法，调动头脑里的“线性代数”知识，尝试用向量或矩阵表示，长此以往，就形成了向量化编程思维。

编程中常用的向量化计算：

比如，x = [2,5,7], y = [4,1,3]。

- 一个数乘以向量（该数乘以向量中的每个元素）：2 * x，结果是 [4,10,14]。
- 向量与向量做四则运算（向量中的每个对应元素分别做四则运算）：x + y，结果是 [6,6,10]; x .* y，结果是 [8,5,21]。
- 函数作用在向量上（函数作用在向量的每个元素上）：sin(x)，结果是 [sin 2, sin 5, sin 7]。

强烈建议读者优先使用自带函数，它们绝大多数都是支持向量运算的，即接受向量作为输入。

MATLAB 中的逐元素做向量化四则运算，就是点运算，如“.*”“./”“.^”等；“+”和“-”的点可省略。

附录D Logistic 分岔与混沌

D.1 Logistic 分岔

Logistic 方程是数学生物学家 P. Verhulst 提出的著名的人口增长模型。自问世以来，它的应用从人口增长模型拓展到很多领域。而 Logistic 映射正是 Logistic 方程的离散形式。

$$x_n = \mu x_{n-1}(1-x_{n-1}) \tag{D.1}$$

给定一个初始值 x_0，不断利用上式进行迭代，会得到一系列 $x_1, x_2, \cdots, x_n$。

为了方便批量使用，将式(D.1)以及绘图过程定义成 MATLAB 函数：

```
function x = Logisticf(x0, mu, n)
    x = zeros(n, 1);
    x(1) = x0;
    for i = 2:n
      x(i) = mu * x(i-1) * (1 - x(i -1));
      x(i) = mu * x(i-1) * (1 - x(i -1));
    end

function plotLogistic(x, mu)
    n = length(x);
    figure
    subplot(1, 2, 1)
    plot(x, 'k-o')
    axis([0 n 0 1])
    axis square
    text(0.5, 0.1, ['\mu = ', num2str(mu) , ', x_0 = 0.4'])

    subplot(1, 2, 2)
    xx = repelem(x,2);
    line(xx(2:end), xx(1:end-1))
    hold on
    axis([0 1 0 1])
    axis square
    h = line([0 1], [0 1]);
    set(h, 'color', 'r')
    x = 0:0.01:1;
    y = mu * x .* (1-x);
    plot(x, y, 'r--')
```

下面分别针对不同的参数组合通过绘图来展示混沌产生的过程。

（1）绘制第 1 组参数值：x0=0.4, μ=2.8

```
x0 = 0.4;
```

```
mu = 2.8;
n = 100;
x = Logisticf(x0, mu, n);
plotLogistic(x, mu)
```

图形结果如图 D-1 所示。

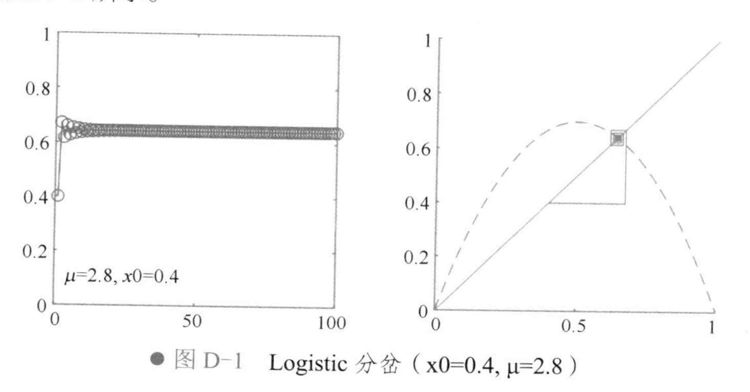

● 图 D-1 Logistic 分岔（x0=0.4, μ=2.8）

（2）绘制第 2 组参数值：x0=0.4, μ=3.2 （代码略），图形结果如图 D-2 所示。

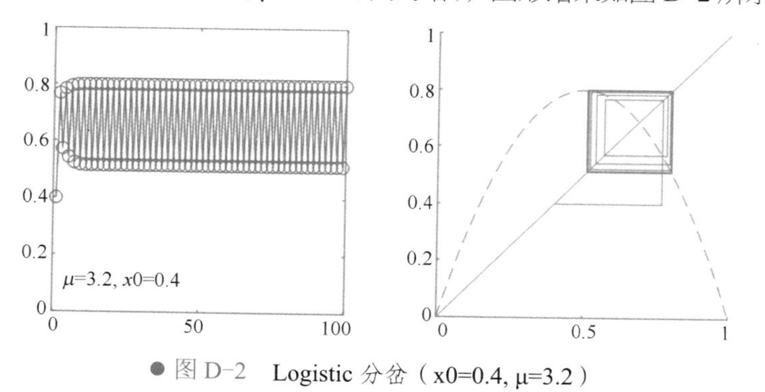

● 图 D-2 Logistic 分岔（x0=0.4, μ=3.2）

（3）绘制第 3 组参数值：x0=0.4, μ=3.52（代码略），图形结果如图 D-3 所示。

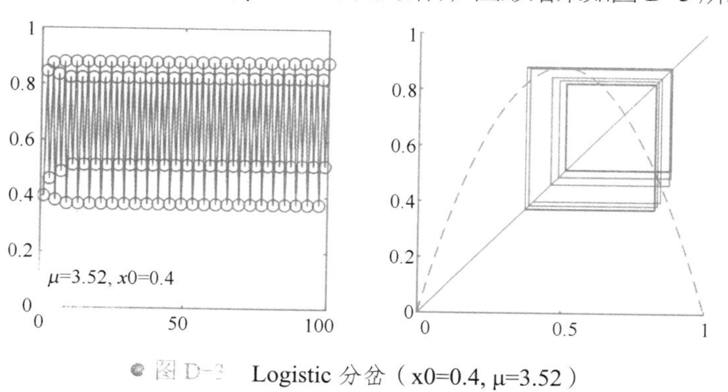

● 图 D-3 Logistic 分岔（x0=0.4, μ=3.52）

（4）绘制第 4 组参数值：x0=0.4, μ=3.56 （代码略），图形结果如图 D-4 所示。

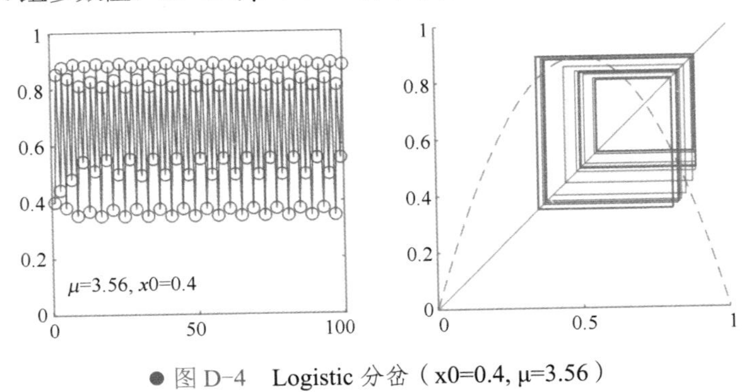

图 D-4　Logistic 分岔（x0=0.4, μ=3.56）

可见，在不同的参数下，图像可以有一个周期到两个周期、四个周期、八个周期等。

D.2　更多分叉：走向混沌

将 Logistic 人口模型离散化可以得到

$$\frac{\Delta N}{\Delta t}=rN\left(1-\frac{N}{K}\right)$$

$$\Delta N=N_{t+1}-N_t，\ \Delta t=1$$

$$N_{t+1}-N_t=rN_t\left(1-\frac{N_t}{K}\right)$$

这里的时间离散步长取为 1，每一代就是一个时间步：

$$N_{t+1}=(1+r)N_t-\frac{r}{K}N_t^2$$

MATLAB 代码如下。

```
x0 = 0.4;
n = 200;
figure
for mu = 2.8:0.005:4
  x = Logisticf(x0, mu, n);
  plot(mu, x(end-50:end), '.', 'color', rand(1,3))
  hold on
end
xlabel('\mu')
ylabel('x')
xlim([2.8 4])
```

图形结果如图 D-5 所示。

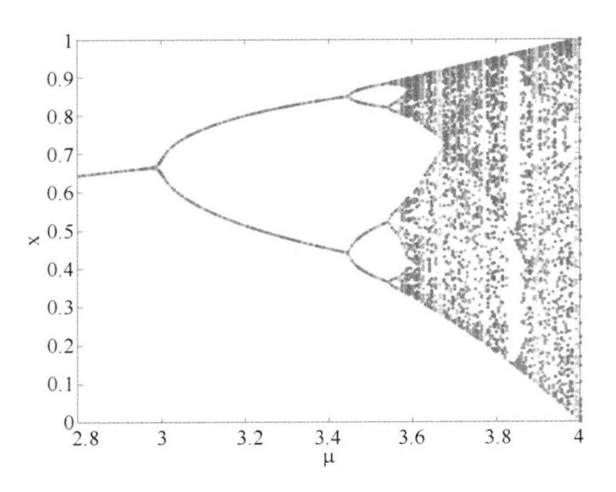

● 图 D-5　Logistic 分岔产生的混沌图

从图 D-5 可以看到，当 r 较小的时候，它有 1 个稳态的极限（t 趋于∞时，解是稳态的）；然后随着 r 的增长在 2.5 附近出现倍周期（分岔）现象：2 周期解、4 周期解、8 周期解、16 周期、32 周期、64 周期……

在 r 再大之后，不管迭代多少步，虽然没超过某个区域，但其行为非常难描述，或者说当前在一个点上，下一个点会在哪里很捉摸不定，这种现象叫作混沌现象。

混沌简单来说就是，如果对问题做一个小的扰动，比如对问题的初始值做一个小的扰动，但后边的曲线变化会非常大，或者叫作对初值的敏感依赖，这是混沌的最重要标志。

D.3　Lorenz 混沌

对于线性系统，微小的初始点变化在微小的发展时间段内必然造成微小的差距。混沌属于非线性动力系统范畴，其显著特性就是"差之毫厘，谬以千里"。这种看似无序（混沌）的运动是非线性系统区别于线性系统的主要特征。

说到混沌，就不得不提著名的 Lorenz 方程：

$$\dot{x} = \sigma(y - x)$$
$$\dot{y} = x(\rho - z) - y$$
$$\dot{z} = xy - \beta z$$

该方程表示的是非线性系统 Lorenz 吸引子（三维）状态量随时间运动图（运动轨迹）。每条曲线为不同初始值发展成的运动路线。可以看到，在原点附近初始值相差一点点，其发展变化会迥然不同。

MATLAB 代码如下。

```
f = @(t,x,rho,sigma,beta) [sigma * (x(2) - x(1));
```

```
                    x(1) * (rho - x(3)) - x(2);
                    x(1) * x(2) - beta * x(3)];
rho = 28;
sigma = 10;
beta = 8/3;
Lorenzf = @(t,x) f(t,x,rho,sigma,beta);
tspan = [0, 50];
x0 = [0.1; 0.1; 0.1];
[t,x] = ode45(Lorenzf, tspan, x0);
plot3(x(:,1), x(:,2), x(:,3))
title('Lorenz吸引子系统');
xlabel('x'); ylabel('y'); zlabel('z');
```

图形结果如图 D-6 所示。

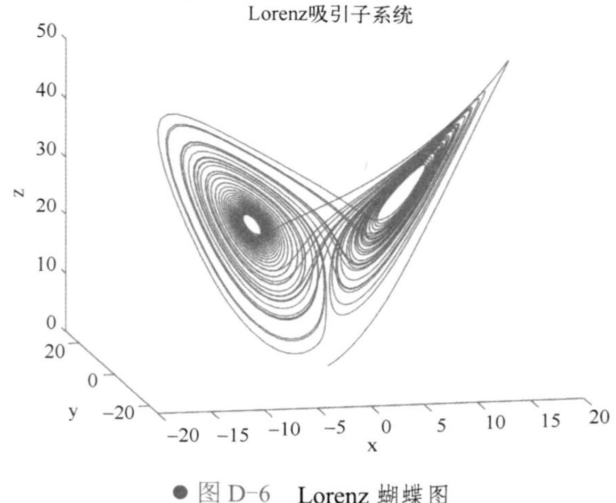

● 图 D-6 Lorenz 蝴蝶图

因为这张图形状如蝴蝶，所以也称为 Lorenz 蝴蝶图。

混沌这一“差之毫厘，谬以千里”的特点，非常适合用于智能优化算法中的搜索寻优。

附录E MATLAB 求解线性规划

MATLAB 中的线性规划的标准形式为

$$\min_{\boldsymbol{X}} \boldsymbol{f}^{\mathrm{T}}\boldsymbol{X}$$

$$\text{s.t.}\begin{cases} \boldsymbol{A}\boldsymbol{X} \leqslant \boldsymbol{b} \\ \boldsymbol{A}_{\mathrm{eq}}\boldsymbol{X} = \boldsymbol{b}_{\mathrm{eq}} \\ \boldsymbol{l}_{\mathrm{b}} \leqslant \boldsymbol{X} \leqslant \boldsymbol{u}_{\mathrm{b}} \end{cases}$$

其中，$\boldsymbol{f}$ 是目标函数的系数向量；$\boldsymbol{AX} \leqslant \boldsymbol{b}$ 为不等式约束的矩阵表示；$\boldsymbol{A}_{eq}\ \boldsymbol{X} \leqslant \boldsymbol{b}_{eq}$ 为等式约束的矩阵表示；$\boldsymbol{l}_b$ 和 $\boldsymbol{u}_b$ 为自变量 $\boldsymbol{X}$ 的下界向量和上界向量。

MATLAB 中实现该线性规划的函数如下：

```
[x, fval, exitflag] = linprog(f, A, b, Aeq, beq, lb, ub)
```

其中，x0 为初始值（向量，用来搜索最优解的起始位置）；返回 x 为最优解（向量），fval 为最优目标函数值，exitflag 为求解状态标志（表示求解是否成功，1 代表成功）。

下面用 MATLAB 求解例 5.1（见 5.1.2 节）。这里的关键是将规划模型用矩阵语言表示为标准形式。

目标函数：MATLAB 做优化时默认是求 min，所以需要将 max 转化 min。

$$\min(-100x_1-60x_2)=[-100,-60]\begin{bmatrix}x_1\\x_2\end{bmatrix}$$

故

$$\boldsymbol{f}=\begin{bmatrix}-100\\-60\end{bmatrix}$$

不等式约束（注意需要转化为“≤”）：

$$\begin{cases}5x_1+2x_2\leqslant 270\\4x_1+3x_2\leqslant 250\\3x_1+4x_2\leqslant 200\end{cases}\Rightarrow\begin{bmatrix}5&2\\4&3\\3&4\end{bmatrix}\begin{bmatrix}x_1\\x_2\end{bmatrix}\leqslant\begin{bmatrix}270\\250\\200\end{bmatrix}$$

故

$$\boldsymbol{A}=\begin{bmatrix}5&2\\4&3\\3&4\end{bmatrix},\quad \boldsymbol{b}=\begin{bmatrix}270\\250\\200\end{bmatrix}$$

等式约束：

$$x_2=4x_1\Rightarrow 4x_1-x_2=0\Rightarrow[4,-1]\begin{bmatrix}x_1\\x_2\end{bmatrix}=0$$

故 $\boldsymbol{A}_{eq}=[4,-1]$，$b_{eq}=0$。注意，若无等式约束，则在 MATLAB 中取 Aeq=[]，beq=[]（注意不能不写！）。

下界和上界：

$$\begin{bmatrix}x_1\\x_2\end{bmatrix}\text{的下界为 }\boldsymbol{l}_b=\begin{bmatrix}0\\0\end{bmatrix}\text{，无上界，在 MATLAB 中取 ub=[]}$$

于是，MATLAB 程序如下。

```
f = [-100; -60];
```

```
A = [5 2; 4 3; 3 4];
b = [270; 250; 200];
Aeq = [4 -1];
beq = 0;
lb = zeros(2,1);
x0 = rand(2,1);
[x, val, flag] = linprog(f, A, b, Aeq, beq, lb, [], x0)
```

运行结果如下。

```
x =   10.5263
      2.1053
val =  -3.5789e+03
flag =  1
```

故模型求解成功，最优解为 x1=10.526，x2=42.105，最优目标函数值为 3578.9，与 Lingo 求解结果相同。

另外，MATLAB 也支持一种更直接的写法（不需要表示为矩阵形式）：

```
x = optimvar('x', 2, 'LowerBound', 0);
obj = 100 * x(1) + 60 * x(2);
prob = optimproblem('Objective', obj, 'ObjectiveSense','max');
prob.Constraints.c1 = 5 * x(1) + 2 * x(2) <= 270;
prob.Constraints.c2 = 4 * x(1) + 3 * x(2) <= 250;
prob.Constraints.c3 = 3 * x(1) + 4 * x(2) <= 200;
prob.Constraints.c4 = x(2) == 4 * x(1);
problem = prob2struct(prob);
[x, fval, flag] = linprog(problem)
```

运行结果相同（略）。

附录F 正态性变换

对于右偏的数据，通过取对数变换，可以变成近似正态分布。

比对数变换更一般的正态性变换是 Box-Cox 变换，该变换非常神奇！只要选择合适的 λ 就能把非正态分布的非负数据变换成正态分布的数据。

Box-Cox 变换包含对数变换和幂变换，取决于参数 λ，定义如下：

$$y' = \begin{cases} \ln y, & \lambda = 0 \\ (y^{\lambda} - 1)/\lambda, & \lambda \neq 0 \end{cases} \tag{Box-Cox}$$

- 若 $\lambda = 0$，即为自然对数变换；
- 若 $\lambda \neq 0$，则是做幂变换，以及后续的简单尺度变换；若 $\lambda = 1$，则 $w_t = y_t - 1$，没有做实质性变换（外形不变，只做了下移）；其他的非零 λ 都会改变外形；

- $\lambda = 1/2$：平方根+线性变换；
- $\lambda = -1$：逆变换再加 1。

Box-Cox 变换比对数变换更灵活，并且可以从一组幂变换中找到合适的变换，将变量尽可能地转换为正态分布。Box-Cox 变换的核心是指数 λ，它的变化范围是−5 到 5。考虑所有的 λ 值，并根据给定数据估计最佳 λ 值。该“最佳值”是最优的转化为近似正态分布的 λ 值。Box-Cox 变换用在时间序列分析中，实际上就是从方差不等变成等方差。

但是，Box-Cox 变换不能用于包含负数的数据，解决办法是对数据做平移，或者用 Yeo-Johnson 变换：

$$y' = \begin{cases} \ln(y+1), & \lambda = 0, y \geqslant 0 \\ \dfrac{(y+1)^{\lambda} - 1}{\lambda} & \lambda \neq 0, y \geqslant 0 \\ -\ln(1-y), & \lambda = 2, y < 0 \\ \dfrac{(1-y)^{2-\lambda} - 1}{\lambda - 2}, & \lambda \neq 2, y < 0 \end{cases} \qquad \text{(Yeo-Johnson)}$$

用 R 语言 bestNormalize 包中的 boxcox() 和 yeojohnson() 函数，可以实现这两种变换及其逆变换：

```
library(bestNormalize)
x = rgamma(100, 1, 1)
yj_obj = yeojohnson(x)
yj_obj$lambda            # 最优 lambda
## [1] -1.0336
p = predict(yj_obj)      # 变换
x2 = predict(yj_obj, newdata = p, inverse = TRUE)    # 逆变换
```

注意：MATLAB 用户可自行安装 FSDA 工具箱，里面包含实现 Box-Cox 变换和 Yeo-Johnson 变换的函数。

参 考 文 献

[1] 姜启源，谢金星，叶俊. 数学模型[M]. 5 版. 北京：高等教育出版社，2018.

[2] 吴孟达，等. 数学建模教程[M]. 北京：高等教育出版社，2013.

[3] 韩中庚. 数学建模方法及其应用[M]. 3 版. 北京：高等教育出版社， 2017.

[4]《运筹学》教材编写组. 运筹学[M]. 4 版. 北京：清华大学出版社， 2012.

[5] 周志华. 机器学习[M]. 北京：清华大学出版社，2016.

[6] 卓金武，周英. 量化投资：MATLAB 数据挖掘技术与实践[M]. 北京：电子工业出版社，2017.

[7] 谢金星. CUMCM-2020 参赛和评阅情况[R]. 长沙：2020 年全国大学生数学建模竞赛赛题讲评与经验交流会，2020.

[8] 肖华勇. 大学生数学建模竞赛指南[M]. 北京：电子工业出版社，2015.

[9] 么焕民. 数学建模：层次分析法 [EB/OL]. (2020-03-24)[2022-05-10]. https://coursehome.zhihuishu.com/courseHome/1000006847#teachTeam.

[10] 吉奥丹诺，等. 数学建模：原书第 5 版[M]. 叶其孝，姜启源，等译. 北京：机械工业出版社，2014.

[11] 白峰杉. 走近数学：数学建模篇，第 2 讲马尔萨斯人口论与数学建模有关 [EB/OL].(2020-04-02)[2021-03-10].https://www.icourse163.org/learn/cumcm-1001674011?tid=1463476515#/learn/content?type=detail&id=1241350587&sm=1.

[12] BJØRNSTAD O N. Epidemics: Models and Data using R[M]. Berlin: Springer，2018.

[13] DADLANI A. Deterministic Models in Epidemiology: From Modeling to Implementation[OL]. (2013-03-18)[2022-05-10]. https://arxiv.org/pdf/2004.04675.pdf.

[14] 苏振裕. Python 最优化算法实战[M]. 北京：北京大学出版社，2020.

[15] 清隳. 什么是影子价格？——线性规划的对偶解及拉格朗日乘数[EB/OL]. (2019-12-09)[2022-02-23].https://zhuanlan.zhihu.com/p/47989254.

[16] 谢金星，薛毅. 优化建模与 LINDO/LINGO 软件[M]. 北京：清华大学出版社，2006.

[17] 司守奎，孙玺菁. LINGO 软件及应用[M]. 北京：国防工业出版社，2016.

[18] 谢金星. 走近数学：数学建模篇，第 5 讲投资如何优化策略 [EB/OL]. (2020-05-11)[2021-03-10].https://www.icourse163.org/learn/cumcm-1001674011?tid=1463476515#/learn/content? type= detail&id=1241350606&sm=1.

[19] SARKER R A, NEWTON C S. Optimization modeling: a practical approach[M]. Roca Raton: CRC Press, 2018.

[20] 王源. 优化模型线性化方法总结. 知乎专栏：运筹学与控制论[EB/OL]. (2022-02-21)[2022-04-23]. https://zhuanlan.zhihu.com/p/361766549.

[21] 韩中庚. 中小微企业的信贷策略：CUMCM2020[R]. 全国大学生数学建模竞赛赛题讲评，2020.

[22] 曹昊煜. MATLAB：数据包络分析（DEA）入门教程[EB/OL]. (2021-09-11)[2022-02-24].https://www.lianxh.cn/news/0e91b6efa06a2.html.

[23] 钱争鸣，刘晓晨. 中国绿色经济效率的区域差异与影响因素分析[J]. 中国人口·资源与环境，2013，23(7):104-109.

[24] 许国根，贾瑛. 模式识别与智能计算的 MATLAB 实现[M]. 北京：北京航空航天大学出版社，2012.

[25] 司守奎，孙兆亮. 数学建模算法与应用[M]. 2 版. 北京：国防工业出版社，2015.

[26] 吴鹏. MATLAB 高效编程技巧与应用：25 个案例分析[M]. 北京：北京航空航天大学出版社，2013.

[27] 王燕. 时间序列分析：基于 R[M]. 北京：中国人民大学出版社，2015.

[28] HYNDMAN R J, ATHANASOPOULOS George. Forecasting: Principles and Practice[M]. 2nd ed. Melbourne: OTexts Press, 2018.

[29] 李东风. 金融时间序列讲义：在线版 [EB/OL]. (2021-07-14)[2022-03-01].https://www.math.pku.edu.cn/teachers/lidf/course/fts/ftsnotes/html/_ftsnotes/index.html.